中国城市空间营造个案研究系列　赵冰　主编

南阳城市空间营造研究

Evolution Research of Nanyang's Urban Space Construction

李瑞　著

中国建筑工业出版社

图书在版编目（CIP）数据

南阳城市空间营造研究/李瑞著. —北京：中国建筑工业出版社，2018.3
（中国城市空间营造个案研究系列 赵冰主编）
ISBN 978-7-112-21789-2

Ⅰ.①南… Ⅱ.①李… Ⅲ.①城市空间-空间规划-研究-南阳 Ⅳ.①TU984.261.3

中国版本图书馆CIP数据核字（2018）第020066号

本书建立在历史地理学、城市规划学、考古人类学等多学科交叉的基础上，用形态学的方法分析南阳城市空间营造特征及营造要素，并从历史发展的角度挖掘不同时期南阳城市空间营造与其影响因素之间的互动关系，结合城市空间发展的自组织与他组织过程，总结城市空间营造的内在机制与规律，并对当前环境下的城市空间营造及发展提出建议。

全书由四部分组成。第一部分介绍了研究意义及目的、研究内容、主要概念及研究范围界定、国内外研究现状，提出了本书的研究方法和研究框架。第二部分是本书的研究主体，系统地研究了南阳历经先秦、秦汉至五代、宋元明清、1859—1919年、1919—1949年、1949—1979年、1979—2016年各个阶段的自组织与他组织影响因素的特点、城市空间营造特征与营造要素、城市空间营造影响过程、自组织与他组织的互动关系。第三部分在前面阶段性研究城市空间营造过程的基础上，进行营造机制的总结性研究，从整个历史发展的角度，提炼南阳城市空间营造的深层机制。第四部分通过分析当前城市发展的条件、面临的机遇与挑战，提出南阳城市空间的未来发展策略。

本书供广大城乡规划师、建筑师、城市历史与理论工作者、高等建筑院校师生等学习参考。

责任编辑：吴宇江 李珈莹
责任校对：王 瑞

中国城市空间营造个案研究系列 赵冰主编
南阳城市空间营造研究
李 瑞 著
*
中国建筑工业出版社出版、发行（北京海淀三里河路9号）
各地新华书店、建筑书店经销
北京嘉泰利德公司制版
廊坊市海涛印刷有限公司印刷
*
开本：850×1168毫米 1/16 印张：12½ 字数：301千字
2018年5月第一版 2018年5月第一次印刷
定价：**48.00**元
ISBN 978-7-112-21789-2
（31625）

总 序[①]

中国城市空间营造个案研究系列是我主持并推动的一项研究。[①]

首先说明一下为什么要进行个案研究。城市规划对城市的研究目前多是对不同地区或不同时段的笼统研究而未针对具体个案展开全面的解析深究。但目前中国城市化的快速发展及城市规划的现实困境已促使我们必须走向深入的个案研究，若继续停留在笼统阶段，不针对具体的个案展开深入的解析，不对个案城市发展机制加以深究，将会使我们的城市规划流于一般的浮泛套路，从而脱离城市自身真切的发展实际，沦落为纸面上运行的规划，为规划建设管理带来严重的困扰。因此我们急需做出根本性的调整，急需更进一步全面展开个案的研究，只有在个案的深入研究及对其内在独特发展机制把握的基础上，才可能在城市规划的具体个案实践中给出更加准确的判定。

当然也并不是说目前没有个别的城市规划个案研究，比如像北京等城市的研究还是有的。但毕竟如北京，是作为首都来进行研究的，其本身就非常独特，跟一般性的城市不同，并不具有个案研究的指标意义。况且这类的研究大多未脱离城市史研究的范畴，而非从城市规划的核心思想来展开的空间营造的研究。

早在 20 世纪 80 年代我就倡导以空间营造为核心理念来推动城市及城市规划的研究。在我看来，空间营造是城市规划的核心理念，也是城市规划基础性研究即城市研究的主线。

我是基于东西方营造与“Architecture”的结合提出空间营造理念的。东方传统注重营造，而西方传统注重“Architecture”。营造显示时间序列，强调融入大化流行的意动生成。“Architecture”则指称空间架构，强调体现宇宙秩序的组织体系。东方传统从意动生成出发，在营造过程中因势利导、因地制宜；面对不同的局势、不同的场域，充满着不断的选择以达成适宜的结果；在不同权利的诸多生活空间的合乎情态的博弈中随时进行不同可能序列的意向导引和选择，以期最终达成多方博弈的和合意境。西方传统的目标是形成体现宇宙秩序的空间组织体系，这一空间组织体系使不同权利的诸多生存空间的博弈能合乎理性地展开。而我提出空间营造就是将东西方两方面加以贯通，我认为空间营造根本上是以自主协同、和合情理的空间博弈为目标的意动叠痕。

对于城市空间营造来说，何为最大的空间博弈？我以为应该是特定族群的人们聚集在一起的生存空间意志和生存环境的互动博弈。当特定族群的人们有意愿去实现梦想中的城市空间时，他们会面对环境的力量来和它们互动博弈，这是城市空间营造中最大的一个互动博弈，人们要么放弃，要么坚持，放弃就要远走异地，坚持就要立足于这个特定的环境，不断去营造适宜的生存及生活空间。这是发生在自然层面的博弈。而在社会层面，人与人之间为了各自的理想空间的实现也在一定的体制内进行着博弈，这其中离不开各种机构和组织的制衡。在个人层面，不同的生存和生活状态意欲也会作为潜在冲动的力量影响其自

① 本文发表于《华中建筑》2010年第12期。

主的选择。城市规划就是贯通这三个层次并在一定时空范围内给出的一次或多次城市空间营造的选择，其目的是以自主协同的方式促使空间博弈达成和合各方情理的一种平衡。

我提出的自主协同是至关重要的，在博弈中参与博弈的个体的权利都希望最大化，这是自主性的体现，但这需要博弈规则对此加以确保，博弈规则的确立就需要协同，协同是个体为确保自身权利最大化而自愿的一种行为。协同导致和合情理的博弈规则的遵从，这也是城市规划的目的。

和合各方情理就是促使博弈中诸多情态和诸多理念达成和合。这里也包含了我对城市规划的另一个看法：即城市规划应试图在空间博弈中达成阶段性的平衡。假如没有其他不期然的外力作用的话，它就达到并延续这种平衡。但是如果一旦出现不期然的外力，空间博弈就会出现不平衡。规划就需要再次梳理可能的新关系以达成空间博弈的更新的平衡。

多年来的研究与实践使我深感城市空间营造个案研究的迫切性，更感到城市规划变革的必要性。在我历年指导的硕士论文、博士论文中目前已陆续进行了 30 多个个案城市的空间营造的研究，这是我研究的主要方向之一。我希望从我做起，推动这项工作。

所有的这些个案城市空间营造研究的对象统一界定并集中在城市本身的空间营造上。时段划分上，出于我对全球历史所做的深入思考，也为了便于今后的比较研究，统一按一维神话（中国战国以前）、二维宗教（中国宋代以前）、三维科学（中国清末以前）三个阶段作为近代以前的阶段划分，1859 年以后近代开始，经 1889 年到 1919 年，1919 年现代开始，经 1949 年到 1979 年进入当代，经 2009 年到未来 2039 年。这是近代、现代、当代的阶段划分，从过去指向未来。

具体落实到每一个城市个案，就要研究它从诞生起开始，随着时间的展开，其空间是如何发生变化的，时空是如何转换的，其空间博弈中所出现的意动叠痕营造是如何展开的，最终我们要深入到其空间博弈的核心机制的探究上，最好能找出其发展的时空函数，并在此基础上对于个案城市 2009 年以后空间的发展给出预测，从而为进一步的规划提供依据。

空间方面切入个案城市的分析主要是从城市空间曾经的意动出发对随之形态化的体、面、线、点的空间构建及其叠痕转换加以梳理。形态化的体指城市空间形态整体，它是由面构成的；面指城市中的各种区域空间形态，面又是由线来分割形成的；线指城市交通道路、视线通廊、绿化带、山脉、江河等线状空间形态，线的转折是由点强化的；城市有一些标志物、广场，都属于点状形态，当我们说空间形态的体、面、线、点的时候，点是最基本的，点也是城市空间形态最集中的形态。这就是我们对于个案城市从空间角度切入所应做的工作。当然最根本的是要从空间形态的叠痕中，体会个案城市的风貌意蕴，感悟个案城市的精神气质。

时间方面切入个案城市的分析包含了从它的兴起，到兴盛，甚至说有些城市的终结，不过目前我们研究的城市尚未涉及已终结或曾终结的城市。总体来说，城市是呈加速发展的。早期的城市，相对来讲，发展较为缓慢，在我们研究的个案城市中，可能最早的是在战国以前就已经出现，处于一维神话阶段，神话思维引导了城市营造，后世的城市守护神的意念产生于此一阶段。战国至五代十国是二维宗教阶段，目前大量的历史城市出现在这个阶段，宗教思维引导了此阶段城市营造，如佛教对城市意象的影响。从宋代一直到清末，是三维科学阶段，科学思维引导了此阶段城市营造，如园林对城市意境的影响。三个阶段的发展时段越来越短暂，第一阶段在战国以前是很漫长的一个阶段，从战国到五代十国，这又经历了将近一千五百年。从宋到清末年，也经历了九百年的历程。

1859年以后更出现了加速的情况。中国近代列强入侵，口岸被迫开放，租界大量出现，洋务运动兴起。经1889年自强内敛到1919年六十年一个周期，三十年河东，三十年河西，六十年完成发展的一个循环。从1919年五四运动思想引进经1949年内聚，到1979年，我们又可以看到现代六十年发展的循环。1919到1949三十年，1949到1979三十年。从1979年改革开放兴起，经2009年转折到未来2039年又三十年，是当代六十年发展的循环。从发展层面上来说现当代一百二十年可以说是中华全球化的一百二十年。它本身的发展既有开放与内收交替的历史循环，也有一种层面的提高。我从20世纪80年代以来不断在讲，1919年真正从文化层面上开启了中华全球化的进程，1919年五四新文化运动唤起了中国现代人的全球化的意识，有了一种重新看待我们所处的东方文化的新的全球角度。通过东方的和侵入的西方的比较来获得一种全新的文化观。1919年一直持续到1949年，随着中国共产党以及毛泽东领导的时代的到来，中国进入到一个在文化基础上进行政治革命的时代，这个时代持续到1979年，毛泽东去世后不久。这个阶段可以说是以政治革命来主导中华全球化的进程。这个阶段是建立在上一个阶段新文化运动的基础上所开展的一个政治革命的阶段。这种政治革命是有相应文化依据的，因为它获得了一种新的文化意义上的全球视角，所以它就在这个视角上去推动一个全球的社会主义或者说共产主义运动，希望无产阶级成为世界的主导阶级，成为全球革命的主体，以这个主体来建立起一个新的政治制度。这毫无疑问是全球化的一种政治革命。这种政治革命到1979年宣告结束。1979年以后，随着邓小平推动的以经济为主的变革，中华全球化就从政治革命进入到一个更深入的经济改革的时代。这个改革的时代一直持续到2009年，可以说中华全球化获得了更深入的发展。不仅仅在文化，在政治，也在经济这三个层面获得了中华全球化的突飞猛进。当然2009年到随之而来的2039年，中国将会更深入地在以前的三个基础之上，进一步深入到社会的发展阶段。这个阶段是以公民社会的建构为主，公民社会的建构将成为一个新时代的呼声。未来我们会以这个为主题去推进中华全球化，推进包括空间营造在内的城市规划的发展。

实际上在空间营造方面我们也经历了与文化、政治、经济相应的过程。在特定的阶段都有特定的空间营造的特点。我希望在对个案城市的研究中，特别应该注意现当代空间的研究。结合文化、政治、经济的重点来展开具体的分析。比如1919年至1949年三十年中，当时的城市空间营造推进了一种源于西方的逻辑空间意识，这种逻辑空间意识当然是以东西方结合为前提的，与之呼应出现了一种复兴东方的传统风格的意识，所以我们可以看到在这个阶段中，城市的风貌表现出的一种相互间的整合，总体上是文化意识层面的现代城市空间的营造。最典型的例子就是当时南京的规划，就是以理性空间结构与传统的南京历史格局相结合。第二个阶段，1949年到1979年，由于政治是主导，所以在空间引导方面更多的是以人民革命的名义所进行的空间的营造。这代表了大多数人的空间意识，比如说北京城市的空间营造，特别能够体现出这个时代的空间的权力，人民的权力空间。所以包括天安门广场，以及整个围绕天安门广场的空间的布局，它反映出的是一种现代中国人民的权力意识的高涨。面对着南北轴线上的紫禁城，如何去和它相对抗，出现了人民英雄纪念碑，竖立在南北轴线上，正面对者紫禁城的空间，表现出人民的一种强大的权力。当然人民权力的领导者毛泽东的纪念堂最终也在1978年落到了南北轴线上，更是最终定格了人民的权力。这是关于天安门广场的空间表现出来的政治上的一种象征性，北京在这个时代是非常典型的，一种关于人民政治权力的表现，在空间上进行了非常有意义的探索，当时的各个城市也同样建立了人民广场，同时工人新村成为那个时代的典型空间类型。单位的工作、生活前后空间组织的格局成为最基本的空间单元。1979年至2009年，这三十年在空间上更多的是关于空间利益的。不同的空间代表不同的利益取向。从开发区的划定，到房地产楼盘的泛滥，城市空间的营造离不开空间的利益，离不开不同的个体或集团通过各种手段在城市建设中获得自身利益的最大化。

从2009年以后未来三十年将会如何？这就涉及对未来发展的宏观认识以及未来城市规划应该把重点放在何处的问题。它涉及未来我们以怎样的思想和方法来进行规划，涉及城市规划自身的变革问题，涉及规划师自身的转型问题。我提出用自主协同、和合情理的规划理念和方法来开展个案城市今后的规划，这当然是基于空间营造是以自主协同、和合情理的空间博弈为目标的意动叠痕思想而对个案城市的一种把握。我希望能够整合现当代所获得的空间之理、空间之力、空间之利来达成未来的空间之立，个体的空间自立是阶段性空间博弈平衡的目标。这里的核心是要尊重每一个个体的自主性，同时防止让他们侵害到其他的自主性，使得我们的规划能够去适应一个新时代的公民社会的建构。

我们研究这些个案城市，就是为了顺着族群生存空间的梦想及其营造实现这一贯穿始终的主线，梳理个案城市在历史演化过程中空间营造所面对的一次次来自自然、社会、个人的挑战及人们所作出的回应，把握它独特的互动机制，从而进一步推动它在未来的空间营造特别是公民社会的空间建构中来具体实现自主协同、和合情理的空间博弈。这就是我希祈每一个个案研究所要达成的目的。

在体例上，所有这些论文也都是以这样的基本格局来展开的。我希望我指导的硕士生、特别是博士生能够脚踏实地，像考古学家一样调研发掘他所研究的个案城市的营造叠痕，也要深入钻研，像历史学家一样详尽收集相关的文献资料，并且发挥规划师研究和体悟空间的特长以直观且精准的图文方式展现我们的研究成果，特别是图的绘制，这本身就是研究的深化。我当然也知道他们的个性及求学背景的差异会最终影响论文的面貌，只能尽力而为了。

最后，我表达一种希望，希望有更多的人参与到这项研究计划中来，以便尽早完成中国600多个个案城市的研究，同时推动城市规划的变革。

武汉大学城市建设学院首任院长、教授、博士生导师

赵　冰

2009年7月于武汉

目 录

第1章　绪　论

1.1　研究的意义与目的

1.1.1　研究的意义

1. 城市的快速发展迫切需要加强城市空间营造研究

城市是人类聚集活动的中心，是人类文明的物质载体。不同的地理环境、历史背景、社会经济结构对应不同的城市形态。目前，我国正处于快速城市化和经济发展时期，城市空间形态发生着快速而剧烈的演变：①城市人口的迅速增加导致城市用地的增长和城市范围的拓展。②经济结构的调整引起了城市结构（包括物质性的和非物质性的）的重组。③在当前“全球化”以及“中国城市美化运动”的推动下，“千城一面”的现象已如流感一样在国内各城市中蔓延开来，城市特色和个性正在逐渐消失。[①] ④社会对城市经济发展的盲目追求导致了城市生态空间的破坏以及各种资源（包括土地资源）的浪费。

面对以上背景，特别是在当前大力提倡建设“社会主义文化强国”的环境下，如何充分挖掘地域文化，在满足现代社会经济发展的同时延续城市空间特色及历史文脉，从而推动城市物质文明和精神文明协调发展，是研究者与管理者共同关注的热点问题。本书试图从历史发展的角度，挖掘不同时期城市空间与其社会内涵（包括自然条件、人口状况、经济状况、文化历史背景等方面）之间的互动关系，结合城市空间发展的自组织与他组织过程，总结城市空间营造的内在机制与规律，并对当前环境下的城市空间营造及发展提出建议，为新时代背景下的城市规划研究提供借鉴。

2. 城市空间营造研究有助于填补南阳城市空间形态研究的空白，解决南阳城市空间形态方面存在的问题

南阳市坐落于河南省西南部的南阳盆地中部，属于汉江支流白河流域，与湖北省、陕西省毗邻。在宏观区位上，南阳市位于武汉、郑州和西安构成的三角形区域的几何中心，沟通南北，连贯东西，地理区位优越，具有特殊的自然环境和历史文化背景。从原始聚落到现代都市，从史前文明的遗址到古代城市文明的辉煌，从近代战乱后的废墟到当代快速城市化的崛起，南阳漫长发展历史在城市的空间上留下了一系列耐人寻味的叠痕，使其成为研究城市空间营造良好的个案范本。然而到目前为止，有关南阳空间形态研究的案例却很少。

快速的城市化发展在促进人民生活水平改善的同时，不可避免地导致了一系列城市问题。在城市空间形态上，南阳市存在以下问题：历史名城保护不善，建设性破坏持续不断；

① 胡嘉渝. 重庆城市空间营造研究[D]. 武汉：武汉大学，2008：2。

开发无序，空间布局整体感较差；[①] 旧城保护与更新发展之间的矛盾日益突出，旧城特色风貌的逐步丧失，[②] 等等。

通过对南阳城市形态的研究，可以整理完善南阳城市发展研究的历史资料；而且从城市营造及形态演变的视角出发，深层次探寻城市空间发展内外结构之间的关系；从南阳城市形态演变的历史过程中寻找内在规律，更加全面深入地了解、把握南阳的城市发展，探索其中的历史经验与教训；不但可以填补南阳城市空间形态研究的空白，还有助于解决当前南阳城市空间形态中存在的问题。

3. 城市空间营造研究有助于“城市空间营造研究”体系的建立

本书选取位于江汉流域的历史文化名城南阳市作为个案，有助于赵冰教授提出的“城市空间营造研究”体系的建立。该体系首先从长江中游的城市个案研究开始，它包含特大城市、大城市、中小城市的多种城市形态，由此上下扩展，可以推进到长江上、下游，实现整个流域的覆盖，为流域城市空间营造的时空比较研究提供了可能，为区域城市化战略提供重要的参考。

1.1.2 研究的目的

本书建立在历史地理学、城市规划学、考古人类学等多学科交叉的基础上，用形态学的方法分析南阳城市空间营造特征及营造要素，并从历史发展的角度挖掘不同时期南阳城市空间营造与其影响因素（包括自然环境、地缘交通、社会经济、社会人口、社会文化、历史沿革、政治政策、城市规划）之间的互动关系，结合城市空间发展的自组织与他组织过程，总结城市空间营造的内在机制与规律，并对当前环境下的城市空间营造及发展提出建议。

1.2 研究内容

（1）分析城市聚落空间的起源。通过文献法查阅考古人类学领域对南阳城市遗址的发现，研究城市聚落出现的时间、地点、当时的自然条件和历史背景，以及当时族群的社会文化特点。城市的自然条件、历史背景、族群文化对城市空间的产生及发展具有重要的影响，而对聚落起源的研究有助于揭示城市空间产生的机制。

（2）重构各时间段的城市空间叠层并研究各叠层的空间形态变化。通过文献法并借助考古学研究对城市遗址的发现，重构城市空间分布叠层。通过实地调研及访谈法，将各时期城市聚落空间范围及重要历史功能区的分布状况绘到现代城市地图上。传统研究中各时期地图往往只是示意图，用于定性描述，这就造成了各时期城市空间研究相互割裂，缺乏统一坐标，无法用于时空上的相互比较。本书利用历史文献及考古学发现重构城市空间分布叠层并转绘到统一坐标图中，可以弥补以上不足。同时，将各空间叠层在同一坐标地

① 司冬梅. 中原历史文化名城建设探究——南阳名城建设存在的问题与思考[J]. 科技信息，2007（2）：200。

② 张学勇，吴松涛. 南阳市旧城区的规划保护与更新对策[J]. 低温建筑技术，2008（1）：63。

图中叠合，有助于从规划学角度分析城市空间形态的变化轨迹。

（3）分析城市社会、历史、政治、经济、文化等因素对城市空间形态的影响，探索城市空间形态发展的内在机制。城市形态学在特别强调事物发展的动态特征以及历史性分析方法运用的同时，也要求分析和了解社会、历史、政治、经济、文化等相关非物质因素对物质环境的影响。南阳城市空间营造研究的最终目的之一就是对城市空间营造机制的探索，而任何物质空间形态的变化发展都离不开以上非物质因素的作用，通过分析其影响作用可以透过空间形态表象发掘空间形态演变的内在机制。

（4）通过比较城市空间发展的自组织与他组织过程，探求城市空间营造中的主体——人与城市空间变化之间的互动关系，以期总结南阳城市空间营造的基本规律。城市空间发展的自组织过程是一种隐性的规律性作用，它包括城市空间结构功能互动、城市空间竞争与协同、城市空间涨落有序和城市空间演化趋优四个方面；而政策、规划等他组织手段，作为强势的阶段性策动，只有顺应了城市空间的自组织规律才能有效地促进城市的发展。研究城市空间的自组织与他组织互动有助于揭示南阳城市空间营造的基本规律，从而指导南阳城市空间未来的发展。

（5）在前面研究的基础上，分析未来南阳城市空间发展所具有的条件、面临的机遇与挑战，并对未来南阳城市空间营造及发展提出指导性建议。

1.3　研究的主要概念及范围界定

1.3.1　城市形态学的概念与内涵

“形态”一词来源于希腊语Morphe（形）和Loqos（逻辑），意指形式的构成逻辑。[①]“形态学”（Morphology）始于生物研究方法，是生物学研究的术语，它是生物学中关于生物体结构特征的一门分支学科，研究动物及微生物的结构、尺寸、形状和各组成部分的关系。在被其他学科借用概念之后，“形态学”研究的是形式的构成逻辑，主要探讨实体的“形”。[②]随着城市研究的深入和各学科之间的交叉，地理学派和人文学派的学者将形态学引入城市的研究范畴，[③]其目的在于将城市视为一有机体加以观察和研究，以了解其生长机制，建立一套对城市发展分析的理论，[④]即城市形态。在研究内容上，“逻辑”的内涵属性与“表现”的外延共同构成了城市形态的整体观。[⑤]为了深入理解研究对象的过去、现在和未来的完整序列关系，城市形态学特别强调事物发展的动态特征以及历史性分析方法的运用，主要探讨城市的结构布局、土地利用、建成形态等物质性要素的演变规律；与此同时，分析和了解社会、历史、政治、经济、文化等相关非物质因素对物质环境的内在影响。[⑥]

---

① 刘青昊. 城市形态的生态机制[J]. 城市规划，1995（2）：20-22。

② 郑莘，林琳. 1990年以来国内城市形态研究述评[J]. 城市规划，2002（7）：59。

③ 阎亚宁. 中国地方城市形态研究的新思维[J]. 重庆建筑大学学报（社科版），2001（6）：60-65。

④ 段进. 城市空间发展论[M]. 南京：江苏科学技术出版社，1999：97。

⑤ 刘青昊. 城市形态的生态机制[J]. 城市规划，1995（2）：20-22。

⑥ 梁江，孙晖. 模式与动因——中国城市中心区的形态演变[M]. 北京：中国建筑工业出版社，2007：8。

1.3.2 城市形态的广义与狭义

城市形态的定义大致有狭义与广义的区别。城市形态（Urban Morphology）是指城市在某一时间内，由于其自然环境、历史、政治、经济、社会、科技、文化等因素，在互动影响下发展所构成的空间形态特征，[①] 是构成城市所表现的发展变化着的空间形式的特征，[②] 狭义的城市形态是指城市实体所表现出来的具体的空间物质形态。广义的城市形态不仅仅是指城市各组成部分有形的表现，也不只是指城市用地在空间上呈现的几何形状，而是一种复杂的经济、文化现象和社会过程，是在特定的地理环境和一定的社会经济发展阶段中，人类各种活动与自然因素相互作用的综合结果，是人们通过各种方式去认识、感知并反映城市整体的意象总体。城市形态由物质形态和非物质形态两部分组成。具体来说，主要包括城市各有形要素的空间布置方式、城市社会精神面貌和城市文化特色、社会分层现象和社区地理分布特征以及居民对城市环境外界部分现实的个人心理反应和对城市的认知。[③]

从不同的学科视角研究城市形态，城市形态具有不同的研究重点和框架，如城市社会形态、城市经济形态、城市文化形态、城市空间形态等。[④] 本书从城市规划与建筑学角度出发，以物质的城市形态——城市空间形态为切入点，展开对特定城市——南阳的城市形态营造研究。为了界定概念的范围，本书采用“城市空间形态”而非“城市形态”，以强调研究重点为狭义的城市形态，即城市的物质空间形态。

1.3.3 城市空间、城市空间形态与城市空间结构的概念

城市空间是城市形态的一种具体的物质形式，表现为城市地域范围内一切城市要素的空间分布及其相互作用;城市空间与城市活动及其内涵密切相关，是城市活动的载体和容器。城市空间形态是以城市空间为研究对象，借用形态学研究的理论与方法，重点考察城市空间的“形”——空间形式和“态”——内在机制两方面的特征，以反映城市发展与城市空间之间的动态关系。[⑤] 而城市空间结构是城市系统中各组成部分或各要素之间的关联方式，是由一系列组织规则将城市形态、行为和相互作用组合起来的一个整体，它更强调一种关联与组织原则。[⑥]

本书着重研究城市空间的“形”——空间形式和“态”——内在机制两方面的特征；并通过分析城市空间形态的组织原则，从而更深层次地揭示南阳城市空间结构的变化；最后结合城市空间发展的自组织与他组织过程，探求城市空间营造中的主体——人与城市空间变化之间的互动关系，达到总结南阳城市空间营造的基本规律的目的。

---

① 苏毓德. 台北市道路系统发展对城市外部形状演变的影响[J]. 东南大学学报（自然科学版），1997（3）：46–51。

② 杜春兰. 地区特色与城市形态研究[J]. 重庆建筑大学学报，1998（6）：26–29。

③ 武进. 中国城市形态：结构、特征及其演变[M]. 南京：江苏科学技术出版社，1990：5。

④ 胡嘉渝. 重庆城市空间营造研究[D]. 武汉：武汉大学，2008：4。

⑤ 胡嘉渝. 重庆城市空间营造研究[D]. 武汉：武汉大学，2008：5。

⑥ 周春山. 城市空间结构与形态[M]. 北京：科学出版社，2007：5。

1.3.4 城市空间营造

城市空间形态研究是动态的，国内外学者通常用“演变”一词来描述其动态变化过程。通常认为，“演变”一词关注的是事物的客观变化，主要用来描述其自然生长过程，类似于一种自组织过程。然而，在城市空间的发展过程中，人的主观意识往往深刻影响着城市空间形态的变化轨迹，这是一种他组织过程。

对于空间的观念，赵冰教授在多年前就对理性主义与经验主义的相对主义和绝对主义的倾向时空观念作了剖析，意图以天人合一和心物合一的东方观念探讨空间的意义、要素以及其在各个层次上的建筑空间表征，[①] 并在其后对世界主要文明思想史的时空史逻辑进行了探讨和总结。[②] 此后，在确立文化根基的基础上，面对多元现实世界和新兴的虚拟世界提出了营造的命题以及“营造法式”的理论和方法。[③]

本书采用“城市空间营造”代替传统的“城市空间形态演变”，是因为“营造”一词主要包含了对主体——人进行城市时空创造过程的研究，而这种时空创造是主体——人基于对城市空间形态客观发展的研究而开展的，因此城市空间营造从根本上将揭示城市空间形态自然演变以及其与城市主体——人的互动关系，即一种自组织与他组织的博弈。

1.3.5 南阳主城区的范围界定

本书空间研究范围界定为南阳主城区。①由于南阳市域范围太大，除主城建成区外，还辖有多个县及乡，如方城县、南召县等，这些县镇都有着各自的发展源头，全部追根溯源则研究面过大。②本书以古代南阳为研究起源，研究古代南阳城市空间形态如何演变至今，在这几千年的城市空间演变过程中，现代南阳主城区的城市空间发展与主城区外的小城镇空间联系并不直接。因此，南阳城市空间营造范围最终确定为南阳主城区。

从汉代、隋唐、清朝、民国等各时期遗址以及现在南阳城区所在地看来，除了南阳主城区范围大小有所不同以外，其位置没有太大变动，基本处于白河、梅溪河及温凉河的交汇处。在本书中，古代南阳主城区范围特指郭城以内面积，而近现代南阳城市则以中心城市建成区作为其主城区范围。

1.3.6 研究的时间范围界定

纵观世界城市发展史，城市的发展过程无不经历了“城市的出现—古代城市—近代城市—现代城市”这一过程。在中国城市发展阶段的划分中，往往以1840年的鸦片战争作为中国城市进入近代的转折点；而1919年五四新文化运动则标志着中国从旧民主主义革命阶段进入到新民主主义革命阶段；1949年新中国建立，标志着半殖民地半封建历史的结束以及中国城市进入现代；城市现代历史中，1979年改革开放是现代城市发展的转折点，标志着城市化进程的快速发展。这些历史阶段的划分基本上呈现“三十年或六十年为一周期”的格局。

---

① 赵冰. 空间句法——城市新见[J]. 新建筑，1985（1）：62-72。

② 赵冰. 4!——生活世界史论[M]. 长沙：湖南教育出版社，1989。

③ 赵冰.《营造法式》解说[J]. 城市建筑，2005（1）：80-84。

南阳的发展建立在中国发展的框架内，但有着自身的历史阶段特色。为了保持赵冰教授“城市空间营造研究”体系断代上的一致性，在本书中，南阳城市空间营造研究将城市空间发展演变划分为五个阶段：从史前至1859年为古代城市阶段，主要研究南阳城市的起源、古代城市空间形态特征以及种族迁徙、文化沉淀及封建历史对城市空间形态产生的影响;1859—1919年为第二阶段，主要研究近代殖民入侵后60年间南阳的城市空间形态发展;1919—1949为第三阶段，主要研究战争时期南阳的城市空间形态发展；1949—1979年为第四阶段，主要研究战后城市国民经济恢复及城市建设飞速发展带给南阳的城市空间形态发展变化；1979—2016年为第五阶段，论述了改革开放后，城市化发展带给南阳的城市空间形态的变化。

1.3.7 自组织影响因素与他组织影响因素的界定

自组织理论认为：城市空间发展是一种自组织和他组织复合发展的过程。其中，空间发展自组织作为一种城市发展内在的规律性机制，隐性而长效地作用于城市空间的发展和演化;而城市空间发展他组织作为空间发展阶段性规划控制,显性地作用于城市空间发展。[①]

基于以上观点，本书将城市空间影响因素分为自组织影响因素与他组织影响因素两类。其中，自组织影响因素指促使城市空间自我组织、自发运动的影响因素，包括自然环境、地缘交通、社会经济、社会人口、社会文化等，它们对城市空间的影响往往不以人的意志为转移，具有隐性、永久性、进化性与随机性[②]等特点;他组织因素则指通过人为干预而对城市空间发展产生影响的这部分因素，包括历史沿革中的战争因素及区划调整、城建方面的政治政策以及城市规划等，具有显性、阶段性、优化性与整体受控制性[③]等特点。

1.4 国内外研究现状

1.4.1 国外城市空间形态研究进展

城市空间形态研究的思想萌芽于东西方古代社会，作为系统的理论研究则是近代工业革命以后，在城市规划实践的推动下逐步产生和发展起来的。[④]大量学者从时间顺序上对西方城市空间形态研究进行了总结：例如，周春山根据重大历史事件将城市空间形态研究划分为工业革命以前、工业革命至第二次世界大战之前、第二次世界大战之后至20世纪90年代、20世纪90年代以来四个阶段。[⑤]郐艳丽参照了彼得·霍尔（Peter Hall）、胡俊、吴志强等人的研究，根据重要理论出现的时间，将西方城市空间形态研究划分为19世纪90年代以前、19世纪末期到20世纪50年代末、20世纪60年代到70年代末、20世纪80年代后四个阶段。[⑥]本书主要借鉴郐艳丽的阶段划分方法，结合周春山的重大事件对城市空间

① 张勇强. 城市空间发展自组织与城市规划[M]. 南京：东南大学出版社，2006：3。
② 张勇强. 城市空间发展自组织与城市规划[M]. 南京：东南大学出版社，2006：43。
③ 张勇强. 城市空间发展自组织与城市规划[M]. 南京：东南大学出版社，2006：43。
④ 郐艳丽. 东北地区城市空间形态研究[M]. 北京：中国建筑工业出版社，2006：4。
⑤ 周春山. 城市空间结构与形态[M]. 北京：科学出版社，2007：9-12。
⑥ 郐艳丽. 东北地区城市空间形态研究[M]. 北京：中国建筑工业出版社，2006：7-18。

形态研究的影响，对西方城市空间形态研究进行以下论述：

1. 第一阶段，19 世纪 90 年代以前的城市空间形体化发展阶段

早期较为完整的城市空间形态设想出现于公元前 5 世纪的古希腊城邦建设中，如希波丹姆斯（Hippodamus）从秩序和几何的角度提出的一种以棋盘式路网为骨架，城市广场和公共建筑群相间分布的城市布局形式，以及维特鲁威（Vitruvius）《建筑十书》中的八角形理想城市模型。

到公元 15—16 世纪的文艺复兴时期，西方学者对城市空间形态的探讨，进入一个新的高潮时期。如阿尔伯蒂（Alberti）的《建筑论》，斯卡莫齐（Scamozzi）“理想城”中各类不同功能的广场，迪乔治（Francesco di Giorgio）提出的一个中央有圆形纪念建筑物、道路按放射形布置的城市提案等。该时期，城市空想主义的产生也引起了对理想城市空间结构与形态的探讨，如托马斯·莫尔（Thomnas More）的《乌托邦》和坎帕内拉（Campanella）的《太阳城》。这一系列城市结构与形态模式进一步深化了对早期理想城市的探索，对后来城市建设理论的发展产生了一定影响。

发生于 17 世纪末盛行于 18 世纪的工业革命瓦解了以庭院经济、作坊经济为主体的传统城市结构与形态模式，同时城市的急速发展也带来了许多问题，为应对城市空间的改变以及解决城市中出现的问题，人们开始对城市空间形态结构进行系统的理论化探索。比较具有代表性的是空想社会主义者欧文（Robert Owen）、傅里叶（Charleo Fourier）独立自主的“新协和村”市镇模式。在规划实践上也出现了一系列着眼于城市形体改建、倡导城市结构宏大壮美的新古典主义的城市空间形态类型。如奥斯曼（Haussmann）于 1853—1870 年主持的巴黎改建方案、本汉姆（H. Bunham）自 1893 年芝加哥博览会起先后主持的旧金山、克利夫兰和芝加哥城市空间发展与治理规划等。

总的说来，这一时期产生了一系列对后期具有一定影响的城市空间形态研究及实践，但更多的是对空间形体化的发展，而在满足城市功能要求方面存在不足。沙里宁在《城市：它的发展、衰败与未来》一书中指出当时新古典主义规划的弊端是很少从居民的实际利益出发，没有从根本上改善布局的性质。

2. 第二阶段，19 世纪末期到 20 世纪 50 年代末的功能化发展阶段

这一时期，城市空间形态理论的发展主要体现在四个方面：①城市空间的功能化规划思想和体系逐渐成熟，并在实践中得到广泛应用和发展；②传统的城市空间形体结构规划发生了重大变革，更为强调功能合理的基本原则；③城市结构解释性理论的异军突起，从城市社会学和生态学的角度进一步丰富和深化城市空间形态的研究范畴；④城市空间形态结构研究视野扩大，在注重研究单个城市空间形态的基础上穿越时空把目光投射到城市以外的区域，开始探索群体空间形态的整合与优化。这时期先后出现的马塔（Mata）的带形城市、霍华德（Howard）的“田园城市”、戛涅（Gamier）的工业城市都被视为现代城市规划史上具有划时代意义的城市结构与形态模式。

这一时期，原传统的形体结构规划思想和模式受到强调“功能合理至上”的新建筑运动影响发生了重大改变，出现了以现代形体技术手法探求适应时代要求的现代大城市的空间结构形态，其中以勒·柯布西耶（Le Corbusier）的城市集中主义以及赖特（Frank Lloyd

Wright）的“广亩城市”概念最具有代表性，而这两种模式又作为集中主义与分散主义的代表一直争论至今。

在功能性和形体性结构模式研究异常活跃的同时，城市社会生态学和土地经济学发展空前兴盛。从20世纪20年代开始，以帕克（E.Park）和沃思（L.Wirth）为首的芝加哥学派从城市社会学角度，赫德（R. M. Hurd）从土地经济学角度，黑格（M.Harg）从地租决定论角度对城市结构与形态的研究都取得了成果。从人类生态学角度考察经济和社会因素对城市结构和形态的影响，先后出现了伯吉斯（W. Burgess）的同心圆模式（1925年）、霍伊特（H. Hoyt）的扇形模式（1936年）和哈里斯（D. Harris）与乌尔曼（E. L. Ullman）的多核心模式（1945年）。

3. 第三阶段，20世纪60年代到70年代末的人文化、连续化模式发展阶段

20世纪50年代后期，随着发达国家由工业化社会逐步转变为信息化社会，人们对战后过渡性的、以物质改造为主要内容的现代城市空间形态理论与实践提出更高的要求，倡导对城市结构中深层次的社会文化价值、经济价值、生态耦合和人类体验的发掘，从而进入强调城市形态适应人类情感的人文化、连续化模式发展阶段。其中具有代表性的有“10次小组”（Team 10）的“簇式”结构形态、凯文·林奇（Kevin Lynch）的城市结构意象感知分析模式、雅各布斯（V.Jacobs）的城市活力交织功能分析、道萨迪亚斯（C.A.Doxiadis）的人类居住环境体系和动态发展的城市模式、罗（Colin Rowe）的文脉相承的拼贴城市模式以及拉普卜特（A.Ropoperti）的多元文化城市结构模式等，反映了后现代城市空间发展中强调连续性变化的文脉思想。

在城市结构与形态的解释性研究方面，代表人物及成果包括：麦吉（McGee）针对东南亚港口城市结构形态的研究，提出了Desakota模式，被国际学者认为是新型城市区域；塔弗（Taaffe）的理想城市结构与形态模式主要有近郊区、边缘带、中间带；曼（Mann）的英国工业城市的研究，提出了同心圆–扇形理论；穆勒（Muller）提出了由城市边缘区、外郊区、内郊区和中心城市构成的城市结构与形态模式。

城市形态研究方法则表现为数量化和模式化，当时最有代表性的成果为阿伦（P. Allen）的自组织模型、美国学者登德里诺斯（S. Dendrinos）和马拉利（H.Mullally）描述结构动态变化的随机模型、齐曼（C. Zeeman）的形态发生学数学模型，以及福里斯特（J. Forrester）的城市演变的生命周期理论。

4. 第四阶段，20世纪80年代后城市空间群体、生态化、城市可持续发展研究发展阶段

20世纪80年代后，城市结构与形态研究向区域化、信息网络化发展明显加强，同时强调了自然、空间与人类融合的结构演化。对现代城镇群体空间研究影响较大的有：帕帕约安努（Papaioannou）和耶茨（M.Yeates）。1996年帕帕约安努提出了全球城镇网络系统发展模式。耶茨将城镇群体空间形态演化分为五个阶段，分别是重商主义时期城市（Mercantile City）、传统工业城市时期（ClassicIndustrialCity）、大城市时期（Metropolitan Era）、郊区化成长时期（Suburban Growth）和银河状大城市时期（Galactic City），并指出20世纪80年代以后城镇群体空间在区域层面的大分散趋势继续成为主流，传统中心城市的作用被多中心的模式所取代，形成城乡交融、地域连绵的“星云状”大都市群体空间。

随着城市生态危机的全球性蔓延，生态学家把注意力转移到改良城市空间结构，建立城市发展机制，协调城市社会阶层的各种关系方面，提出了现代生态城市发展模式，并认为城市发展的标志不应只局限在经济水平的提高，更应重视社会的和谐和生态环境的保护。

可持续发展理论最早形成于20世纪50—70年代，首先是1962年美国生物学家蕾切尔·卡森（Rachel Carson）的《寂静的春天》（Silent Spring）引起国际上对该理论的重视，1972年罗马俱乐部的《增长的极限》研究报告以及1987年联合国世界与环境发展委员会的《我们共同的未来》研究报告则先后提出可持续发展的概念，直到20世纪90年代该理论才真正得到世界各国政府的认可。城市规划和生态学理论结合较为紧密，其代表为费利（Walter Firey）的资源利用理论、萨德勒（Saddler）的系统透视理论和多西（Dorcey）的系统关系理论。

1.4.2 中国城市空间形态研究

中国封建社会的城市结构与形态，深受皇权至上的影响，十分注意中轴、对称、方正、高低、大小等等级倾向。公元前5世纪的春秋战国时期，早期城市规划建设思想就已出现，《周礼·考工记》的营建模式，《管子·大匡》关于“凡仕官者近宫，不仕与耕者近门，工贾近市”的论述，都反映了中国古代社会关于城市空间形态特征与布局规范的思想。到了近现代，沿海沿河的城市空间结构出现了殖民的特征，但对整个中国而言，传统的规划与建设范式仍为主导。

1949年新中国成立之后，城市结构与形态迅速发生了变化。在20世纪80年代之前，中国城市空间结构与形态只有一些零星的研究成果，真正意义上的研究于20世纪80年代之后才开始。20世纪80—90年代中期的研究成果可以分为四个方面：①

（1）对中国古代城市的发育机制、结构形态，及其与政治、经济的相互作用关系等方面作了较为全面的分析，如董鉴泓的《中国城市建设史》（1982年）、傅崇兰的《中国运河城市史》（1985年）等；

（2）对中国近代与现代的城市结构与形态的发展历史、特征与演变机制等展开系统的研究，如胡俊的《中国城市：模式与演进》（1994年）、武进的《中国城市形态：结构、特征及其演变》（1990年）等；

（3）对城市结构的特定问题进行研究，如吴良镛的《历史文化各领域的规划结构》（1983年）、崔功豪的《中国城市边缘区空间结构特征及发展》（1990年）等；

（4）探讨一般性的城市结构与形态问题，介绍国外城市发展的过程与模式，如朱锡金的《城市结构活性》（1987年）、邹德慈的《汽车时代的空间结构》（1987年）。

20世纪90年代后期，我国城市空间结构与形态研究进入蓬勃发展阶段，其研究成果大致可以分为五类：②

---

① 周春山. 城市空间结构与形态[M]. 北京：科学出版社，2007：13。

② 郑莘，林琳. 1990年以来国内城市形态研究述评[J]. 城市规划，2002（7）：59-63。

（1）对城市形态演变影响因素的研究。这部分学者分别从城市历史发展、地理环境、交通运输条件、经济发展与技术进步、社会文化因素、政策与规划控制等方面分析了单一因素对城市空间发展的影响，如王建国[①]、周霞等[②]以历史发展观点分析城市形态演变，李翔宁[③]、李加林[④]、陈玮[⑤]以地理环境观点分析城市形态演变，苏毓德[⑥]、杨东援等[⑦]以交通运输条件观点分析城市形态演变，赵云伟[⑧]、杨矫等[⑨]、钱小玲等[⑩]以经济发展与技术进步观点分析城市形态演变，陶松龄等[⑪]、张春阳等[⑫]以社会文化观点分析城市形态演变，李亚明[⑬]、张宇星[⑭]以政策与规划控制角度分析城市形态演变。

（2）对城市形态演变驱动力与演变机制的研究。在城市形态演变驱动力研究方面，何流等[⑮]、陈前虎[⑯]、陈玮[⑰]等大量学者通过研究认为：城市及其形态的演变是受多种因素综合影响的，造成城市内外空间形态变化的动力机制实质上是所谓政策力、经济力和社会力三者的共同作用，但其中城市社会经济的发展是最主要的动力因素。

在城市形态演变机制研究方面，早期以武进[⑱]、邹怡等[⑲]、韩晶[⑳]为代表的研究者认为：城市形态演变的内在机制，从其本质上来说，是其形态不断地适应功能变化要求的演变过程。近期以张勇强为代表的研究者认为："城市空间发展是一种自组织和他组织复合发展的过程。其中空间发展自组织作为一种城市发展内在的规律性机制，隐性而长效地作用于城市空间的发展和演化；而城市空间发展他组织作为空间发展阶段性规划控制，显性地作用于城市空间发展，同时也在一定程度上反映了人们对空间发展规律的认知程度。"[㉑]这种分析方法充分认识和承认了空间系统的整体性与复杂性，强调系统内部存在的相互

---

① 王建国. 常熟城市形态历史特征及其演变研究[J]. 东南大学学报，1994（11）：1-5。

② 周霞，刘管平. 风水思想影响下的明清广州城市形态[J]. 华中建筑，1999（4）：57-58。

③ 李翔宁. 跨水域城市空间形态初探[J]. 时代建筑，1999（3）：30-35。

④ 李加林. 河口港城市形态演变的理论及其实证研究——以宁波市为例[J]. 城市研究，1997（6）：42-45。

⑤ 陈玮. 城市形态与山地地形[J]. 南方建筑，2001（2）：12-14。

⑥ 苏毓德. 台北市道路系统发展对城市外部形状演变的影响[J]. 东南大学学报（自然科学版），1997（3）：46-51。

⑦ 杨东援，韩皓. 道路交通规划建设与城市形态演变关系分析——以东京道路为例[J]. 城市规划汇刊，2001（4）：47-50。

⑧ 赵云伟. 当代全球城市的城市空间重构[J]. 国外城市规划，2001（5）：2-5。

⑨ 杨矫，赵伟. 信息时代城市空间的变迁[J]. 南方建筑，2000（1）：78-80。

⑩ 钱小玲，王富臣. 技术进步与城市空间创新[J]. 合肥工业大学学报（自然科学版），2001（6）：378-382。

⑪ 陶松龄，陈蔚镇. 上海城市形态的演化与文化魄力的探究[J]. 城市规划，2001（1）：74-76。

⑫ 张春阳，孙一民，冯宝霖. 多种文化影响下的西江沿岸古城镇形态. 建筑学报，1995（2）：35-38。

⑬ 李亚明. 上海城市形态持续发展的规划实施机制[J]. 城市发展研究，1999（3）：15-18。

⑭ 张宇星. 空间蔓延和连绵的特性与控制[J]. 新建筑，1995（4）：29-32。

⑮ 何流，崔功豪. 南京城市空间扩展的特征与机制[J]. 城市规划汇刊，2000（6）：56-61。

⑯ 陈前虎. 浙江小城镇工业用地形态结构演化研究[J]. 城市规划汇刊，2000（6）：47-50。

⑰ 陈玮. 城市形态与山地地形[J]. 南方建筑，2001（2）：12-14。

⑱ 武进. 中国城市形态：结构、特征及其演变[M]. 南京：江苏科学技术出版社，1990。

⑲ 邹怡，马清亮. 江南小城镇形态特征及其演化机制[M]//国家自然科学基金会材料工学部. 小城镇的建筑空间与环境. 天津：天津科学技术出版社，1993：70-87。

⑳ 韩晶. 城市地段空间生长机制研究——南京鼓楼地段的形态分析[J]. 新建筑，1998（1）：14-17。

㉑ 张勇强. 城市空间发展自组织与城市规划[M]. 南京：东南大学出版社，2006：3。

作用和联系，克服了传统分析方法中“人为地把城市空间种种现象从复杂的联系中孤立出来”的做法。

（3）对城市形态构成要素的研究。一般来说，构成城市空间形态的要素包括物质要素和非物质要素。物质要素包括道路网、街区、节点、城市用地、城市发展轴等，非物质要素包括社会组织结构、居民生活方式和行为心理、城市意象、功能意义、空间品格、民俗风情和文化等。各构成要素相互联系、相互影响，有机地结合在一起，构成各种具有特定功能的地域，并表现出一定的空间轮廓形态。这部分研究的代表有武进①、邹怡等②、苏毓德③。

（4）对城市形态分析方法的探讨，包括城市空间分析方法、数理统计中的特尔菲（Delphi）法和层次分析法（Analystic Hierarchy Process）、几何学中的分形理论方法、文献分析法、物理学中的系统动力学方法等。总的说来，当前城市空间形态分析方法呈现多学科交叉的趋势。

（5）对城市形态计量方法的研究。特征值法、数理统计方法、自相似理论和技术、模糊数学方法和突变论被普遍认为能够较好的解决城市空间形态计量问题。这部分研究的代表有林炳耀④、段汉明等⑤、杨山等⑥。随着计算机及信息技术的发展，将定量与定性分析方法相结合已是当前城市空间形态研究的一大趋势。

综合国内外城市空间研究发展情况来看，城市空间研究呈现出由一般到特殊，由总结性描述到针对性分析，由局部向整体，由单一专业向多专业集成演变的趋势。然而，国内研究仍存在以下不足：

（1）国内的城市空间研究相对落后，其成果多是建立在国外研究的基础上，没有形成中国特色的城市形态研究理论及方法。

（2）迄今为止的城市空间发展研究，停留在表面问题的研究较多，泛泛的总结较多，而有深度的研究较少。

（3）有关城市空间演变的个案研究不少，但针对其地域性特点研究得不多，且深度往往不够，许多研究成果操作性不强。

（4）在城市空间动力机制方面，对单一影响力下城市空间发展的研究较多，对多因素下城市空间发展的研究相对较少，且对多因素间的互动关系缺乏系统的研究，而深入探讨多因素与城市空间发展互动机制的研究则更为罕见。

（5）对于城市形态的多视角、多学科交叉还不够。

---

① 武进. 中国城市形态：结构、特征及其演变[M]. 南京：江苏科学技术出版社，1990。

② 邹怡，马清亮. 江南小城镇形态特征及其演化机制[M]//国家自然科学基金会材料工学部. 小城镇的建筑空间与环境.天津：天津科学技术出版社，1993：70-87。

③ 苏毓德. 台北市道路系统发展对城市外部形态演变的影响[J]. 东南大学学报（自然科学版），1997（3）：46-51。

④ 林炳耀. 城市空间形态的计量方法及其评价[J]. 城市规划汇刊，1998（3）：42-46。

⑤ 段汉明，李传斌，李永妮. 城市体积形态的测定方法[J]. 陕西工学院学报，2000（1）：5-9。

⑥ 杨山，吴勇. 无锡市形态扩展的空间差异研究[J]. 人文地理，2001（3）：84-88。

1.4.3 南阳个案研究

有关南阳城市空间研究的个案很少，主要有黄光宇等[①]对清代南阳“梅花城”格局的探讨，邢忠等[②]就河流水系对现代南阳城市空间结构影响方面的研究，以及马正林在《中国城市历史地理》[③]一书中对汉代及明清时期宛城格局的描述。另外，以马兴波等[④]、万敏等[⑤]、任义玲[⑥]、超然[⑦]、张晓军[⑧]、魏东明[⑨]为代表的一批学者对南阳部分重要历史建筑及建筑群（如府衙、武侯祠等）的空间格局作了相关描述与分析。

在先秦聚落空间研究方面，有关南阳地区的研究不多，主要以鲁西奇[⑩]对汉水流域新石器与青铜时期的聚落空间研究为主，此外，冯小波[⑪]对汉水流域旧石器时代遗址分布进行了相关考察。以上研究均对南阳地区先秦时代聚落分布分析有借鉴意义。

在南阳城市空间影响因素方面，主要有对南阳古代交通的研究，如王文楚[⑫]、龚胜生[⑬]；对南阳文化的研究，如刘国旭[⑭]、钞艺娟[⑮]；对南阳历史沿革的研究，如王建中[⑯]；在南阳经济方面，则有李桂阁[⑰]对两汉时期南阳农业经济状况的研究，以及鲁西奇[⑱]对历史时期汉江流域农业经济区的研究；在人口方面，郭立新[⑲]、王建华[⑳]分别对长江中游地区以及黄河中下游地区先秦时期的人口进行了统计与分析。

综上可知，南阳城市空间个案研究严重缺乏，且主要停留在个别历史时段或历史建筑（群）的研究上，在对南阳城市空间演变的研究上缺乏系统与连贯性；对明代以前，特别是史前，南阳城市空间及聚落形态的研究缺乏；在南阳城市空间营造机制方面，仅有少量对相关因素（如交通、文化、经济等）的分析，缺乏对城市空间影响机制的整体性研究。

---

① 黄光宇，叶林. 南阳古城的山水环境特色及营建思想[J]. 规划师，2005（8）：88-90。
② 邢忠，陈诚. 河流水系与城市空间结构[J]. 城市发展研究，2007（1）：27-32。
③ 马正林. 中国城市历史地理[M]. 济南市：山东教育出版社，1998。
④ 马兴波，蔡家伟. 南阳衙署建筑的保护与改造[J]. 山西建筑. 2005（20）：41-42。
⑤ 万敏，武军. 南阳王府山的艺术特点[J]. 中国园林. 2004（6）：33-35。
⑥ 任义玲. 明代南阳的唐藩及相关问题[J]. 文博，2007（5）：51-53。
⑦ 超然. 高远淡泊玄妙观[J]. 躬耕，2006（1）：48。
⑧ 张晓军. 从卧龙岗修葺碑看武侯祠的变迁[J]. 中原文物，2005（5）：61-64。
⑨ 魏东明. 南阳医圣祠[J]. 档案管理，2001（3）：24-25。
⑩ 鲁西奇. 区域历史地理研究：对象与方法——汉水流域的个案考察[M]. 南宁：广西人民出版社，2000。
⑪ 冯小波. 试论汉水流域旧石器时代文化[C]//邓涛，王原主编. 第八届中国古脊椎动物学学术年会论文集. 北京：海洋出版社，2001：263-270。
⑫ 王文楚. 历史时期南阳盆地与中原地区间的交通发展[J]. 史学月刊，1964（10）：24-30，39。
⑬ 龚胜生. 历史上南阳盆地的水路交通[J]. 南都学坛（哲学社会科学版），1994（1）：104-108。
⑭ 刘国旭. 南阳的地名体系及地名文化资源研究[J]. 产业与科技论坛，2008（8）：69，79。
⑮ 钞艺娟. 豫西南民歌地方色彩形成的客观背景[J]. 东方艺术，2005（8）：28-29。
⑯ 王建中. 南阳宛城建置考[M]//楚文化研究会编. 楚文化研究论集（四）. 郑州：河南人民出版社，1994：348-360。
⑰ 李桂阁. 从出土文物看两汉南阳地区的农业[J]. 农业考古，2001（3）：46-49，107。
⑱ 鲁西奇. 历史时期汉江流域农业经济区的形成与演变[J]. 中国农史，1999（1）：35-45。
⑲ 郭立新. 论长江中游地区新石器时代晚期的生计经济与人口压力[J]. 华夏考古，2006（3）：33-39，53。
⑳ 王建华. 黄河中下游地区史前人口研究[D]. 济南：山东大学，2005。

1.5 研究的理论框架

在对国内外相关城市空间理论及南阳个案研究的基础上，南阳城市空间营造研究的理论框架包括以下几个部分：

（1）本书借鉴西方国家城市历史研究的方法，以城市历史发展背景为依托，分析城市空间形态随纵向时间变化而演变的轨迹及特征；采用建筑学的方法，分析城市空间形态发展中的空间发展肌理及历史文脉；借鉴凯文·林奇的环境行为学方法，分析城市空间形态中的点、线、面及结构等构成要素。

（2）通过对国内有关城市形态演变影响因素案例的研究，本书将城市空间营造影响因素归纳为地缘关系、自然环境、历史沿革、社会经济、社会人口、社会文化、政治政策和城市规划。其中，地缘关系包括地理位置上的区位、联系的交通等因素，自然环境包括气候条件、地形地貌、自然资源等。

（3）在对城市空间影响机制的分析中，本书重点借鉴了自组织与他组织理论，并试图在研究各影响因素对城市空间作用的基础上，分析自组织与他组织的互动关系，从更深层次上揭示南阳城市空间营造的机制。

1.6 研究方法

本书采用的研究方法有文献分析法、实地调查法、综合分析法、纵向比较法。

（1）文献分析与实地调查：通过对历史资料、文献、期刊、报纸或其他与城市空间形态有关材料的分析，获得对城市空间形态过去和现状的认识。通过深入细致的实地调查与访谈，一方面可以补充文献资料的不足，另一方面将各时期地图的城市空间坐标进行统一。

（2）自然科学与社会科学多学科交叉：城市空间营造问题是错综复杂的问题，涉及多种自然科学和社会科学的多学科交叉的集合。本书采取多学科融贯的综合研究方法分析城市空间营造机制。

（3）纵向比较法：城市空间营造是一个漫长的历史进程，在不同的历史时期，形态有着显著的差别。只有通过纵向比较研究，我们才能对城市形态演化的过程及机制有更深刻的理解并找出在同一时期不同事物的相同和相异性，以及不同时期事物的变化，以揭示事物发展的过程及其特殊性并预测未来的发展趋势。

1.7 研究框架及结构

全文由四部分组成。第一部分（第一章）介绍了本书的研究意义及目的、研究内容、主要概念及研究范围界定、国内外研究现状、提出了研究方法和研究框架（图 1-1）。

第二部分（第二、三、四、五、六、七、八章）是本书的研究主体，系统地研究了南阳历经先秦、秦汉至五代、宋元明清、1859—1919 年、1919—1949 年、1949—1979 年、1979—2016 年各个阶段的自组织与他组织影响因素的特点、城市空间营造特征与营造要素、城市空间营造影响机制，以及自组织与他组织的互动关系。

第三部分（第九章）在前面阶段性研究城市空间营造机制的基础上，进行营造机制的总结性研究，从整个历史发展的角度，提炼南阳城市空间营造的深层机制。

第四部分（第十章）通过分析当前城市发展的条件、面临的机遇与挑战，提出南阳城市空间的未来发展策略。

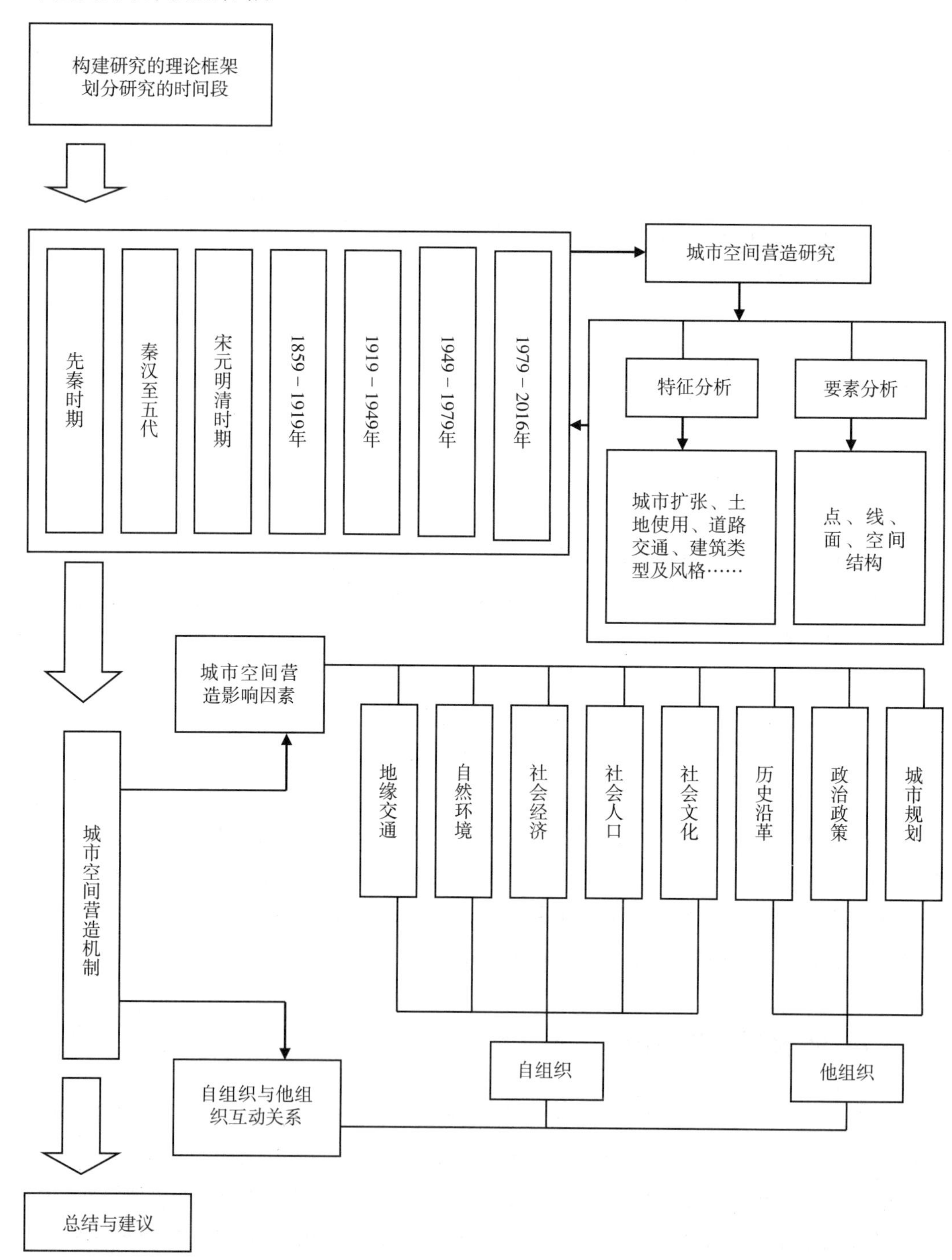

图 1-1　研究框架图

第2章 先秦时期南阳城市空间营造

2.1 先秦时期城市空间营造影响因素

2.1.1 自然环境

任何一个城市都坐落在具有一定自然地理特征的地表上，且总是在用地条件合适的地方建设，所以城市的形成、建设和发展与自然地理环境有密切的关系。我国古代文献中曾多处记载有关城址选择与地理条件关系的论述，如《齐民要术》中指出："顺天时、量地利，则用力少而成功多。"城市区域的地质、地形、地貌、气候、水文、资源等各种地理要素相互交叉组合在一起，构成城市存在和发展的物质基础。① 不同的自然环境孕育着不同的文化，也影响着不同的城市空间形态的形成与演化。南阳城市空间的产生与发展离不开其特定的自然环境。

南阳属汉水中游地区白河流域。其自然环境可以追溯到第四纪汉水河谷发育时期。早更新世至中更新世，在汉水下游（以湖北钟祥市为界）河道还未固定，在汉水中上游河谷的逐渐形成过程中，汉水地带就已经生存着古人类。该时期，汉水中上游两岸，除了平坦、宽阔的平川之外，边缘地带还连接着秦岭、大巴山等丘陵地区。从其两岸生长有茂密的原始森林、广阔的草原，以及众多的热带、亚热带动物来看，该时期汉水中上游地区为热带、亚热带森林、草原气候。通过对早更新世至中更新世早期汉水河谷的动物群的研究发现：当时我国南北气候的分界线秦岭还不高，在中更新世初期最高海拔还不超过1000m。因此秦岭在当时不能起地理障碍作用，南方的暖湿气候还能继续北进，秦岭南北的动物群会互相迁徙和融合。

中更新世中期至晚更新世，汉水河谷的动物群，已可分为两块地域：一块是秦岭主脉的南麓地区；另一块是秦岭东部余脉的伏牛山地段和南阳盆地，以河南南召杏花山等地发现的动物化石为代表。由于秦岭主脉的升高，汉水中上游的大部分地区（陕西汉中地区和安康地区、鄂西北地区等），已成为典型的热带、亚热带森林、草原气候。秦岭阻挡了北方的冷空气不能再南下，同时，也阻挡了北方动物群的南徙。但东部的秦岭余脉地区（豫西南地区，包括南阳盆地），因山脉海拔不是那么高，动物群与气候特征，仍然表现为我国的南、北过渡地带。该时期的汉水中上游，因为秦岭山脉基本定型，地貌特征已与现今接近。由于秦岭山脉定型，阻挡了南方暖湿气流北进，并把雨水集中降落在它的南麓汉水地区，因此秦岭以南表现为南方气候景观，夏季炎热，冬季温和，1月温度在0℃以上，年降雨量在1000mm左右，植被以喜暖湿的落叶阔叶树和常绿阔叶树为主，并多生藤本和竹类植物。②

---

① 张勇强. 城市空间发展自组织与城市规划[M]. 南京：东南大学出版社，2006：76-77。

② 武仙竹. 汉水流域旧石器时期的远古居民与生态环境[J]. 文物世界，1997（3）：24。

正因为优越的生态环境，较好的气候、植被、水源与地理位置，为人类的繁衍提供了充足的食物资源，汉水中上游（包括南阳盆地）成为中国远古居民生息的重要地域之一。

2.1.2 地缘交通

在旧石器时期的早更新世至中更新世早期，由于汉水上流河谷的北部秦岭和南部大巴山都还在抬升期，秦岭还不高且不能起地理障碍作用，因此该时期的南阳盆地及其周围地区是南、北动物的过渡地带，秦岭南北的动物群会互相迁徙和融合；中更新世中期至晚更新世，由于秦岭主脉的升高，秦岭阻挡了北方动物群的南徙，但东部的秦岭余脉地区（豫西南地区），因山脉海拔不是那么高，南阳地区的动物群与气候特征仍然表现为我国的南、北过渡地带。同时，汉水下游河床（以湖北钟祥市为界）在晚更新世以前，一直还没有固定的河道，而是在江汉盆地的基部漫游和流荡。[①] 因此，此时期汉水流域古人类聚居地主要集中在汉水上游地段。南阳盆地与丹江口以上的其他几个大盆地，如汉中盆地、安康盆地、郧县盆地、均县盆地等联系较为紧密。[②] 此时的南阳地区还没有出现连接南北的交通要道。

新石器时期，因为秦岭山脉基本定型，汉水中上游地貌特征已与现今接近；而汉水下游由于河道基本固定，历史聚落开始增多。这时期，由于几次洪水期的影响以及稻作农业特性的要求，人类在平原地区与海拔较高的丘陵山岗地带之间的迁徙较为频繁，这些迁徙活动一般是沿着汉水及其支流河谷进行的。[③] 由此可以推断南阳盆地境内几条汉水支流（如唐河、白河、丹水）已具有水路交通的雏形。

根据文献记载，春秋战国时期，南阳地区已开拓成途且与中原地区联系的主要有方城路与三鸦路。由于特殊的地形地貌，南阳盆地东、西、北三面是山地与丘陵，只在盆地的东北端方城县附近形成缺口，从而裂开了一条比较平坦的隘道，即方城路。方城路在春秋时期已经形成，至战国时，交通较前更为发达，因其是楚国与中原华夏诸国的交通要道，故当时专称为“夏路”。而另一条连接南阳与中原地区的交通要道——三鸦路由南阳北上，跃伏牛山脉，到鲁山、临汝，山地高峻，道路曲折迂回，是楚人北进中原的一条近路，却也是一条险路。这两条路在古代交通、军事地理上占有相当重要的地位。[④]

春秋时期，南阳地区与楚国联系的主要道路为宛郢干道，即宛城至楚国首都郢城（今湖北纪南城）的陆路交通干道，干道自宛城出南门，过淯水（白河），经三里户（三十里屯）、小长安（瓦店）、界中、新野达襄阳，再过汉水经鄂城、荆口至郢城。

另有一条始于春秋时期沿桐柏山谷至大别山北麓以东的古道，名东南大道，虽历史上商务并不繁盛，但颇有军事之要，该道起自南阳，经溧河店、双桥铺（今双铺）、大姑冢（今汉冢），出县界后经比阳（今唐河县桐寨铺）、平氏县、复阳县（桐柏县西）、平春（今小林店）至钟武（今信阳）。[⑤]

---

① 武仙竹. 汉水流域旧石器时期的远古居民与生态环境[J]. 文物世界，1997（3）：23。

② 冯小波. 试论汉水流域旧石器时代文化[C]//邓涛，王原主编. 第八届中国古脊椎动物学学会年会论文集. 北京：海洋出版社，2001：267。

③ 鲁西奇. 新石器时代汉水流域聚落地理的初步考察[J]. 中国历史地理论丛，1999（1）：144。

④ 王文楚. 历史时期南阳盆地与中原地区间的交通发展[J]. 史学月刊，1964（10）：25-26。

⑤ 南阳县地名委员会办公室编. 河南省南阳县地名志. 福建省地图出版社，1990：445-446。

在水路方面，先秦时期南阳出现航运的河流有唐河、白河和丹水，这与该时期“江汉流域干支各流的常年水位远较现在为高”[1]有关（图2-1）。从相关史料记载上看，唐河与白河航运历史悠久，东周时期即为楚国水运干线；而根据战国时期书籍《禹贡》的记载，可以判定，丹江在战国前就通航了。[2]另外，方城附近的缺口不但是陆路通道，而且有水道相连通。清代全祖望认为，春秋时楚人曾经在此开凿过运河，位置为今方城县城附近从潘河到甘江河的一段，距离甚短。该运河依地形截断潘河，形成一个东西五六里，南北十余里的大水库——“堵阳坡”，并将水库中的水分成两股：一股仍流入潘河，另一股则东行与甘江河相通，“堵阳坡”既具有调节潘河和甘江河水量的作用，也具有分洪泄洪的作用。[3]

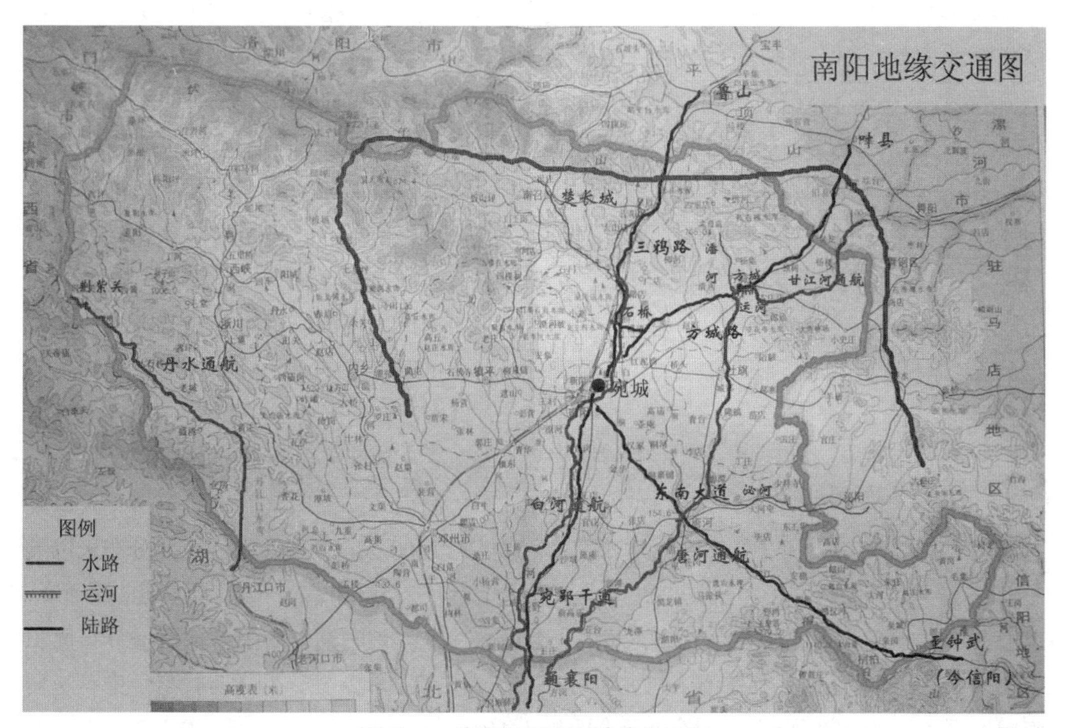

图2-1　先秦时期南阳地缘交通图

2.1.3　社会经济

先秦时期是汉江流域经济的起步阶段。以屈家岭文化、石家河文化为代表的长江中游土著文化和由中原南来的华夏文化在汉江中游地区交会，形成了光辉灿烂的楚文化。楚国的建立、发展和壮大，带来了流域经济开发的第一次高潮。由于楚国的政治军事中心一直在今湖北宜城市境内，[4]因而襄宜平原的经济发展在汉江流域乃至长江中游地区都处于领先地位。与其邻近的南阳盆地和随枣走廊地区也相当先进。[5]先秦时期，南阳地区属平原型生

① 龚胜生. 历史上南阳盆地的水路交通[J]. 南都学坛（哲学社会科学版），1994（1）：104。

② http：//zh. wikipedia. org/zh-cn/丹江。

③ 龚胜生. 历史上南阳盆地的水路交通[J]. 南都学坛（哲学社会科学报），1994（1）：106。

④ 关于楚郢都的地望，武汉大学石泉教授认为在今湖北宜城市南境的楚皇城遗址，但更为普遍的说法是在长江边今湖北江陵县荆州市境内的纪南城遗址。

⑤ 鲁西奇. 历史时期汉江流域农业经济区的形成与演变[J]. 中国农史，1999（1）：35-36。

计经济，最主要的生存经济是农业，渔猎经济所占比例较小。[①] 由于南阳地区属南阳盆地，又紧邻随枣走廊地区，因此其作物类型兼有北方旱作农业和南方稻作农业类型。从考古资料上看，先秦南阳农业已较为发达，如淅川县黄楝树屈家岭文化遗址中即发现有稻壳和稻米以及加工稻米的石杵和石臼等。在工业方面，南阳的冶铁业早在战国时已驰名天下，并成为楚国乃至全国著名的冶铁中心。

2.1.4 社会人口

古代人口，史籍缺乏系统记载，战国末，秦迁民南阳，人口始繁。根据王建华博士对黄河中下游史前人口的研究[②]，可对裴李岗时代、仰韶时代、龙山时代南阳地区人口进行粗略分析与估算。

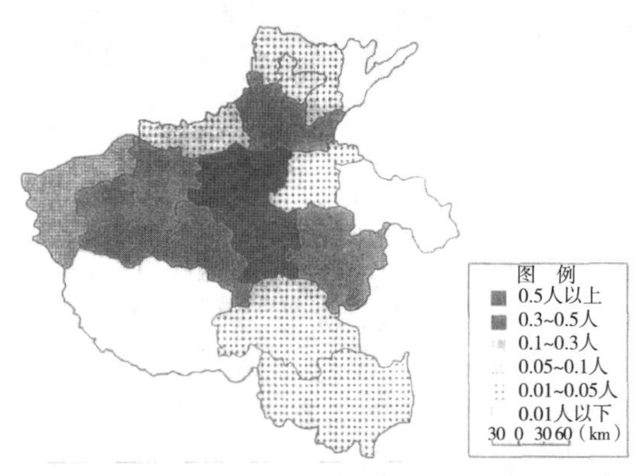

图 2–2 裴李岗时代河南省人口密度
来源：王建华．黄河中下游地区史前人口研究 [D]. 济南：山东大学，2005

河南省裴李岗时代的一级聚落（人口规模 250~1000 人的聚落）主要分布于以偃师市、巩义市、新郑市、禹州市为中心的郑洛地区。此时，在南阳盆地除方城县的大张庄遗址以外，暂时没有发现其他同时期遗址。根据裴李岗时代河南省人口密度分布图（图 2–2），裴李岗时代南阳地区人口密度在河南省处于最低一档，小于 0.01 人 /km^2，地区人口数小于 266 人。

河南省仰韶时代的一级聚落（人口规模在 2000 人以上的聚落）主要分布于以灵宝市、三门峡市、洛宁县、新安县、偃师市、荥阳市、郑州市、武陵县等为中心的郑洛、三门峡地区。该时期，南阳盆地遗址分布面积见表 2–1。根据仰韶时代河南省人口密度分布图（图 2–3~ 图 2–5），仰韶时代早、中、晚期南阳地区人口密度在河南省分别处于第四档（0.05~0.1 人 /km^2）、第三档（0.8~2 人 /km^2）、第三档（0.8~2 人 /km^2），地区人口数分别为 1330~2660 人、21280~53200 人、21280~53200 人。

先秦时期南阳市所辖地区遗址分布面积 **表2–1**

县市	时代／面积（万m^2）	裴李岗时代	仰韶时代 早期	仰韶时代 中期	仰韶时代 晚期	龙山时代 早期	龙山时代 晚期
南阳市	南阳市	0	2.45	18.85	18.85	18.98	34.50
	镇平县	0	6.78	52.17	52.17	7.20	13.09
	唐河县	0	1.04	8.00	8.00	9.85	17.90
	新野县	0	7.23	55.60	55.60	31.13	56.60

① 郭立新. 论长江中游地区新石器时代晚期的生计经济与人口压力[J]. 华夏考古，2006（3）：35。

② 王建华. 黄河中下游地区史前人口研究[D]. 济南：山东大学，2005。

续表

时代 / 面积（万m²） / 县市		裴李岗时代	仰韶时代			龙山时代	
			早期	中期	晚期	早期	晚期
	西峡县	0	4.16	32.00	32.00	11.55	21.00
	内乡县	0	2.07	15.90	15.90	12.27	22.30
	淅川县	0	6.72	51.72	51.72	27.18	49.42
	邓州市	0	4.21	32.40	32.40	27.52	50.04
	南召县	0	6.68	51.36	51.36	7.56	13.75
	桐柏县	0	1.11	8.50	8.50	8.97	16.60
	方城县	2.16	6.46	49.66	49.66	38.42	69.85
	社旗县	0	2.63	20.25	20.25	11.14	20.25
河南省		700	1070	4060	4500	5119.64	9203.25

来源：王建华.黄河中下游地区史前人口研究[D].济南：山东大学，2005

河南省龙山时代的一级聚落人口规模达到6500人以上，以三门峡市、洛阳市、偃师市、安阳市、淮阳市、禹州市、郾城县、辉县市等为中心形成了几个大的聚落群。该时期，南阳盆地遗址分布面积见表2-1。根据龙山时代河南省人口密度分布图（图2-6、图2-7），龙山时代早、晚期南阳地区人口密度在河南省分别处于第五档（0.5~1人/km²）与最低档（<1人/km²），地区人口数分别为13300~26600人和小于26600人。

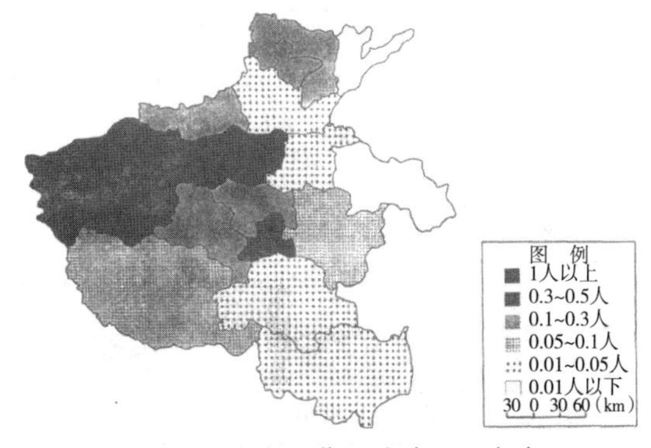

图2-3 仰韶早期河南省人口密度
来源：王建华.黄河中下游地区史前人口研究[D].济南：山东大学，2005

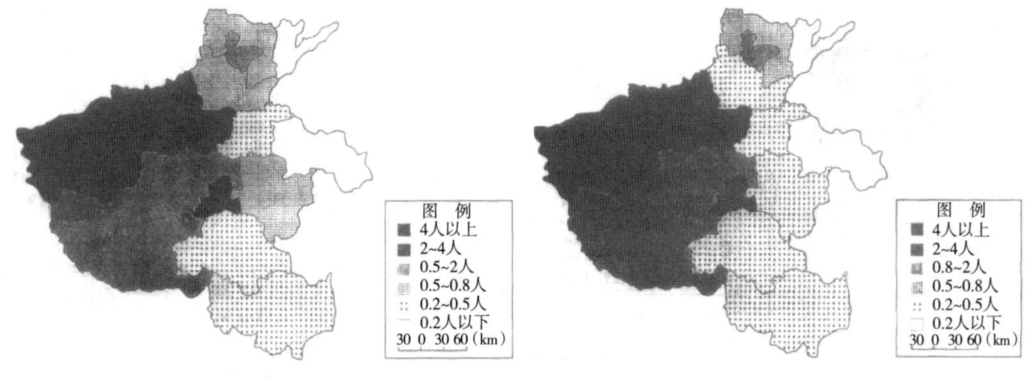

图2-4 仰韶中期河南省人口密度
来源：王建华.黄河中下游地区史前人口研究[D].济南：山东大学，2005

图2-5 仰韶晚期河南省人口密度
来源：王建华.黄河中下游地区史前人口研究[D].济南：山东大学，2005

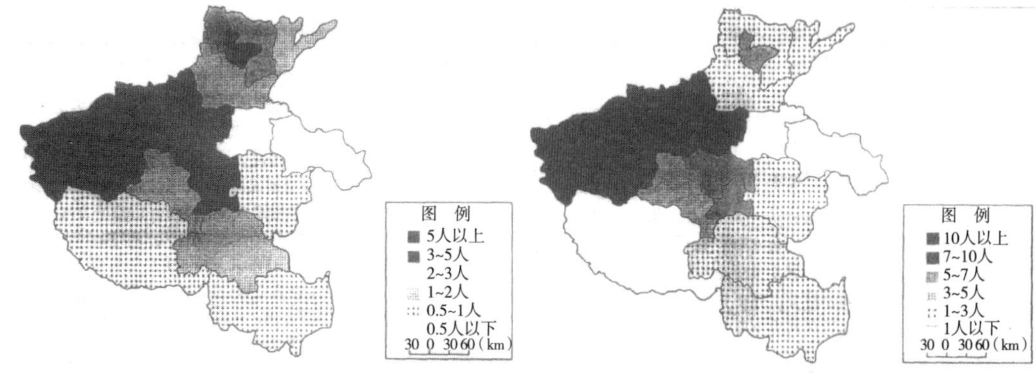

图 2-6　龙山早期河南省人口密度
来源：王建华．黄河中下游地区史前人口研究 [D]. 济南：山东大学，2005

图 2-7　龙山晚期河南省人口密度
来源：王建华．黄河中下游地区史前人口研究 [D]. 济南：山东大学，2005

由于资料的缺乏，以上各时期南阳盆地人口密度及人口数只能用区间表示，为了更清楚地分析该时期南阳盆地人口发展状况，特选用数据相对完善且与今南阳市区相邻的方城县人口密度（表 2-2）来代替。对比裴李岗时代、仰韶时代、龙山时代南阳方城县与河南省平均人口密度发展曲线（图 2-8），可以推测：南阳地区人口基本处于上升态势，但总的趋势不及河南省的平均增长速度，这与以洛阳市、偃师市等为中心的郑洛地区及三门峡地区人口快速发展有直接关系。

先秦时期南阳盆地、方城县及河南省人口密度　　**表2-2**

时代 / 密度 / 县市	裴李岗时代（人/km²）	仰韶时代（人/km²）			龙山时代（人/km²）	
		早期	中期	晚期	早期	晚期
南阳盆地	<0.01	0.05~0.1	0.8~2	0.8~2	0.5~1	<1
方城县	0.02	0.1	1.16	1.05	1.00	1.82
河南省	0.66	1.51	5.71	6.50	7.01	12.69

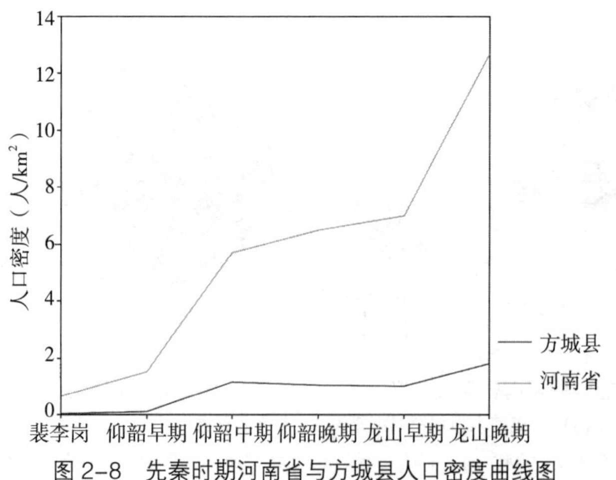

图 2-8　先秦时期河南省与方城县人口密度曲线图

2.1.5 社会文化

1. 旧石器时代

汉水流域（包括南阳地区）旧石器时代文化的技术传统明显可以看出有两种不同的风格。一种是以汉中梁山及郧县盆地为中心，以郧县曲远河口“郧县人”遗址为代表的石核石器传统；另一种是以湖北房县樟脑洞遗址、南阳南召县小空山的上洞和下洞遗址为代表的石片石器传统。从石核石器与石片石器的分布地域看，石核石器类型主要分布在以汉中梁山为中心的汉中盆地，有时鄂西北也有这样特点的典型遗址；而石片石器类型主要分布在豫西南（包括南阳盆地）和鄂西北一带。

这两种石器传统的时代也不同，一般说来，汉水流域石核石器传统早于石片石器传统。这是因为，从考古资料上分析，石核石器传统的代表——郧县人遗址动物群属于早更新世晚期，而石片石器传统的代表——樟脑洞遗址以及略早于樟脑洞的小空山遗址均属于旧石器时代晚期。

2. 新石器时代

根据王红星博士对长江中游地区新石器时代洪水期的界定方法，在距今7000年左右的第一个洪水期，汉水流域只是在上游汉中地区孕育成长了李家村文化与老官台文化，而在广大的中下游平原地区（包括南阳地区）则未见有同期的新石器文化。据推测：可能是洪水的原因使这些地区不适合早期人类的居住和文明的成长，并阻碍了位于其南北与西方的彭头山文化、李家村文化、老官台文化向这一地区的传播。与距今6500~6000年边贩文化同期的仰韶文化一期，在第一次洪水期之后成长起来，主要分布于南阳盆地的岗丘、丹江下游及汉水中上游的宽谷台地上，海拔高程多在70~180m之间，与周围地面高差约3~10m。这反映出即使在第一、二次洪水期的间歇期，汉水中下游地区乃至整个长江中游地区的降水量也还比较大，从而使沿江湖平原地带仍常受到洪水的威胁而不适于人类居住。

当第二次洪水期时，大约同期的仰韶文化二期（距今6000~5500年）后段，部分遗址分布有沿水系往上游迁徙的趋势，说明洪水对汉水中游平原与河谷地带的居民生存带来了巨大的影响。在第二、三次洪水期的间歇期（距今5500~5000年），仰韶文化也顺着河流往海拔较低的地区迁移，向南到达宜城平原及桐柏山与大洪山之间的河谷地带，有的遗址海拔高程只有50余米。到屈家岭文化三期阶段（距今5000~4800年），也就是第三次洪水期，南阳盆地地区的屈家岭文化遗址数量有明显增加，逐渐压倒了原有的仰韶文化。

屈家岭文化晚期（距今4800~4600年）是汉水中下游地区新石器时代文化最繁荣的阶段，遗址数量激增，不仅在汉水中游地区彻底取代了仰韶文化，而且进一步向北发展，到达豫西伏牛山及淮水上游以南一线，影响所及到了郑州一带。该时期遗址分布在海拔27~200m的不同地貌区，如伏牛山南麓的河南唐河寨茨岗与茅草寺、镇平赵湾、南阳黄山，以及位于淮河流域的方城金汤寨、桐柏闵岗等遗址中都有丰富的屈家岭文化晚期遗存。以稻作为主的屈家岭文化的北进，反映出当时气候的温暖和降雨量的增加。

继屈家岭文化而起的石家河文化早、中期（距今4700~4200年）的分布，较之屈家岭文化向南退缩，基本退出南阳盆地，这正与距今4700~4200年间的降温期相对应，反映出在降温期降雨量也在减少，稻作文明的分布区域也随之发生退却。而从距今4200年起，本区又进入温暖期，并同时开始了一个持续大约200年甚至更长的洪水期。正因为此，石家河文化晚期的遗址数量明显减少，其分布规律是在石家河文化早、中期的基础上，沿着所在水系往上游迁徙，海拔高程较前期为高。[①]

新石器时代文化遗址在南阳分布得相当广泛，据不完全统计约有100余处。这些文化遗址有一个明显的共同点，就是兼有“仰韶—龙山”中原文化和“大溪—屈家岭”荆楚文化的特征。

3. 青铜时期

考古发掘材料证明以二里头文化为代表的夏文化就是从河南龙山文化的王湾类型和煤山类型发展而来的，一脉相承。二里头文化影响范围北抵黄河以北的沁河以西，大体在郑州—洛阳一线以北，与辉卫型文化交会；在渑池—三门峡—潼关一线之北，与东下冯类型错居。南约至阜阳—驻马店—南阳—淅川一线。西向分布或在华县至渭南间。其东缘则应在杞县—淮阳—沈丘—阜阳一线，此线与岳石文化分布区的西缘交接。在夏朝时期，洛阳平原及其周围地区是夏王朝的活动中心。虽然南阳地区所发现的二里头文化遗址不多，但从相关考古资料可以推断：南阳地区的二里头文化是洛阳地区二里头文化的发展和延续。二里头文化晚期具有的早商文化风格，是早商文化对二里头文化影响的结果。[②]

作为我国南北过渡地带，青铜时期的南阳地区一直受中原文化和荆楚文化的影响。自殷商至春秋战国时期，两类文化大系在南阳相互碰撞，再加之战乱和政局多变，客观上南阳成了南北文化的融合之地。“淳朴憨厚的南阳民风，显然是受夏文化的影响；南阳人崇礼重义的风尚，正是受周礼制文化的影响；事鬼弄神的风俗，与楚之巫文化十分相似。”[③]

2.1.6 历史沿革

南阳历史悠久，据考证，早在五六千年前的远古时代，先民们已在南阳一带定居，从事农业生产活动。夏朝为夏人所居，是吕望先祖四岳的后裔——姜姓部落所在地。商朝为殷人之居，为申国，姓姜氏。周朝为申伯国。春秋时期属楚国，宛为楚邑。战国前期宛属楚，后期属韩（表2–3）。

先秦时期南阳历史沿革表　　**表2–3**

时（朝）代		纪元	隶属	所置行政单位
西周		公元前11世纪—公元前771年	申伯国	申伯国
春秋		公元前687年—前476年	楚国	申、宛
战国	前期	公元前475年—前301年	楚国	宛
	后期	公元前301年—前221年	韩国	宛

来源：南阳市城乡建设委员会.南阳市城市建设志[Z].1987

① 鲁西奇. 新石器时代汉水流域聚落地理的初步考察[J]. 中国历史地理论丛，1999（1）：140–143。
② 徐燕. 豫西地区夏文化的南传路线初探[J]. 江汉考古，2005（3）：57，59。
③ 钞艺娟. 豫西南民歌地方色彩形成的客观背景[J]. 东方艺术，2005（8）：29。

2.1.7　政治政策

早在五六千年前的远古时代，先民们已在南阳一带定居，从事农业生产活动。原始社会早期，聚落内部存在着家庭—家族—氏族三级社会组织结构；到仰韶时期，从邓州八里岗遗址可以看出，此时期南阳地区聚落内部的社会组织已初步分为核心家庭—大家庭—家族—宗族四级。[①]出现于夏商时期的奴隶制，随着封建领主制度于西周时代的建立而开始瓦解。周初（公元前11世纪），武王克商，实行分封诸侯制度，今南阳市境属申国。周宣王四年（公元前824年），宣王为其舅父申伯筑邑于谢；[②]七年，颁申伯封号诏令，史称申伯国。而后，封建领主制度在春秋时期（公元前770年—前476年）开始瓦解。周庄王九年（公元前688年）冬，楚文王伐申，后楚以申俘彭仲爽为令尹，灭申，置为县。战国时期，是我国封建制逐步确立的时代，逐步建立了封建地主制度和中央集权制度。随着封建经济的发展和大国之间兼并战争的不断强化，城市建设成为封建国家亟待解决的一个问题。为了防御秦、齐大国势力南下，楚国曾在南阳东部、北部和西部筑起一道“冂”字形长城。

2.1.8　城市规划思想

先秦时期城市规划思想主要有《周礼·考工记》中的“匠人营国，方九里，旁三门，国中九经九纬，经涂九轨，左祖右社，面朝后市”，《吕氏春秋》中的“古之王者，择天下之中而立国，择国之中而立宫，择宫之中而立庙”所体现的“择中说”，以及春秋战国时期《管子》提出的因地制宜的城市选址和规划思想：“凡立国都，非于大山之下，必于广川之上。高毋近旱，而水用足，下毋近水，而沟防省。因天材，就地利，故城郭不必中规矩，道路不必中准绳”。另外，该时期对营建城址的大小与高低有一定的制度，即《左传》中提到的“都城过百雉，国之害也。先王之制，大都不过三国之一，中五之一，小九之一”。

2.2　南阳古城的起源

2.2.1　南阳古城考

南阳盆地历史悠久，根据历史文献及考古资料分析，该地区古城的出现应该追溯到夏商周时期，该时期境内先后出现了郦、蓼、邓、缯、吕、申、楚等国（图2-9）。

（1）郦国建立。大禹建立夏朝时（公元前2069年），尊崇华夏始祖黄帝，封黄帝的八世孙酉涓于郦邑（今河南省内乡县赵店镇郦城村），建立郦国，改称郦涓，是为内乡始祖。自此世袭侯爵，因以国号为姓。商朝初期（公元前1598年之后），郦国逐步演变为骊戎部落，迁居骊邑（今河南省新蔡县）。

（2）蓼国建立。据文献记载，早在夏代，帝颛顼的裔孙叔安被封于飂五（又作蓼、廖）地建一小国，叔安因称廖叔安。周代的蓼国在今河南唐河县南45km的湖阳镇一带，地域包括唐河南部及湖北枣阳北部。至今湖阳镇附近尚有蓼山、蓼王庙等遗迹。镇北有一条小河，

① 王建华. 黄河中下游地区史前人口研究[D]. 济南：山东大学，2005：194，205。

② 谢，周之南国。谢城一说在南阳县与唐河县之间，一说在宛北序山下。

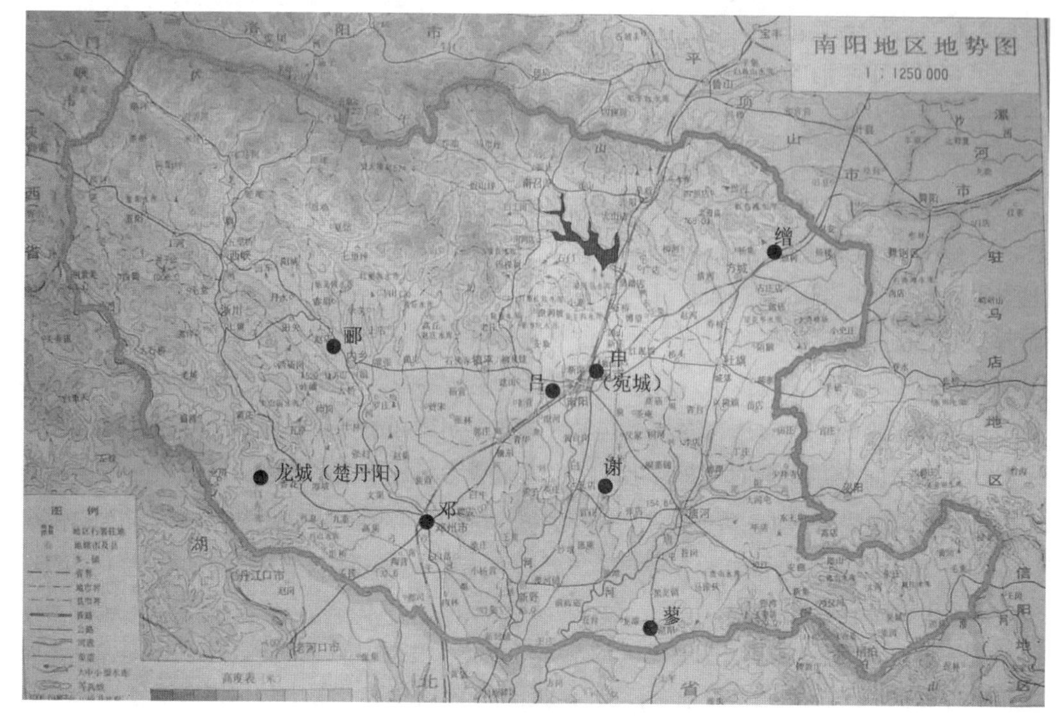

图 2-9 夏商周时期南阳盆地内诸侯国都城分布图

仍名蓼阳河，这些地名都与古蓼国有关。还有一种说法是：帝舜仙逝，大禹继位，建立夏王朝，封皋陶之孙磊于蓼山（今唐河县湖阳镇）为食邑，历经 1300 年，春秋时期被楚国大军攻占。蓼国国王皋昆带领蓼国臣民背井离乡，沿淮水东迁建立了东蓼国（今河南固始县内）。80 年后，楚国大军沿淮河挥师东下，抵达蓼国边境。自此廖氏便散居在中原和江淮地区（古代蓼字同廖，故蓼姓同廖姓）。

（3）邓国的建立。早在炎黄二帝时，有一支以“邓”命名的远古部落已经出现在今河南邓州一带，其首领为邓伯温，曾在黄帝时加入中原地区的部落联盟，并跟随黄帝与蚩尤战于涿鹿之野。根据清乾隆《邓州志》转引司马迁《史记》记载：“夏帝仲康封子于邓”，即夏朝邓国在今河南邓州一带建立，成为后来邓姓起源的一脉。①

（4）缯国建立。夏少康在位时，封次子姒曲烈于缯（今河南省方城县北方），而曲烈成为缯国的开国君主。夏朝灭亡之后，其同姓亲族，要么被俘虏作了商的臣仆，要么被迫迁徙四方，唯独缯国人在中原继续居住。周武王灭商之后，封缯为子爵，移封缯于山东临沂苍山县西北部城。

（5）吕国建立。追根求源，还得从伯夷说起。伯夷是炎帝之后，本姜姓，舜帝时任“秩宗”，即掌管宗庙礼仪的官员。后来因为佐大禹治水有功，于夏初被封于吕，建立侯爵吕国，称吕侯。伯夷之吕在何处，《史记》没有指明，只说伯夷“封于吕，或封于申”，由于周朝时期南阳境内有两个相邻的子爵小国——吕国和申国，后来一些学者便认定伯夷之吕在南

① 韩杰. 邓姓渊源[J]. 中州今古，2003（1）：34。

阳。然而，从战国末期的《竹书纪年·西周地形都邑图》、西晋司马彪《后汉书·郡国志》、唐代李吉甫《元和郡县志》"蔡州"条、宋代欧阳修《新唐书·宰相世系表》、《大清一统志》、《河南通志》和明、清《汝宁府志》等记载来看，吕都位于现在的新蔡县城古吕镇。因此，伯夷之吕目前还存在争议,但根据考古和相关史料以及《大清一统志》卷一百六十六记载："吕城，在南阳县西南三十里，周穆王时封吕侯于此……今南阳县西有董吕村，即古城"[①]，可以肯定，周朝时南阳已出现吕国，城邑约在今南阳城西董营村附近。

（6）申国建立。史料记载：周"宣王四年（公元前824年），宣王为其舅父申伯筑邑于谢，七年，颁申伯封号诏令，史称申伯国（也称申国）"，其中的"谢"指周朝之前已经在南阳附近生活的谢姓部落聚落，地点约在今南阳县金华乡之东谢营村。[②]而根据1981年南阳市北郊砖瓦场申国贵族墓出土文物以及部分史料记载，如《括地志》的"故申城，在邓州南阳县北三十里"，清《一统志》的"在南阳县北三十里，周宣王时封申伯于此，后为楚邑"，《潜夫论》的"申城在南阳宛北序山（今独山）之下"，可以推测西周晚期的申国都城在今南阳市北面独山附近。[③]因此，目前对申国都城所在地有两种观点：一种是申国初期建都在宛城金华乡谢营，后再迁都独山下；另一种是西周晚期的申国都城在今南阳市北面独山附近，西周宣王为加强南部的统治，于周宣王七年（公元前821年）把申国南部的谢国加封给舅父申伯，申在南扩后迁都到谢邑，在谢邑上重建新都城。不论是哪种说法，可以基本肯定的是：汉代宛城遗址（今南阳市主城区所在地）与古申国独山附近所建都邑最为接近，并属于古申国国境。

（7）楚邑的建立。相传楚的先祖是祝融。祝融居新郑，其后裔陆终生六子，"六曰季连，芈姓，楚其后也"，其后逐渐西迁。商末，季连后裔鬻熊投归周文王，并任"文王之师"，当时楚势力弱小，地位低下，在周武王时的歧阳之会上只能"守燎"。鬻熊之曾孙"熊绎当周成王之时，举文、武勤劳之后嗣，而封熊绎于楚蛮。封以子男之田，姓芈氏，居丹阳"。丹阳地域历来有争议，随着考古材料的增多，目前多数学者主张淅川说，即早期建都于丹水上游的商县。但此地近周都，受到周的压力，要想发展，只有沿丹水而下向当时距周都较远、经济还比较落后的荒蛮之地迁徙，后居于淅川境李官桥盆地龙城。至熊渠时，其利用与江汉间侯国的睦邻友好关系和相当强大的军事实力，抓住周王室衰微的有利时机，攻伐与之相邻的江水边上的小国。东北则一直攻到南阳盆地的西北部，后熊渠怕遭周打击，退出南阳。熊渠以后的几代国君利用西周末、东周初周王室衰弱的机会，对江、汉间诸小国进行军事扩张，灭其国，扩大了楚的版图。楚文王时灭申、吕、息、缯、应、邓、蓼等国，南阳盆地尽属楚有，并在南阳设申县，使之成为对抗北方诸侯的门户和争霸中原的战略要地。[④]龙城遗址的发现，更加确认了商周时期楚丹阳在今南阳市淅川县一说。

综上所述，可以发现：①夏商周时期地处南阳盆地内的各古国，除古郦国于商朝时迁出，

---

① 谢石华. 吕姓探源[J]. 寻根，2008（1）：127。

② 王全营. 谢氏故里谢邑考[J]. 寻根，2007（5）：118-120；陈迪. 关于"南申"立国时的几个问题[J]. 中州今古，2004（5）：71。

③ 张人元. 寻访古谢邑[J]. 寻根，2004（4）：129。

④ 江怀，杨茜. 楚文化探源[J]. 档案时空，2004（3）：37-38。

其余皆被楚国吞并，楚灭申后设申县，为申县治地，至春秋晚期开始逐渐改为宛城。②今南阳市主城区范围应在周朝申国境内，并与古申国独山附近所建都邑最为接近。③根据相关史料记载，以及汉宛城和明宛城遗址中发现的春秋及战国时期的陶片，可以大致推断：今南阳市主城区发展可以追溯到周朝申国建立，宛城的前身是申城，春秋战国时期为楚宛城；但真正可考证的最早宛城遗址是汉代宛城，秦建，汉代重修，它是在楚宛城或申城的基础上扩筑的，因当时经济的发达而规模宏大，然申城及楚宛城位于汉宛城北部、规模较小；汉代以后宛城城址基本在汉代宛城基础上没有太大变动，但由于经济相对衰退，范围缩至汉宛城西南隅（内城范围），直到发展成今天的南阳城。

2.2.2 南阳古城选址原因

在漫长的人类发展历程中，我国古城选址和布局呈现了多样化的特征。马继武从哲学思想的角度，将中国古城选址及布局分为以下四种："礼—法"制度决定观、"环境—实用"理念主导观、"象天—法地"宇宙图景观以及"天人合一"自然生态观。[①]

1. "礼—法"制度决定观

这类古城选址主要受周朝以来儒家文化核心内容之一礼制的影响，尤其体现在受《周礼·考工记》中记载的"匠人营国，方九里，旁三门，国中九经九纬，经涂九轨，左祖右社，面朝后市"模板的影响。而《吕氏春秋》中的"古之王者，择天下之中而立国，择国之中而立宫，择宫之中而立庙"所体现的"择中说"同样是古代都城选址的礼制指导思想的再现。

2. "环境—实用"理念主导观

这类古城选址考虑的是城市建设与自然环境的适应性，强调城市规划建设应充分结合地利条件，从客观实际出发，因地制宜，是对礼制思想的一个挑战。其代表为春秋战国时期《管子》提出的因地制宜的城市选址和规划思想："凡立国都，非于大山之下，必于广川之上。高毋近旱，而水用足，下毋近水，而沟防省。因天材，就地利，故城郭不必中规矩，道路不必中准绳。"一些配合地形自由布局的城市形制，如春秋郑韩故城、赵邯郸、齐临淄等，是这类思想演化的代表。

3. "象天—法地"宇宙图景观

"象天—法地"宇宙图景观源于古代人类对天地的敬畏，把天作为自然万物的主宰。这类古城选址的基本思路即是将天地之法则应用于城市建制中，体现了原始"天人合一"的自然哲学理念。秦都咸阳是体现此观念的极致典型，如《三辅黄图·咸阳故城》中记载"始皇穷极奢侈，筑咸阳宫，因北陵营殿，端门四达，以则紫宫，象帝居。渭水贯都，以象天汉；横桥南渡，以法牵牛。"

4. "天人合一"自然生态观

该观点反映了中国古人看待人与自然关系的一种基本态度，即强调建立人与自然的和谐关系。"天人合一"选址思想的本质是：人的行为应该象天、则天、顺天、应天，把握自然规律，遵循自然法则，按自然规律办事。《周易·乾卦·文言》中的"大人者与天地合其德，

① 马继武. 中国古城选址及布局思想和实践对当今城市规划的启示[J]. 上海城市规划，2007（5）：18。

与日月合其明，与四时合其序，与鬼神合吉凶，先天而天弗违，后天而奉天时”体现了“天人合一”的理想境界。这种思想在今天看来体现了人与自然亲近、共存、共荣的可持续城市发展观。

南阳城市的选址符合了“环境—实用”的理念，具体表现在以下几个方面：

（1）从军事战略的角度看，南阳盆地北靠伏牛山，东扶桐柏山，西依秦岭余脉武当山，南临汉江，是个三面环山、南部开口的地方，三面环山是天然的城墙，东北部的方城缺口为江汉通向中原的孔道，西部是江汉通向关中的咽喉，南部的汉江具有天堑的作用。宛城位于南阳盆地中部，东南面的汉江支流——白河成了城郭的天然护城河，其北有独山、蒲山为东北面之屏障，西北被紫山、磨山、羊山等孤山环抱，西有麒麟岗、卧龙岗横贯南北，另有十二里河、三里河、梅溪河、温凉河、邕河、溧河等河流由北向南穿过城区汇入白河。

西周宣王封申伯于谢，主要是加强周朝在南方的统治，尤其是抵御南方日益强大的楚国，由此可见，最初的申伯国（即后来的宛城、现在的南阳市）选址是充分考虑了南阳的军事战略地利作用的。正是由于南阳所处地理位置的优势，使得南阳城形成了多层次的、严密的防御体系：第一道防线是盆地周边的山脉，伏牛山、桐柏山、武当山自成“城垣”，只要扼守住东北的方城、西北的武关、正南的汉江，南阳城就易守难攻、少有战事。第二道防线是城外的岗地、孤山和诸河流。第三道防线是坚固的城郭。[①]

楚国占领南阳后，在东、北、西三面依山势地形筑楚长城自守，东墙北始自方城山（又名黄石山，今名小顶山）东麓，越盆地东北缺口至桐柏山的泌阳县，在这些险要地段筑城设关，其长度约100km，北面以山为城，山谷间设关，在春秋时期当以设关为主，齐桓公以“八国联军”伐楚，楚屈原“以方城以为城，汉水以为池”，阻止齐人南下，齐只能在方城外虚张声势；战国中期对楚长城进行了完善，特别是楚长城西段的建设，用以防秦。南宋初年，宰相李纲为振兴宋朝，在《献迁都三策》中有云：“夫南阳，光武之所兴。有高山峻岭，可以控扼；有宽城平野，可以屯；西邻关陕，可以召将士；东达江淮，可以运谷粟；南通荆、湘、巴蜀，可以取货财；北距三都，可以遣救援。”南阳城址在军事战略上的意义由此可见一斑。

（2）从筑城的角度。南阳城位于白河中游，相对于流经山区的上游和河谷平原的下游，此段河流有河道宽、河床较稳定的优点。据史料记载，历史上南阳的四次河道变迁发生在瓦店和新野县岗头，均处于中下游以下地区。再加上，城池地势如倾斜的簸箕，西北高东南低，河水不易倒灌入城，即使遭淹，水退得也快。由此可见，临水的地区，只要地势巧、河床稳，亦可筑城。[②]

（3）从农业生产的角度。南阳郡地处汉水流域，气候温和，土壤肥沃，雨水充沛，自古以来就是农业较为发达的地区。南阳地处伏牛山和桐柏山之间，为四周高、中央低的盆地，境内唐河、白河、湍河诸水横贯如网，为实行水利灌溉、发展农业生产提供了十分有利的条件。战国时，楚国开始在南阳修堰坡进行灌溉，但规模不大；到西汉中期，南阳农田水利事业得到了迅速的发展，地方官吏督劝农桑，倡修水利，出现了“郡中莫不耕稼力田，户口倍增”，

① 黄光宇，叶林. 南阳古城的山水环境特色及营建思想[J]. 规划师，2005（8）：90。
② 黄光宇，叶林. 南阳古城的山水环境特色及营建思想[J]. 规划师，2005（8）：90。

“广拓土田”，“郡内比室般足”的局面。[①]

（4）从交通运输的角度。南阳交通便利，地处南北之交，春秋战国时期即为楚秦间与中原各国的交通枢纽，由关中向江淮此乃孔道，由伊洛向荆襄此乃要冲，既为南北交通咽喉，又是西北向东南的必由之路。陆路交通线主要有：①鲁关道。自南阳至洛阳，即由宛沿今口子河谷北行，穿过伏牛山，经鲁关（鲁山县南），出方城，北达洛阳地区。②武关道，自湖北宜昌城起，经南阳西行，过武关、商洛至西安或咸阳。③夏路，或称方城路，由南阳盆地东出今方城、叶县间的伏牛山隘口，达到豫中平原，由方城经宛南行可至郢（湖北江陵），这里向北可达韩魏，向东北经陈蔡达于齐，即所谓“楚适诸夏”。④南阳出夏路向东南经汝颍下游平原的畐焚、平舆、繁阳、沈、胡、居巢等地，到达淮河南北一带，这就是南阳“东南受江淮”的陆路线。

南阳还是长江水系伸入中原腹地最远的地区，其水运航程为中国古代南北天然水运航线之最长最盛者。水路交通线主要有四条：①淯水（白河）。据谭其骧先生研究，战国时期楚王的船可逆河而上，经汉水，入溧河，越过“夏路”进入鸭河。即白河的行船可至今南召县境。湍河是白河支流，自邓州市至新野可通航进入白河。②唐河，上段称堵水，下段称淯水、泌河，汉代自方城以下皆可通航进入汉水。③丹水，又称淅水，逆流而上可达陕西商县。④淮水，发源于桐柏山，距宛较远，但淮水的支流溵水（今汝河）和潕水（今甘江河）达到方城附近，而堵水（潘河）、沘水（泌河）是汉江的支流，长江流域的货物可经郢（湖北）地或由汉水上溯到宛，也可经沘水运到宛东北的方城，再往西北关中运输，而淮水流域的货物也可由溵水、沘水运到方城，再经唐河运到宛。由此可见，渭水流域的关中是通过宛与江淮流域联系的。这就是宛“受江淮”的水路。

发达的水陆交通不仅为商业发展提供了条件，而且为文化的传播和交流提供了便利，使古代南阳成为关中地区、中南地区和东南沿海地区经济文化交流的交会点，成为关中、中原以及江淮一带所产商品货物最为重要的集散地，在全国的经济地位也非常突出。更有学者提出“古丝绸之路源头之一就在南阳的方城”这一说法。可见，交通运输对古代南阳城市的繁衍与发展起到了举足轻重的作用。

（5）从资源优势的角度。南阳地区矿产丰富，包括南阳市区特有的独山玉，全区有矿藏 62 种，主要分布在西秦岭、北伏牛山及东桐柏山一带，南阳市周围平原地区也分布了一些矿藏。而在古代，南阳铁矿资源相对丰富，早在春秋战国时期，南阳宛地已是著名的冶铁中心，到了秦汉时期，南阳的冶铁业进入特大发展时期。发达的冶铁业不仅促进了南阳城市经济社会的发展与繁荣，还为其农业的发展提供了便利之器。

2.3 先秦时期南阳空间营造特征分析

南阳文化源远流长，自远古起，我们中华民族的祖先就在这里生产和生活，并留下了丰富的文化遗存。本书中，早期南阳空间营造分析主要针对南阳地区古人类遗址的分布及

---

① 李桂阁. 从出土文物看两汉南阳地区的农业[J]. 农业考古，2001（3）：46。

营造特征来进行。

2.3.1　历史聚落分布

1. 旧石器时期

从20世纪50年代到2001年，我国的考古工作者在汉水流域的上、中、下游发现了旧石器时代文化的遗址或地点112处，其中陕西省有24处，湖北省53处，河南省35处（均分布在今南阳市域范围内，表2-4）。① 由表2-4可知，今南阳市域范围内较早出现人类活动的地区为南召、西峡、淅川、镇平、内乡，分布在今南阳市域范围的西北部，尤以西峡、淅川两县分布遗址最多，其中南召和西峡发现有古人类化石。列入河南省级重点文物保护单位的旧石器文化遗址主要是南召杏花山遗址和小空山遗址。

汉水流域河南省境内旧石器时代遗址（地点）一览表　　表2-4

序号	地点	隶属关系	文化内涵（石制品数量）
1	小洞	河南省西峡县	4件，动物化石
2	赵营	河南省西峡县	1件
3	莲花寺岗	河南省西峡县	4件
4	篆岗	祠南省西峡县	6件
5	土门	祠南省西峡县	1件
6	西沟岗	河南省西峡县	9件
7	小沟岭	河南省西峡县	1件
8	龙头湾	河南省西峡县	58件
9	大沟口	河南省西峡县	9件
10	西峡境内I地点	河南省西峡县	不明
11	马山口东	河南省内乡县	1件，动物化石
12	北八里庙	河南省镇平县	2件
13	叶鸿	河南省镇平县	7件
14	石羊岗	河南省镇平县	5件
15	下润	河南省南召县小店乡	102件，动物化石
16	上桐	河南省南召县小店乡	212件，动物化石
17	宋湾	河南省淅川县盛湾乡	22件
18	贾清	河南省淅川县盛湾乡	27件
19	台子山	河南省淅川县香花乡	42件，动物化石
20	梁家岗I地点	河南省淅川县香花乡	15件，动物化石
21	杨岗	河南省淅川县香花乡	23件
22	东岗	河南省淅川县香花乡	26件
23	程家岗	河南省淅川县香花乡	24件

① 冯小波. 试论汉水流域旧石器时代文化[C]//邓涛，王原主编. 第八届中国古脊椎动物学学术年会论文集. 北京：海洋出版社，2001：264。

续表

序号	地点	隶属关系	文化内涵（石制品数量）
24	泉店	河南省淅川县香花乡	4件
25	吴家	河南省淅川县仓房乡	9件
26	王庄	河南省淅川县盛消乡	8件
27	白渡滩	河南省淅川县黄庄乡	3件
28	魏营	河南省淅川县上集乡	1件，动物化石
29	毛坪	河南省淅川县盛湾乡	1件
30	梁家岗11地点	河南省淅川县香花乡	15件
31	马岭	河南省淅川县盛湾乡	11件
32	双河	河南省淅川县老城乡	6件
33	岳沟	河南省淅川县仓房乡	12件
34	云阳人地点	河南省南召县	人化化石，动物化石
35	淅川人地点	河南省南阳、西峡县	人化化石

来源：冯小波.试论汉水流域旧石器时代文化[C]//邓涛，王原主编.第八届中国古脊椎动物学学术年会论文集.北京：海洋出版社，2001：263-270。

杏花山位于南召县云阳镇西北 3.5km 处，海拔 220m，由震旦纪石灰岩组成。杏花山之东有一条鸡河，春秋时称作雉水，后改称关水（全称鲁阳关水），自北至南流经云阳镇，又曲而向东注入白河；北部是一道由伏牛山脉构成的群峰相连的半壁屏障。

小空山位于南召县小店乡东南约 500m，属秦岭东延的伏牛山南部的丘陵地区，海拔高 265m。山体呈南北向，整个山体由震旦纪陶湾群石灰岩构成，东坡缓坦，西坡陡峻。空山河为白河支流，从小空山西侧由北向南流过。小空山西侧临河的陡壁上，有不少岩溶洞穴，开口多向西北，洞体近于水平，稍向下倾，与岩体层面延伸方向大体一致。在该山陡壁一侧靠山脊处有上、下两个溶洞，下洞高出河底 40m，两洞相距 7m。1980 年国家和河南省科学工作者在小空山上发掘出比较少见的旧石器洞穴遗存。

通过对南召杏花山遗址和小空山遗址的研究，可知该时期南阳地区聚落选址主要选择临近水源的地势较高的地方。而通过对汉水流域旧石器文化遗址研究，可以发现：汉水流域的旧石器时代遗存主要分布在汉水的上游，即丹江口以上的几个大盆地内，如汉中盆地、安康盆地、郧县盆地、均县盆地、南阳盆地等。遗址的埋藏类型以露天（旷野）遗址为主，洞穴遗址较少。而且露天（旷野）遗址多分布在汉江的第二、三级阶地，有少量的分布在第四级阶地，在汉江的第三级阶地上采集的石制品尤其多。①

2. 新石器时期

汉水流域新石器时代文化遗址分布，主要集中在汉水中下游的江汉平原、襄宜平原、唐白河平原（包括南阳地区）及其周缘的丘陵岗地，以及上游与其支流的河谷地带。今南阳市域范围内发现的新石器时代遗址约有 100 余处，其中比较著名的有淅川县黄楝树遗址、

① 冯小波. 试论汉水流域旧石器时代文化[C]//邓涛，王原主编. 第八届中国古脊椎动物学学术年会论文集. 北京：海洋出版社，2001：267。

下王岗遗址、双河镇遗址、李家庄遗址、马岭遗址、龙山岗遗址、沟湾遗址，宛城区的黄山遗址、英庄遗址，镇平县的赵湾遗址、上寺遗址、安国城遗址，社旗县的茅草寺遗址、谭岗遗址，南召县的二郎岗遗址、竹园遗址，西峡县的杨岗遗址、老坟岗遗址，内乡县的小河遗址、茶庵遗址、朱岗遗址，桐柏县的陡坡嘴遗址、闵岗遗址，新野县的凤凰台遗址，唐河县湖阳遗址、寨茨岗遗址，方城县大张庄遗址、平高台遗址，邓州市八里岗遗址、太子岗遗址等（图 2-10）。这些遗址的主要特征是仰韶文化、屈家岭文化和龙山文化三种文化层叠压。反映了中原文化和江汉文化的交流，也表现出南阳早期文化的区域特征。

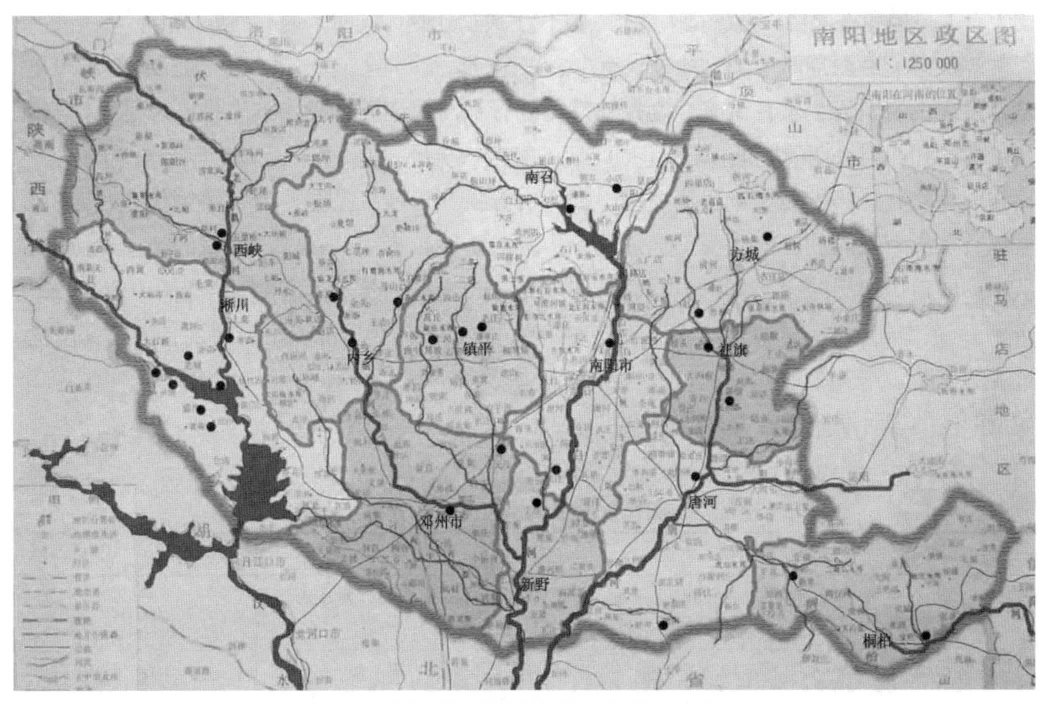

图 2-10　新石器时期南阳地区人类遗址分布图

根据分布高程，这些遗址可分为三种类型，即平原埋藏型、自然岗地型和河谷阶地台地型。今南阳市域范围内少有平原埋藏型遗址，但分布于平原或丘陵自然岗地上的遗址较为普遍，位于唐白河平原的下岗、凤凰山、八里岗等遗址都为河旁岗地。这一类遗址距水源多为 50~200m，也有稍远者，但最远也保持在 1km 以内。遗址与周围地面的高差，一般在 1~8m 之间，偶有超过 10m 者。造成这种高差的原因大致有两方面：①当初人类选择的居住地即高出周围地面；②由于人类生活废弃物的堆积。河谷阶地台地型遗址主要分布于汉水上中游河谷及其支流的河谷地带，大都集中在河谷的第一、二级阶地上，如淅川下王岗、黄楝树等遗址都处于丹江下游冲积平原的台地上。

无论是平原或丘陵岗地型遗址还是河谷阶地型遗址，都距离水源很近，又都与水面有一定的高差，这一方面是因为人类的生产生活离不开水，但又受洪水灾害所迫，不得不选择距水源近又稍高的岗地或阶地居住；另一方面是因为河流的网状水系和上下贯通的河谷地带，为聚落间的频繁接触和文化交流提供了十分便利的条件。[①]

① 鲁西奇. 新石器时代汉水流域聚落地理的初步考察[J]. 中国历史地理论丛，1999（1）：135-139。

3. 青铜时期[①]

南阳是夏朝统治区域的一部分，故有“颍川，南阳，夏人之居也”的记载。文献有“荆河惟豫州”的记载，即现在长江与汉水之间的荆山，为夏商时楚族控制的中心区域，“河”指黄河。南阳地处荆山和黄河之间地带，所以南阳是探讨夏文化和荆山一带相当于夏文化的先楚文化互相交流的重要地区。据杜佑《通典》说“邓为禹都”,即南阳的邓州市曾为夏的都城。由于南阳地区有关二里头文化材料的缺乏，能确定的今南阳市域范围内的夏文化遗址有淅川县下王岗遗址、邓州市陈营遗址、方城县八里桥遗址，[②]有代表性的当为镇平县马圈王遗址，出土有大口樽和澄滤器，为二里头文化（夏代）典型遗物，同时也含有商周文化层。

据文献记载西周时南阳盆地分封有申、吕、谢、蓼、郦等国（表 2–5),然而到 2000 年为止，从已发表的材料看，考古调查、勘探与发掘的青铜时代南阳盆地内的城址，未见可以确证属于商代和西周时期的城址;属于东周时期的有西峡析邑故城、南阳宛城，以及淅川龙城。[③]而作为商文化代表的宛城十里庙遗址，据考古分析其可能只是一座商代铸铜作坊，并不是城址。东周春秋时期，楚国为了加强北方边疆的防御、巩固其在江汉流域的统治地位，在从南阳取道中原[④]华夏诸国的方城路和三鸦路道口上，修筑了西起郦（今南阳内乡县东北十里）、东南到沘阳（今泌阳县西）的方城（即长城)，作为屏障，阻塞诸夏各国向其侵扰、进攻的道路。[⑤]至今，南阳地区还留存有楚长城及其方城关要塞——大关口遗迹。今南阳市域范围内的该时期遗址及史料记载的古国分布状况见图 2–11。

周代汉水流域的城邑及其分布 **表2–5**

区域	城邑	城邑密度（个/万km^2）
南阳盆地	丹阳（西周中晚期）、上都、下都、析、鄂、申、吕、谢、唐、蓼、郦、穰、於、丰、武城、阳丘	6.01
襄宜平原	邓、麇、罗、庐、谷、权、阴、郢、鄾、都、黄	6.69
商洛地区	丹阳（周初）、商、上洛、菟和、仓野、少习	3.59
随枣走廊	随（曾）、厉	1.72
下游地区	州、那处、蓝、江南、竟陵、安陆、郧	2.89
鄂西北地区	庸、绞、汉中	1.12
安康地区	巴	0.43
汉中地区	蜀、褒、南郑	1.23

注：表中南阳盆地，其范围与今河南省南阳市所辖地域大致相当，而增加泌阳县。

来源：鲁西奇. 青铜时代汉水流域居住地理的初步考察[J]. 中国历史地理论丛，2000（4）。

---

① 本书所讨论的青铜时代，系指从公元前2000 年左右，到公元前221年亦即秦统一之前这一长达1700 余年的历史阶段。关于中国青铜时代的起讫年代，历来有不同的说法。考虑到研究对象区汉水流域在青铜时代文明的发展较之中原地区要落后得多，铁器的使用直到汉代才比较普及，因此，将战国时期也包括在青铜时代。

② 徐燕. 豫西地区夏文化的南传路线初探[J]. 江汉考古，2005（3）：59。

③ 鲁西奇. 青铜时代汉水流域居住地理的初步考察[J]. 中国历史地理论丛，2000（4）：20。

④ 一般认为，古代中原系指黄河中下游地区，华夏族部落集中分布的区域，中心是古豫州。两周时期的中原地区除了今河南省外，主要还包括陕西、山西、河北、山东等省的部分地区。

⑤ 王文楚. 历史时期南阳盆地与中原地区间的交通发展[J]. 史学月刊，1964（10）：26。

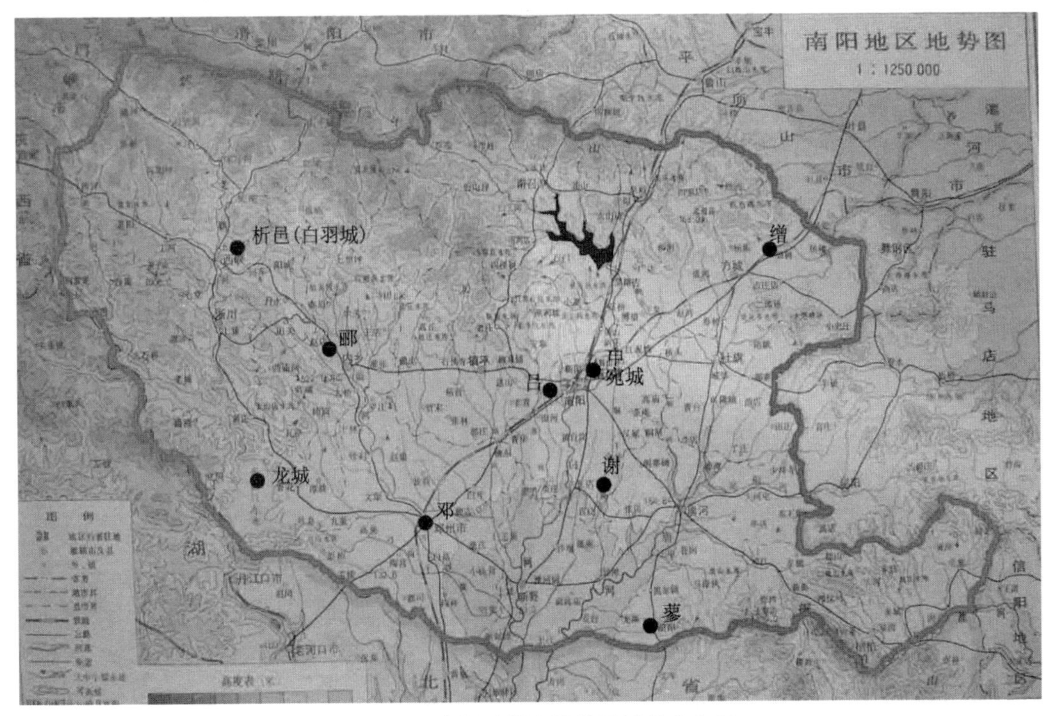

图 2–11　青铜时期南阳地区城邑分布图

南阳盆地是周代汉水流域城邑分布最为密集的地区之一，仅次于襄宜平原（表 2–5），考虑到《史记·楚世家》关于“秦复攻楚，取八城”（楚怀王三十年），“（秦军）取析十五城而去”（楚顷襄王元年）等记载，南阳地区的城邑比文献所见的还要多一些。从图 2–11 可见，今南阳市域范围内青铜时期城址均位于汉水及其支流岸边（或距河不远）的低丘或岗地上，周围常有险要可防守。同时，这些城址都分布在交通要道上，如西峡析邑城以及淅川龙城位于著名的关中通往荆襄的丹江通道上。显然，这些古城的兴筑与当时的军事、交通状况有着密切的关系。

到目前为止，南阳地区青铜时期普通聚落（相对于城邑而言）遗址的普查资料尚缺，但从上古人类生活的环境条件的角度分析，由于情况相似，周代南阳地区的聚落密度应与老河口市现今所见的聚落遗址密度非常相近（表 2–6），大约每 100km^2 为 6.16 个。通过对周代汉水流域其他地区的聚落遗址分布状况的分析，可以对周代汉水流域（包括南阳地区）的聚落分布得出一些大致的认识，即：在南阳盆地、襄宜平原、随枣走廊等平原丘陵地带以及汉水下游北岸的滠水、澴水、涢水中下游的河谷与丘陵地区，聚落的分布比较密集，其中有些地方的聚落与现代村落的密集度相近；在汉水上游及其支流河谷地带，聚落成带状或块状分布，未能连成片；上中游的广大山区与下游南岸的平原地区则较少或者没有聚落分布。①

① 鲁西奇. 青铜时代汉水流域居住地理的初步考察[J]. 中国历史地理论丛，2000（4）：32。

汉水流域部分地区周代聚落遗址的分布 表2-6

地 区	面积（km^2）	遗址数（个）	遗址密度（个/km^2）	地 区	面积（km^2）	遗址数（个）	遗址密度（个/km^2）
襄樊市	363	5	1.38	南漳县	4185	15	0.36
襄阳县	3228	43	1.33	宜城市	2113	65	3.08
枣阳市	3266	63	1.93	商州市	2672	3	0.11
老河口市	1006	62	6.16	丹凤县	2438	2	0.08
随州市	6989	105	1.50	商南县	2307	10	0.43
保康县	3045	5	0.16	山阳县	3514	3	0.09
谷城县	2470	10	0.40	孝感地区	13970	177	1.28

来源：鲁西奇.青铜时代汉水流域居住地理的初步考察[J].中国历史地理论丛，2000（4）。

2.3.2 聚落形态

1. 新石器时期

“聚落”一词源于德文，意即居住地，是人类成集团地在地表上生活的状态。一般说来，历史聚落的形态主要有散漫型聚落（即散居型聚落）形式、聚落群与中心聚落形式、城壕聚落[①]形式三种。

新石器时代南阳盆地的聚落是内凝式的，整个聚落的房屋、墓地、手工业作坊，紧密地聚集在一个规定的范围内。以淅川下王岗遗址为例：该遗址位于河旁台地，仰韶文化一期房基主要集中在遗址的中部和西部，灰坑多集中在房子附近，墓葬多分布于房子周围，居室与墓葬邻近，说明当时聚落内部尚无严格的分区概念。仰韶文化二期的房基和灰坑分布于遗址中部，陶窖集中在南部，墓葬主要分布于东北部、中部、西北部三处，可见此时聚落内部已有较明确的分区。仰韶文化三期出现长屋，长屋横贯遗址中部，灰坑多分布于长屋中部的前后，墓葬发现极少，说明此时的墓葬区可能距居所已远。从仰韶文化三期的长屋可以看出，当时的建筑工程应当是在统一规划和全面动员的情况下，在短期内即基本建成，并且一次就搬迁进去的。这样有计划有组织的活动，只有群体意识较强、组织相当严密的集体才能完成。

散漫型聚落的独立性或自给自足性十分明显，人们在聚落中居住、生活，组织生产和有关的经济活动，就是死后也以聚落为单位进行安葬。聚落的人口承载量是有限的，少则数十，多则一二百人。聚落与聚落之间的距离一般较远，距离最近者，也控制在各自的农业生产区不相接壤的原则上。聚落间没有明显的性质上差别；相邻的聚落间可能有文化交往，甚至发生姻亲关系，但相互间不相隶属与依存，各聚落均是独立的。

通过对汉水流域聚落遗址的研究，可知：汉水流域（包括南阳地区）新石器时代的聚落最先是表现为散漫型的，以散居为主；到后来，随着史前农业的发展和社会组织的进步，才逐渐出现较大的中心聚落乃至城壕聚落，即集聚村落，但散居仍然是新石器时代南阳地区人类居住的主要形态。散居形式与聚落所处的地理环境有着密切的关系，但更与史前先

① 指在聚落外围分别修建有城垣和壕沟的聚落。

民的生产方式直接相关。由于劳动手段简陋及人口密度低下，史前农业的最早阶段是巡回的流动耕作，即在可自由使用的广大地域内，不断移动耕地的位置，这就使得人们不得不反复迁移聚落以适应农业生产的需要；而房屋建造的轻便和简易，为聚落的迁移创造了条件。另外，需要有广大的空间供牲畜走动，需要保持一些空闲的地段供狩猎之用等原因也导致了聚居形式的分散。

史前先民对于生存环境与居址的选择有着明显的共同倾向性，所以常常在一个各种条件都比较适宜的小地貌范围内，可能同时生活着几个不同的聚落人群；同时，一个聚落也往往会因人口的增加而不断扩大自己的生活范围，分出一部分氏族成员到别的地方居住、生产，从而形成新的聚落，这些子聚落与母聚落之间距离一般不会太远，基本上处于同一小地理区域内。这样，在一些自然地理条件优越的小地貌范围内，就会出现较为密集分布的聚落群。①

由于考古资料的缺乏，南阳地区的聚落群遗址还无法考证；但通过对汉水流域其他地区的聚落遗址的研究，可以发现：聚落群的出现可能很早，在屈家岭文化和仰韶文化时期，汉水流域的聚落群已经普遍存在。从现有的聚落群材料来看，在聚落群中常有一个聚落的年代较早，其他的年代略晚。这些现象说明，聚落群的出现，是生产力发展、人口增殖的结果。同时，这些聚落群中，多有一个面积较大的聚落，证明聚落群中的聚落已有等级高下之分。那些面积较大、有大型建筑的应是中心聚落。

目前还尚未出现可以考证的南阳地区新石器城壕聚落（即城址，城邑的雏形）。从相关城壕资料来看，修建这些城壕的直接动因应与洪水有关，可能主要是出于防御洪水的需要；当然，护城河壕沟的出现应主要是为了防御外敌的侵掠，但也不能排除其排洪蓄水的功能。因此，早期城壕聚落的出现，是人类在恶劣的自然环境下为求生存与发展而不断努力的结果。

2. 青铜时期

迄今为止经过科学发掘的汉水流域的青铜时代普通聚落（相对于城邑而言）遗址仅有不多的几例，南阳地区则为淅川下王岗遗址。

下王岗二里头文化一期的 2 座房基分布在遗址的中部，在中南部还发现一些零星的居住面和柱洞；大型的灰坑多集中在房子附近，24 座墓葬除 2 座在遗址东部外，其余 22 座都集中分布在中部，与住房十分接近。这说明当时聚落内部并没有严格的分区概念。在此之前的仰韶文化二期的聚落内部即已开始将居住区、墓葬区、手工业作坊区分开，这似乎说明二里头期的聚落形态较之此前还有某种程度的倒退。

至于聚落内部的分区，可以发现：下王岗遗址西周文化层的房基与灰坑主要分布在遗址的中部与东北部，墓葬则零星地分布在中南部，相距不远；尚未在该聚落遗址中未发现手工作坊性质的遗迹，但根据出土的大量陶器等遗物来判断，手工作坊的存在显然是可以肯定的，发掘区中没有发现，似乎只能理解为手工作坊区距离住宅区较远。②

① 鲁西奇. 新石器时代汉水流域聚落地理的初步考察[J]. 中国历史地理论丛，1999（1）：153-160。
② 鲁西奇. 青铜时代汉水流域居住地理的初步考察[J]. 中国历史地理论丛，2000（4）：30-33。

2.3.3 城邑形态

汉水流域在青铜时期开始出现城邑，今南阳市域范围内的城邑遗址主要有淅川龙城、西峡析邑故城，以及南阳宛城。淅川县发现的龙城遗址疑为周楚早期都城丹阳，该遗址近似长方形，东墙长 730m，南墙长 1030m，西墙长 915m，北墙长 974m，墙宽约 8m，残高 1~3.3m，夯土筑，夯层厚 7~10cm，平面圆夯，夯窝直径 8~10cm，夯土中含西周时期的陶鬲、陶罐、陶至及其他绳纹陶片。析邑故城为楚析邑，又名白羽城，位于西峡县城东北的莲花寺岗上，该土岗南北向，西邻淅水；城平面呈长方形，东墙长 700m，南墙长 500m，西墙长 750m，北墙长 400m；有 3 个城门，东、西为陡崖，南北垣外有护城河，城内发现水井；夯层厚约 8cm，城内文化层厚 1m 多，有战国时期板瓦、筒瓦、瓮、罐等。青铜时期楚宛城的前身是申城，楚灭申后设申县，为申县治地，至春秋晚期开始逐渐改为宛城，楚宛城规模较小，约在汉宛城（即现在遗址）的北部，城址范围及格局目前还无资料可考。

青铜时期汉水流域城址从性质上可分为四种类型：一是楚都城或陪都，二是其他方国都城（后多成为楚县邑），三是楚郡、县治所，四是军事城堡。淅川龙城疑为周楚早期都城丹阳，南阳宛城为周代申国都城、楚宛郡，西峡析城为楚析县。

以上古城在规划和建筑技术方面所表现出的特点为：①几乎都处于水陆交通的要道，并尽可能利用自然河流开挖城壕、供给水源，且城壕较宽。②城址的平面形状大部分是比较规则的长方形或近似于长方形。③城址内都没有同时期的墓葬发现，墓葬区往往分布在城垣外不远的岗地上。①

从表 2-7 反映的汉水流域青铜时期城邑的规模来看，今南阳市域范围内的淅川龙城和西峡析邑故城规模较小，这可能与周朝早期楚国实力较弱有关，因此早期都城规模不如其后期南迁后所建都城规模大；而西峡析城仅为楚析邑，自然比同时期楚都城的规模要小。

青铜时代汉水流域部分城邑规模 **表2-7**

名称	地点	时代	形状	面积（km^2）
楚皇城遗址	宜城	春秋战国至秦汉	矩形	2.2
楚王城	云梦	战国	长方形	1.9
邓城	襄樊	周代至两汉	近长方形	0.56
古龙城	淅川	东周	近长方形	0.72
析城	西峡	东周	长方形	0.30
宛城	南阳	周代至两汉		

来源：鲁西奇. 青铜时代汉水流域居住地理的初步考察[J]. 中国历史地理论丛，2000（4）：17-21。

2.3.4 住宅形式与建筑艺术

1. 新石器时期

南阳地区仰韶文化的居住遗迹发现比较普遍，其中以淅川下王岗、邓州八里岗等遗址较为典型。

① 鲁西奇. 青铜时代汉水流域居住地理的初步考察[J]. 中国历史地理论丛，2000（4）：17-21。

下王岗仰韶文化一期遗迹中房基座平面均呈圆形，大小不一。有半地穴式建筑与地面建筑两种形式。前者一般面积较小，4.9~7.5m²，居住面未作太多加工，只略垫黄土；坑壁即为房子下半部的墙壁，墙的上半部显于坑口上，即在坑口外沿周围立柱，柱与柱之间捆以木棍，再涂草拌泥筑墙；墙上架相交的木椽作为屋顶骨架，上铺草顶。后者面积较大，13.85~50.38m² 不等；一般在房子中央设粗柱一个或数个；四周先挖基槽，将立柱埋入槽内，这些柱子与房中央的柱子共同承受房顶。仰韶文化二期房基座均为地上建筑，平面呈圆形；墙壁用黄色黏土和灰土筑成，房子中央和墙内立柱与一期相同；房内地面经过烧烤。仰韶文化三期遗迹中房基均为地面建筑，分长屋和圆形屋两种。长屋为东西向，呈曲尺形，并分双内间、单内间和单室三种，内间房面积 15.35~38.85m²，单内间房 13.58~22.02m²，方形单室房 18.78m² 左右；居住面多经火烘烤，平坦坚实；墙壁上涂有草拌泥，有的涂抹数层，经火烤成红色硬面；多数界墙有基槽。圆形房位于长屋西端，墙壁及居住面均遭破坏，仅存柱洞。

邓州八里岗遗址中，仰韶文化房址分小型圆形房子和大型长方形联间“长屋”两种。前者时代稍早，系平地起建的圆形房屋，直径 2.2m，地面用黄泥铺垫。后者分南北两排，相距约 20m，其间由数层较细密而纯净的黄褐色土堆积，可能为两排房屋间的广场；长屋（图 2–12）呈东西走向，一般两间或三间一套，即一大一小或两小一大，小间在南，大间在北。

南阳地区屈家岭文化晚期的住房遗迹发现较多，其中保存较为完整的有淅川黄楝树、镇平赵湾等遗址。

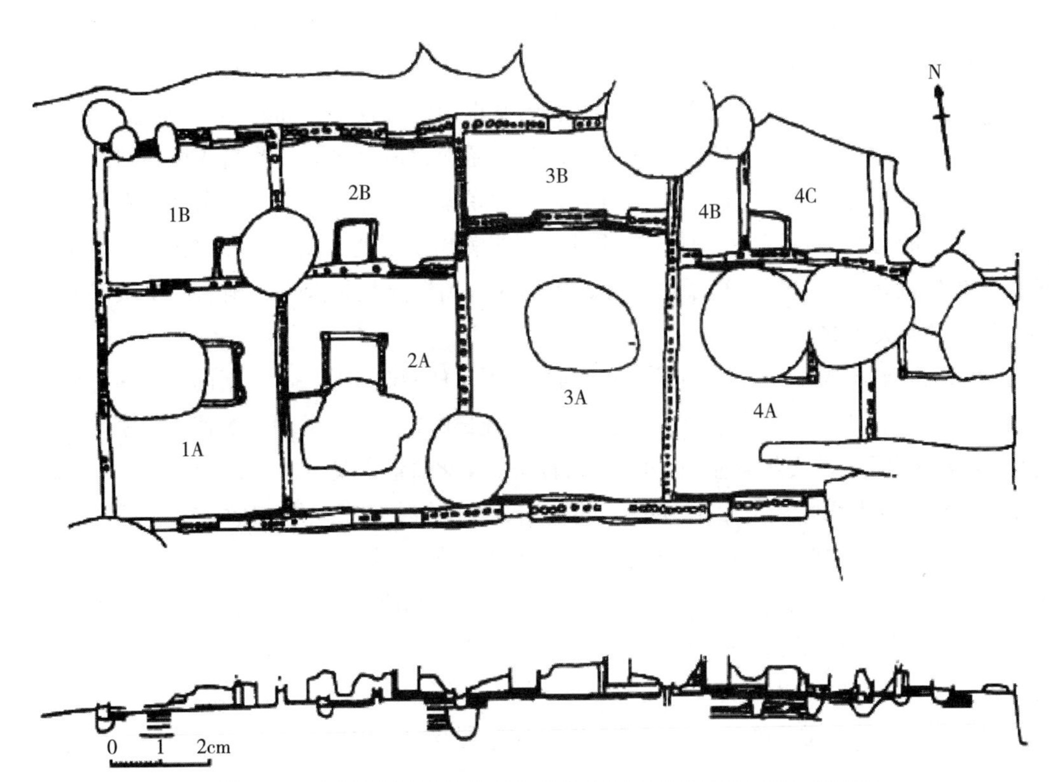

图 2–12　邓州八里岗遗址仰韶时代中期长屋遗址平面图及剖面图

来源：王建华 . 黄河中下游地区史前人口研究 [D]. 济南：山东大学，2005

淅川黄楝树遗址的屈家岭文化层堆积较厚，房基的数量较多，坐落在遗址东南部的台地上，前临黄岭河，后倚高约 50m 的黄土岗。房基排列整齐，间距紧密，布局略呈庭院式。庭院的平面呈长方形，院内土质结实，地面平整，中部偏南有一单间房，门朝向东北，可能为氏族首领的住室或开会的地方。房子的形状为方形或长方形，为就地挖筑的木骨建筑；分单间和双间两种墙壁，大部分是先挖出沟槽，之后在四周挖出柱洞，立柱筑墙，墙壁以木柱或竹竿作骨架，再以烧土块掺和黏土、稻秆、稻壳搅拌成泥，抹糊为墙；门分房门和过道门两种。

镇平赵湾遗址屈家岭文化的房基整体近方形，东西长 6.75m，南北宽 6m；居住面平整坚实，用约 0.1m 厚的红色胶泥土筑成；中间用两道墙分成三间；墙壁是用烧土块、草拌泥堆筑起来的，并经火烧过。唐河茅草寺屈家岭文化遗址中有一座长方形套间房基，北间平面呈正方形，南、北两间房基的东壁相连成直线，南壁有一似为房门的缺口。

南阳地区石家河文化的建筑遗迹发现较多，但其中可以确证为住宅遗迹者主要为淅川黄楝树遗址。在淅川黄楝树遗址是在屈家岭人类居住的废墟上修建起来的，因此，房子的布局、筑法、结构等都沿用前期模式。房址分东、北两排，但每排房数却比前期大大减少，分布也较零散。建筑技术较前期有显著改进，每间房子的面积明显增大。另外，还有两座宽大的三间房。①

综上，并结合相邻地区有关新石器时代文化遗址发现，可以对南阳地区新石器时代居民的居住方式及变化得出如下的认识：（1）地面居较早出现并成为一种普遍形态。与黄河流域史前住宅建筑形式经历的由半穴居经浅穴居到地面居再到高台居曲折发展过程不同，南阳地区新石器时代早期遗存中很少发现可以确证的半地穴式建筑。位于淅川县的下王岗仰韶文化一期遗址是南阳地区目前已发现的时代较早且拥有小型半地穴式建筑的新石器时代遗址；而到了仰韶文化二期，其房屋均为地上建筑。邓州八里岗遗址中有仰韶时期建于平地的圆形房屋多座。淅川黄楝树屈家岭文化遗址中发掘出坐落在遗址东南部台地上的房基 25 座。这说明：南阳地区很早就出现了地面住宅，并很快取得了主导地位，在少数地方还较早出现了高台式建筑。这种情况显然是湿润多雨、易受洪水威胁的地理环境所决定的。

（2）住宅平面从圆形到方形逐渐演变到长方形。如仰韶文化一、二期的下王岗遗址发掘出的房屋基座均为圆形，到仰韶文化三期才出现长屋。而后期的淅川黄楝树屈家岭文化遗址、镇平赵湾屈家岭文化遗址、淅川黄楝树石家河文化遗址房屋均为方形基座。总的来说，南阳地区新石器遗址甚少见到圆形住宅，可能与其经历的半地穴式住宅阶段较短有关。

（3）单室住宅向双室、多室住宅缓慢进化并出现排房。仰韶一、二期房屋以单间为主，成片分布。双室和多室住宅一般出现较晚，它源于相类同或近似的单室住宅，往往通过住宅内部的套间分割和隔间、外部空间的扩张（续间）、不同单元的对等组合（一次建成的分间）等途径形成，更多的则是以上若干途径交替式结合使用。套间起源于住宅内部不同使用功能的空间分工。仰韶文化晚期和屈家岭早期的住宅在空间使用方面已有习惯性分工，这一

① 鲁西奇. 新石器时代汉水流域聚落地理的初步考察[J]. 中国历史地理论丛，1999（1）：144-153。

图 2–13　淅川下王岗遗址仰韶晚期长房平面、结构和复原图
来源：王建华 . 黄河中下游地区史前人口研究 [D]. 济南：山东大学，2005

时期南阳地区诸遗址中套间与分间的普遍发现就是有力的证据，如淅川下王岗仰韶文化三期遗址、邓州八里岗仰韶文化遗址，都已大量出现双室和多室建筑。向双室和多室方向的发展，主要发生在地面建筑的长方形住宅中。在仰韶时期，这一趋势十分醒目和明确，从而反映了居民家庭生活和婚姻关系变动的影响。就整体结构而言，长方形的地面多室住宅是南阳地区乃至汉水流域史前历史上最进步的建筑形式。

仰韶文化晚期还出现了另外一种重要的住宅形式即排房（图 2–13），或称为“长屋”，排房前后均留有空场 供人们活动。以其结构特点论，排房不宜列入“大房子”[①] 之列，也应与多室住宅相区别，因为它一次建成的巨大规模和众多的居住小单元都为多室住宅所无法企及。排房的本质特点不在于其总面积的大小，而在于其特殊结构所表现的居住内容，即某种形式的族体共居。下王岗仰韶文化三期的长屋中，有 7 个单元房设灶，看来每个单元房，即为 1 个独立的生活单元，或许是一个单独的家庭生活场所。该时期南阳黄山遗址也出现一处略呈方形的屋群，每边通长 9~10m，有 6 间房屋交错相连在一起；它们有的独成一室，自开门户，设置烧灶；有的两间互通而以隔墙分开，共设一灶；还有单独的长方形套间房屋，屋中间都有隔壁层，辟为一大一小两间，每间中部都有灶坑。因此，似乎可以认为排房代表着一种家族居住类型。

（4）在建筑技术上，南阳地区新石器时期房屋有其自身特点。仰韶一期半地穴式房屋先挖浅穴，外围立柱，设斜坡状门道；地面建筑则先挖环形墙基槽，槽内立柱；两者的居住面均由黄土铺垫，较为坚实。仰韶二期有两种构筑方法：①先筑环形土墙，墙外立柱，墙上留有门道，这种做法只见于个别圆形房屋。②先挖圆形或方形墙基槽，槽内立柱，然后抹草拌泥起墙，形成木骨泥墙；双间房屋隔墙的做法与之大体相同。房屋的墙面和地面多经修抹加工。部分房间设有圆形灶坑或方形灶台。仰韶三期多先挖基槽，然后立柱，抹草拌泥，形成木骨泥墙，居住面均经铺垫，墙面和地面均经修抹加工。从建筑工艺看，房

① 汪宁生. 中国考古发现中的大房子[J]. 考古学报，1983（3）：271–294，403，404。

屋构筑有着明显的继承性和延续性。

屈家岭文化时期，房屋的构筑为先挖房基槽，槽内立柱，填充烧土块；墙体系用黏土加烧土块垒筑，部分墙体不加木骨；墙面经修抹加工；居住面均经铺垫，有的采用白灰硬面。从房屋结构和建筑技术看与江汉平原同期遗存较为接近。

石家河文化时期，通过对淅川黄楝树遗址的研究，可以发现：它是在屈家岭人类居住的废墟上修建起来的，因此，房子的布局、筑法、结构等都沿用前期模式；建筑技术较前期有显著改进，每间房子的面积明显增大。

2. 青铜时期

青铜时期的住宅形式分普通住宅和宫室建筑两种。该时期南阳地区的普通住宅主要出现于淅川下王岗遗址。

由于西周以前的青铜器时代，一般民众的生产生活条件与新石器时代中晚期相比，似乎并没有很大的不同，只是社会上层的物质与精神生活状况发生了巨大的变化，因此二里头文化时期的普通住宅，较之此前的仰韶、屈家岭、石家河文化时代，并无明显的进步，甚至出现了倒退现象。以淅川下王岗遗址为例，其二里头文化一期遗存中有房基2座，均为圆形半地穴式建筑，面积分别为4.93m^2、6.55m^2；居住面平整，边沿有分布均匀的柱洞，铺垫用料为姜石碎末；中北部有窖穴，呈圆角长方形；门道位于东南，呈斜坡状突出于室外。从总体上看，住宅规模与建筑水平都远远赶不上仰韶文化时期。

而到了西周时期，普通住宅的规模与建筑水平都有了一定程度的发展。例如，下王岗西周文化层中发现2座圆形地面建筑的房基，居住面积约11.30~15.20m^2；居住面残留比较硬的红灰色垫土；室内中部有柱洞2个，推测应是支撑屋顶的中心柱；从柱洞的位置与组合情况看，房顶可能为圆锥形。①

通过对南阳地区青铜时代居住遗址的研究，可以对该时期普通住宅形式得出如下认识：

（1）青铜时代汉水流域的普通民居（相对于贵族的宫殿建筑而言）以红烧土结构的地面建筑为主。建房方式大概为：先以泥土和烧土渣块奠基，四周立木骨建墙，抹泥烧烤，之后以草覆顶。

（2）从总体上看，青铜时代一般民众的居住条件较新石器时代没有明显改善，甚至还呈现出某种退步，房屋的规模似乎变小了，再也没有发现像淅川下王岗仰韶文化三期那样的"长屋"，连双室和多室住宅也不多见。这可能源于当时社会的变化：一方面，史前母系或父系的族体共居生活方式，逐渐演变为一夫一妻制的独立或相对独立的个体家庭的居住体，住宅形式因而随之发生变化，由适应族体共居的多室房屋、院落布局或"排房"逐渐演变为适应于个体家庭居住的相对独立的、规模较小的单室或双室房屋。另一方面，社会财富的高度集中反映在住宅形式上，就出现了富丽堂皇的崇基高室或深宅重门与卑小简陋的平民居室之间两极分化的格局。

就目前的考古资料来看，此时期南阳地区可以考证的宫室建筑尚缺，根据汉水流域以及相邻地区建筑遗址发掘资料的分析，可以推测此时期南阳地区宫室建筑的一般特征为：

① 鲁西奇. 青铜时代汉水流域居住地理的初步考察[J]. 中国历史地理论丛，2000（4）：21-29。

①大约从东周时起，宫室或官署建筑用瓦覆顶者渐多，瓦房逐渐成为一种比较普遍的建筑形式。②随着社会的发展，高台建筑逐渐成为宫室建筑的主要形式，而且台基的高度有越来越向上发展的趋势。③宫殿建筑的墙体经历了从木骨泥墙，到夯土或土坯作墙，再到砖墙这一过程。

2.4　先秦时期南阳空间营造要素

2.4.1　面

1. 城市范围与形制

根据历史文献记载，今南阳市始于周申伯国之申城。虽然有关申城范围及结构的资料尚缺，但由于申城始于西周，其大小和高低应有一定的制度。《左传・隐公元年》载："都城过百雉，国之害也。先王之制，大都不过三国之一，中五之一，小九之一。"杜预注："方丈曰堵，三堵曰雉，一雉之墙长三丈，高一丈。侯伯之城，方五里，径三百雉。"由此推算，侯伯之城径 1792m[①]，故当时申城范围与之相当。

周庄王九年（公元前 688 年），楚灭申后设申县，南阳为申县治地，至春秋晚期开始逐渐改为宛城。楚宛城是在申城的基础上扩建及修复而成，其后又经历了几次修复工程，周直到赧王四十三年（公元前 272 年），秦置南阳郡治宛，并建南阳郡城于宛。目前可考的汉代宛城遗址，基本保留了秦宛城的布局与规模[②]，周长约 15000m。由此推断：楚宛城遗址周长范围介于 1792~15000m，但更倾向于申城规模。同时，据考古资料显示，申城与楚宛城位于汉宛城北部，秦汉宛城与两者一脉相承。

形制上，由于南阳地势平坦，同时参考汉宛城概貌，大致可以推断：先秦时期南阳城形制因受周制影响，为方形或长方形。

2. 城市内部用地形态

先秦时期的南阳城是以农业作为城市经济命脉的，该时期南阳农业已较为发达，这可以从《尚书》《诗经》中描述"周人重农"的相关文章中反映出来。《诗・大雅・崧高》记载："王命申伯，式是南邦。因是谢人，以作尔庸。王命召伯，彻申伯土田。"说明在申伯封于南阳前，这里已有大片已开垦土地。[③]从汉代宛城概貌来看，汉宛城内仍有大量村庄与天地，由此可推断：先秦时期南阳农村与城市在经济与地域上并没有完全分离，城内仍有许多居民从事农业生产。

早期南阳城主要作为"军事堡垒"而建立，具有防御楚国的功能；后被楚占领，成为楚问鼎中原的前哨阵地。因此，此时期城中的政治军事用地如宫殿、官府应占主导地位，其次应是平民居住与村庄农业用地。由于战国时期南阳已成为全国著名的冶铁中心，因此其工业用地应占有一定比例。

根据考古资料显示，明远顶是一处战国秦汉时期官府建筑遗址，由此似乎可以推断楚

---

① 王建中. 南阳宛城建置考[M]//楚文化研究会编. 楚文化研究论集（四）. 郑州：河南人民出版社，1994：356。

② 王建中. 南阳宛城建置考[M]//楚文化研究会编. 楚文化研究论集（四）. 郑州：河南人民出版社，1994：360。

③ 鲁西奇. 区域历史地理研究：对象与方法——汉水流域的个案考察[M]. 南宁：广西人民出版社，2000：178。

宛城的中心区应在这附近；而根据已发现的墓葬和青铜器看，南阳“五顷四”地域[①]是春秋楚国申县的贵族墓地。[②]

2.4.2 线

1. 城市路网

南阳盆地地势平坦，从南阳城区来看，其北、西两面环山（岗），东、南两面临水，山（岗）的相对高度不高（一般为 50m，独山、磨山约 170m），周边均为平缓冲积平原。先秦时期，虽然没有具体的南阳城内路网结构可考，但根据汉宛城概貌中较规整的交通格局来看，此时期南阳城内部路网结构应该受《周礼・考工记》影响，讲究方正与规整。

2. 城墙

根据汉宛城城垣遗址中发现的战国陶片、板瓦及筒瓦，可知先秦时期南阳城墙已采用夯土形式。虽此时期城墙遗址留存不多，但根据相关文献记载，从申城的建立到秦时南阳郡城的修建，期间由于战事需要，南阳城经历了几次重修加固工程，因此大致可以推断，该时期南阳城垣结构与城墙应该是比较完善与牢固的。

2.4.3 点

根据考古资料显示，明远顶是一处战国秦汉时期官府建筑遗址，系一高大地上堆筑，为土质夯层，地上遗有大量陶片，以板瓦和筒瓦为多。[③]由此似乎可以推断，战国前后南阳城内的宫殿建筑应建立在高台上，采用夯土墙，并用瓦覆顶。

2.4.4 结构

从风水来看，南阳城北靠独山，西环麒麟岗与卧龙岗，东南临白河，属“背山抱水”型风水（图 2-14）。南阳城大致形制为方形，分区较为明确。城内以宫殿官府区为中心，兼有平民居住、村庄农业及工业用地；贵族墓地区在城郊梅溪河和三里河之间地势较高的麒麟岗区域。

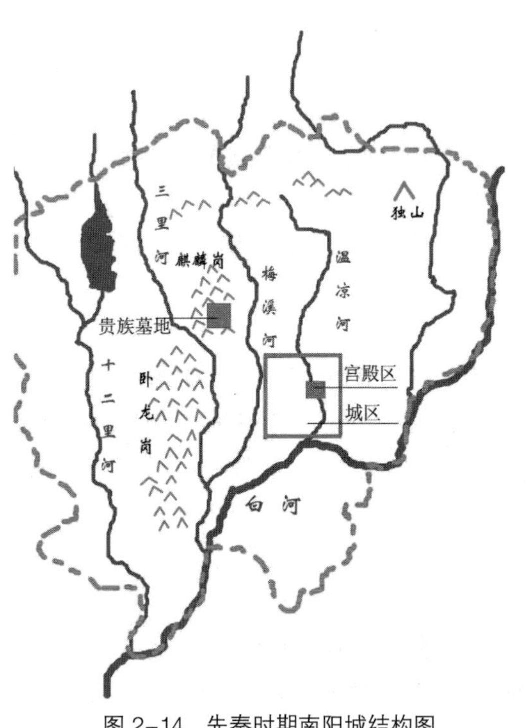

图 2-14 先秦时期南阳城结构图

① 发现墓葬群的地方，位于南阳的梅溪河和三里河之间，当地百姓称这里为“五顷四”。因为两河合抱加上地势较高，被风水人士喻为风水宝地。据史料记载，春秋战国时，南阳是申国都城，墓葬所在地为其城郊。

② 董全生，李长周. 南阳市物资城一号墓及其相关问题[J]. 中原文物，2004（2）：47。

③ 王建中. 南阳宛城建置考[M]//楚文化研究会编. 楚文化研究论集（四）. 郑州：河南人民出版社，1994：352。

2.5 先秦时期南阳城市空间营造机制

2.5.1 城市空间营造影响机制

先秦时期，由于技术落后，经济单一，人们更多的是对自然环境的依赖，自然环境因素对聚落乃至城市的产生及发展具有决定性的作用。就早期聚落分布而言，地势、地形地貌、水资源、气候、土壤等因素对聚落产生及分布具有重要影响。就南阳城的产生而言，自然环境因素的影响主要体现在城址的选择上：南阳城位于白河中游，相对于流经山区的上游和河谷平原的下游，此段河流有河道宽、河床较稳定的优点。据史料记载，历史上南阳的四次河道变迁发生在瓦店和新野县岗头，均处于中下游以下地区。城池地势如倾斜的簸箕，西北高东南低，河水不易倒灌入城，即使遭淹，水退得也快。

随着人类迁徙能力的增强，地缘关系及河流等交通条件开始影响聚落分布的密集程度，南阳城由于地处南北之交，北靠伏牛山，东扶桐柏山，西依秦岭余脉武当山，南临汉江，不但是南北交通的必经之路，且具有“易守难攻”的重要战略意义。最初，南阳城作为“军事堡垒”而建立，具有防御楚国的功能；后被楚占领，成为楚问鼎中原的前哨阵地。且由于交通的便利，南阳城人口、经济得到发展，城市规模逐渐扩大。

先秦时期，南阳经济主要依靠农业，直到春秋战国时期，冶铁业开始成为南阳又一大经济支柱。经济因素对城市空间营造的影响，主要体现在城市内部用地形态及空间格局的分布上。通过对先秦时期南阳城空间结构的分析，可知：①该时期，南阳农村与城市在经济与地域上并没有完全分离，城内仍有许多居民从事农业生产。②由于战国时期南阳已成为全国著名的冶铁中心，因此其工业用地应占有一定比例。

在社会人口方面，尽管先秦时期资料尚缺，但从新石器时期聚落分布的密度可以推测，该时期南阳地区人口数量呈逐步上升趋势。到周朝，由于分封诸侯制的产生，不但使南阳城的前身——申城得以出现，还使得南阳地区出现了多个分封小国，由此推论：相比以前，周朝时期南阳地区人口有了较大增长。到西周末年，楚国攻占南阳地区，由于战争无法避免，必然会导致人口出现短时间的停滞甚至下降；而至春秋战国，楚国在南阳统治比较稳定的一段时期内，南阳城由于交通的便利、工业的发展，城市人口又开始回升，甚至比申国时期更加繁荣，人口的扩张必然导致城市规模的扩大。

先秦时期，南阳城的历史沿革较为短暂，主要是西周申城的建立，以及春秋战国时期楚宛城的发展。但这几百年历史带给南阳城的影响，除了南阳城的建立以外，还有几次南阳城的加固、修建、重修以及扩建工程，而楚国带来的楚文化对该时期乃至以后南阳城的发展都产生了一定影响。

在社会文化方面，先秦时期南阳城受周制及楚文化影响较深。从时间上看，早期申城的建立及农业的发展都有周制及周人思想影响的痕迹；而随着楚宛城的出现，楚文化又占据上风。

从原始社会时期到封建领主时期再到封建地主形成时期，政治政策因素对南阳地区聚落空间乃至南阳城空间也产生了一定影响。原始社会时期，南阳地区聚落内部的社会组织已初步分为核心家庭、大家庭、家族、宗族四级，分别对应的空间形态有单间房址、套房、排房、整个聚落。封建领主时期，由于实行了分封诸侯制，南阳城的前身——申城才得以建立。在封建地主形成时期，为了防御秦、齐大国势力南下，楚国曾在南阳东部、北部和西部筑起一道“冂”字形长城，成为楚宛城防御结构体系的重要组成部分。

先秦时期城市规划思想对南阳城市空间营造的影响主要体现在城市的产生方面，即受《管子》因地制宜的城市选址和规划思想，将南阳城址选在了北靠伏牛山，东扶桐柏山，西依秦岭余脉武当山，南临汉江的南阳盆地，该平原地区紧临白河，河道宽，河床较稳定，满足了农业、交通、军事、防灾等要求。另外，该时期南阳城市规模应该受《左传》中提到的“都城过百雉，国之害也。先王之制，大都不过三国之一，中五之一，小九之一”的思想的制约。

总结以上城市空间营造影响因素，可以大致梳理出这些因素之间及其与城市空间之间的关系（图 2–15、图 2–16）。他组织因素主要包括历史沿革、政治政策与城市规划，自组织因素包括自然环境、地缘交通、社会经济、社会文化、社会人口。其中，他组织因素历史沿革、政治政策与自组织因素自然环境不但对城市空间营造具有直接影响作用，同时也通过作用于自组织因素社会文化、社会经济、社会人口及地缘交通对城市空间营造造成间接影响；而他组织因素城市规划与自组织因素社会经济、社会人口、社会文化及地缘交通既是促使城市空间发展的因素，同时也被其他因素所影响。在南阳城市空间营造方面，政治政策、城市规划、地缘交通及自然环境因素促使了南阳城市的产生；社会经济、城市规划、历史沿革及社会人口因素对城市规模产生了一定影响；政治政策、社会经济及社会文化因素影响了城市格局及空间结构的变化；城市功能与用地形态方面则同样受政治政策、社会经济及社会文化因素的作用。

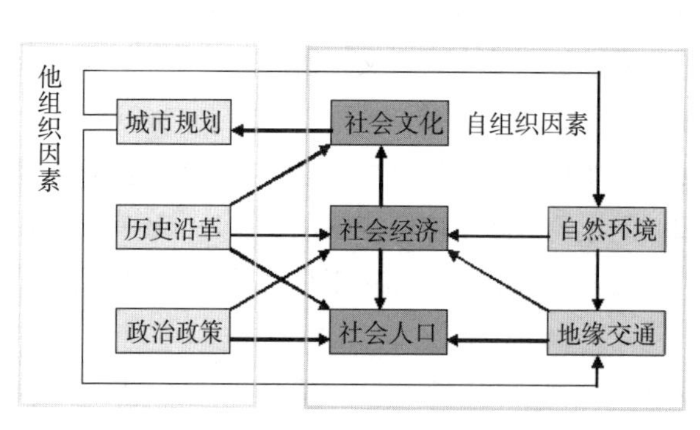

图 2–15　先秦时期自组织与他组织因素的互动关系

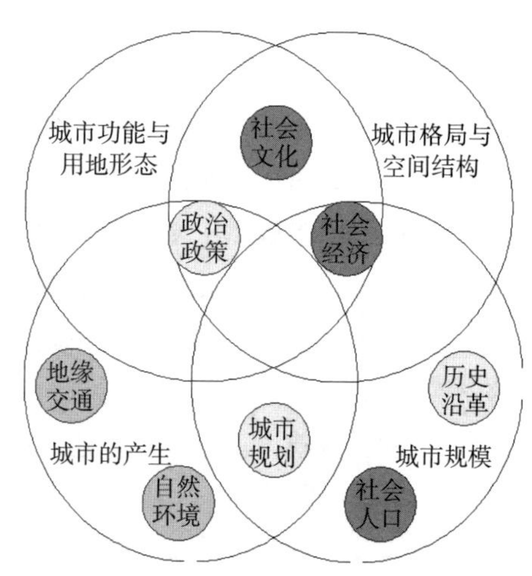

图 2–16　先秦时期自组织与他组织因素对城市空间的影响

2.5.2　自组织与他组织关系

通过对先秦时期各空间营造影响因素的分析，可知：该时期自组织与他组织关系是协调的。他组织中的历史沿革、政治政策与城市规划因素，虽具有外界人为的干预，但都是建立在当时的自然、经济、文化等自组织因素的基础上，受自组织因素的限制。例如，历史沿革中，宛城的建立以及朝代的更替，都源于南阳城所处地理位置在军事上的重要性；政治政策中，社会等级与所有制结构基于城市经济与人口的发展而变化，楚长城的建立也源于南阳的军事地位及地缘交通状况；而城市规划思想的产生则源于社会文化的发展。

在空间营造方面，他组织因素对城市空间的影响主要集中在城市城垣及军事防御系统的修建上，相对而言，对城市空间营造的影响有限；而自组织因素对城市空间影响较大，如聚落的分布与形态、城邑的产生及发展、城市内部用地形态与格局、建筑的类型等均受城市经济、人口、文化与自然环境等因素的影响。

第3章　秦汉至五代时期南阳城市空间营造

3.1　秦汉至五代时期城市空间营造影响因素

3.1.1　自然环境

根据竺可桢先生的研究结果，我国西汉时期气候条件与现在相似，但平均气温比现在略高，从文献记载看，当时竹子、柑橘等喜温植物分布的北界比现在偏北。张衡《南都赋》中有“穰橙邓橘”的文句，说明那时河南省南部橘和柑尚十分普遍。

西汉时期，人口主要分布在我国东部最低平的第一阶梯，少数分布在第二阶梯，而西部地势最高的第三阶梯极少有人居住。这些地区的北界不超过北纬41°，南界不低于北纬30°，这是因为：西汉时期，在北纬41°以北的地区，天气寒冷，开发比较困难。北纬30°以南地区，虽气候温暖、雨量充沛、河流众多，但气温偏高，土地被茂密的原始植被覆盖，在铁器尚不普及的情况下，难于开垦和耕种；同时，茂密的森林与崎岖的地形也限制了人口的迁移。而在北纬41°~30°之间的平原，除江汉平原、江淮平原和太湖流域开发条件较差外，基本都已开发。

南阳地处北纬32°~34°之间，气候温和、雨量充沛，适于农作物生长和人类生活，是当时人口密度高的地区之一。此外，南阳盆地中部是汉江支流唐河与白河侵蚀、冲积而成的河谷平原，土壤疏松、土地肥沃，便于开垦，适于耕种或放牧。由于有河流经过，保证了当地的生产用水和生活用水，也便于减少水旱灾害的影响。[①] 然而，由于南阳盆地在唐白河中下游，由全新的统组成的泛滥阶地和河漫滩相当宽阔，宽处可达几公里甚至十多公里，两岸系沙壤土，地层疏松，河床多滩；加上唐白河受地形制约呈扇形水系，易致使地表径流骤发骤损，洪、枯水量相差达几十倍，河床纵比降小，河水经常泛滥，从而形成宽阔的泛滥平原。对于这种河流径流骤发骤损，有雨则洪涝，无雨则干旱的地形地貌，农田水利的兴修与农业生产密切相关；两汉时期为南阳灌区的形成期，农田水利的兴修大大提高了南阳农业生产力与经济水平。[②]

气温的变化对地区经济及人口发展具有重要影响。公元3世纪以前，温暖多雨的气候促成南阳盆地成为汉水流域最早开发地区，即流域核心区。3世纪以后，气候寒冷，雨量减少，汉水水位降低，江汉平原湖泊不断退缩，特别是14~19世纪的小冰期，为汉水流域下游平原的开发提供了可能。加上交通、历史、政治、社会等因素的变迁，南阳盆地逐渐由两汉时期的流域核心区，沦为隋唐北宋时期的次核心区，以及元明清时期的边缘区。

---

① 邓祖涛. 长江流域城市空间结构演变规律及机理研究[M]. 武汉：湖北人民出版社，2007：38。

② 鲁西奇. 历史时期汉江流域农业经济区的形成与演变[J]. 中国农史，1999（1）：41。

3.1.2 地缘交通

自古以来，南阳盆地的交通地位就十分重要。早在四五千年前的虞夏时代，这里即开辟有通往中原的“夏路”；到了战国秦汉时期，交通更为发达，形成了“西通武关郧关，东南受汉江淮”，“推淮引湍，三方是通”的水陆并臻的辐射形交通网。唐代驿传制度完备，这里又是国家重要驿道经过之地，“控二都之浩穰，道百越之繁会”，号称“天下启闼，两者同蔽”。[①]

秦汉至五代期间，南阳重要的陆路交通，除有春秋战国时期已开拓成途的方城路、三鸦路、宛郢大道及东南大道以外，还有秦汉时期新修建的武关道、午阴道和方城路向西南延伸的西南大道。武关道为秦时“东南驰道”之一段，西通咸阳，东经今之西峡、内乡、镇平县，由王村铺入南阳县境，经十八里岗、十二里河、十里铺，从西关达宛城，南与宛郢干道相接；汉武关道则循小道辟关塞大道，在今之内乡县接秦武关道，较原道为近；三国时又以此道与方城廊道贯通，称“京秦道”；唐代称“长安邓州道”。午阴道，古为区间通道，起自南阳东门，经东菜园过白河，东经草店、柏树坟、青河堂、桥头、赊店、郝寨，至古城寨（即汉午阴县），为县境东部的一条古老捷近大路。西南大道为方城道向西南延伸的道路，始修于东汉，自宛城出西关，经卧龙岗、十二里河、辛店、安众铺（今潦河镇），过潦河达安众城（今杨官寺），又经蔡桥、青华、涅阳（今穰东）、穰县（今邓县）至今湖北阴县（时为宛郡三十六县之一）；至阴县分水、陆两路通达益州（今四川），是一条通向云南的捷近道路。[②]

由于南阳处长江、淮河、黄河三大水系交汇处，其不仅是联系关中、巴蜀、关东、江南几大基本经济区的陆路交通枢纽，而且也是长江水系支流伸入中原腹地最远的地区，其水运航程为“中国古代南北天然水运航线之最长最盛者”。南阳盆地境内主要河流有白河、唐河、丹水、湍河等，历史上这些河流都可以通航，有的还发挥过重要历史作用。

两千多年前的战国时期白河就已行船；三国时期，历史已经明确记载白河在当时已用于军事行动；北宋及其以前，沿白河而上的船至少可以抵达今南阳市北 50 里的石桥镇；白河在新野境内由于汇接了潦河、湍河、朝河数水，流量增大，舟楫往来更为频繁。据北魏郦道元《水经注》卷三十一淯水（即白河）注，方城路所经的淯水渡口瓜里津上有三道桥梁，是当时的著名津渡。[③]湍河（古称湍水）是白河的重要支流，历史上也是一条通航的河流，其通航的终点当在今邓州市城西三里的六门堰。春秋战国及至西汉，唐河（下段古称比水、泌河，上段古称堵水）在今方城以下都可行船。丹水为过境河，境内又称淅水，在唐代时船逆流而上，一直可到陕西商县城，因而为长安至荆州“次驿路”的一个重要组成部分，当汴河漕道不通时，丹水便成为重要的漕粮之道，江淮一带的粟、帛及租庸盐、铁之物，大都由此运至长安。[④]

据郦道元《水经注》卷三十一滍水注，该时期，属于淮河水系的瀙水（今汝河）和滍

① 龚胜生. 历史上南阳盆地的水路交通[J]. 南都学坛（哲学社会科学版），1994（1）：104。
② 南阳县地名委员会办公室编. 河南省南阳县地名志[M]. 福州：福建省地图出版社，1990：445-446。
③ 王文楚. 历史时期南阳盆地与中原地区间的交通发展[J]. 史学月刊，1964（10）：27。
④ 龚胜生. 历史上南阳盆地的水路交通[J]. 南都学坛（哲学社会科学版），1994（1）：104-105。

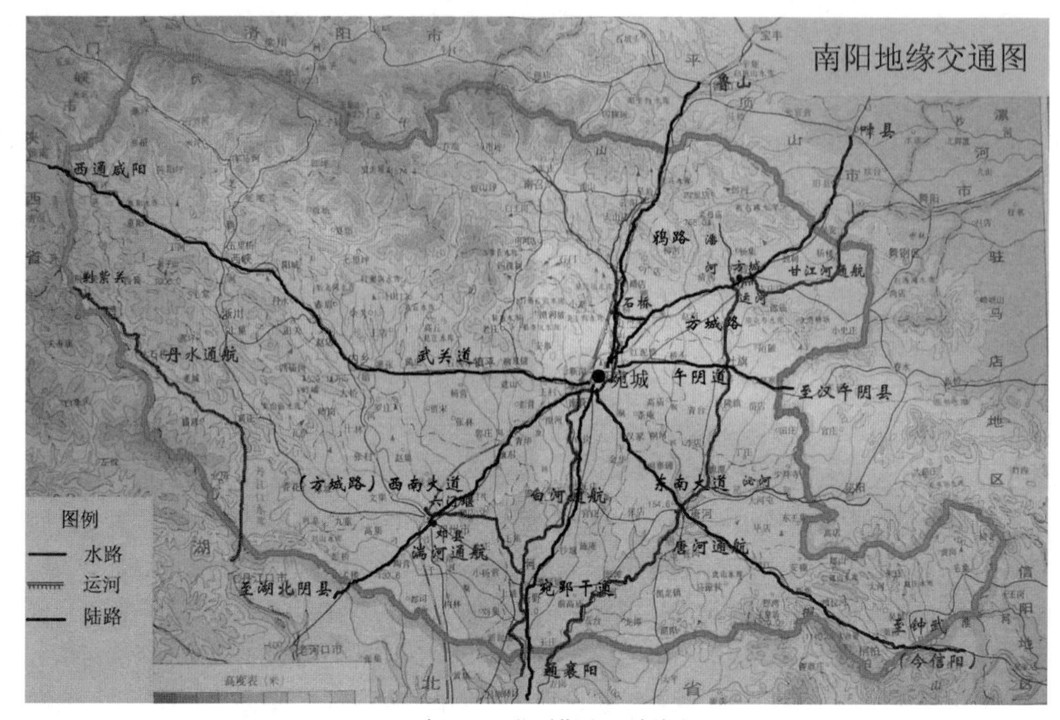

图 3-1　秦汉至五代时期南阳地缘交通图

水（今甘江河），与属于汉江水系的堵水（今潘河）和比水（今泌河）是互相通流的。可见，到北魏时期，方城附近连接潘河与甘江河的运河依然存在。根据以上描述，秦汉至五代时期，南阳地区水陆交通状况如图 3-1 所示。

3.1.3　社会经济

秦统一中国后，南阳成为全国 36 郡之一而统辖 14 县，除现在南阳管辖的县、市、区外，现今的鲁山、叶县、泌阳、舞阳、栾川的一部分及湖北的枣阳、随州、襄樊、光化、均县等地均属南阳管辖。当时的宛地成为南北接壤的中间地带，同时又是汉水、长江、淮河三条水路与关中往来的通道，交通便利、商贾云集、工商业呈现出一派繁荣景象。

两汉时代，南阳的中心地位达到了巅峰。西汉时，南阳郡辖 36 县，人口近 200 万，考虑该郡辖境包括南阳盆地周围不少山区，而实际上南阳郡的大多数县和人口都集中在白河两岸郡治宛县上下，以致宛城人口高度集中。西汉时期，宛县是全国设工官的 9 个地区之一和设铁官的 46 个地区之一。一般而言，铁官和工官的设置有两种含义，一是该城市或地区资源丰富、交通方便，另一含义是该城市经济相对其他地区发达。由于各行业的繁荣与水陆交通的便利，南阳成为当时全国有名的六大都会（其余为临淄、洛阳、邯郸、成都、长安）之一而“商遍天下，富冠海内”（《盐铁论·力耕》）。东汉以来，南阳郡辖境范围扩大，人口达 240 多万。这时期的宛城，无论从政治还是从经济、文化等方面，都有了前所未有的发展，成为与京城洛阳并列的全国两大中心城市之一。[①] 两汉时期，南阳被视为中原的组

① 邓祖涛. 长江流域城市空间结构演变规律及机理研究[M]. 武汉：湖北人民出版社，2007：32-33。

成部分，其生产力发展水平亦与中原相近，已广泛地使用铁农具和牛耕，农田水利的兴修更大大提高了生产力。[①] 总之，经过先秦时代的发展，南阳盆地的农业经济在两汉时期达到顶峰，农田水利的兴修，种植业的兴盛，经济作物的栽培，构成南阳盆地两汉时期经济发达的丰富多彩的画卷。[②]

作为全国性的手工业、商业大都会，宛城更是文人墨客、富商大贾、达官显贵们游览观光的旅游胜地，张衡《南都赋》等对此有大量的描述，而李白《南都行》的描写则更为生动"南都信佳丽。武阙横西关。白水真人居。万商罗廛阛。高楼对紫陌。甲第连青山……遨游盛宛洛，冠盖随风还。走马红阳城，呼鹰白河湾。"

但是，两汉以后，自三国以迄于隋统一，在300多年的时间内，南阳盆地的农业经济在整体上呈现出下降趋势。[③] 三国时期，诸侯纷争，南阳遭到空前洗劫，其人口锐减，腹地范围萎缩，工商诸业萧条，失去了往日的风采。唐代初期，南阳经济得到一定恢复，但不久发生的"安史之乱"又使南阳的元气丧失殆尽。[④] 在商业方面，魏晋以后，宛市逐渐失去全国中心商市地位，成为区域性的货物集散中心。

3.1.4　社会人口

秦代因无户口数据传世，无法得知南阳人口数量。西汉时，南阳郡辖36县，人口近200万；南阳盆地[⑤] 范围内人口也达到120余万，人口密度为45.84人/km^2（表3-1）；考虑到南阳郡辖境包括有南阳盆地周围的不少山区，因而南阳郡的大多数县和人口集中在白河两岸郡治宛县上下，以至宛城人口高度集中。东汉以来，南阳郡辖境范围扩大，辖37个县，人口达240多万；南阳盆地范围内人口达到149万，人口密度为56.05人/km^2。该时期，宛城有了前所未有的发展，成为与京城洛阳并列的全国两大中心城市之一。

两汉以后，人口不断减少。三国时期，诸侯纷争，南阳遭到空前洗劫，人口锐减，所辖县数仅为19县，腹地范围不断缩小。[⑥] 至西晋太康初（公元3世纪80年代），南阳郡辖14县，24400户，约16万人。至东魏（公元543—550年），南阳郡辖2县，7489户，约26700人。

从表3-1可知：隋代南阳盆地人口又开始得到一些恢复，达到66万余人，一度超过西晋太康初南阳郡人口；唐初人口又锐减，仅有26557人，相当于东魏时期南阳郡人口；至唐中叶（公元742年），南阳盆地人口又达到37万余人。可见，这一时期，南阳人口是时起时落、屡有兴衰。

---

① 鲁西奇. 历史时期汉江流域农业经济区的形成与演变[J]. 中国农史，1999（1）：41。
② 鲁西奇. 区域历史地理研究：对象与方法——汉水流域的个案考察[M]. 南宁：广西人民出版社，2000：227。
③ 鲁西奇. 区域历史地理研究：对象与方法——汉水流域的个案考察[M]. 南宁：广西人民出版社，2000：227。
④ 邓祖涛. 长江流域城市空间结构演变规律及机理研究[M]. 武汉：湖北人民出版社，2007：33-34。
⑤ 现在一般说的南阳盆地都指的是狭义的南阳盆地，即仅包括河南南阳市所辖地区的平原地区。
⑥ 邓祖涛. 长江流域城市空间结构演变规律及机理研究[M]. 武汉：湖北人民出版社，2007：33。

西汉至唐代南阳盆地人口数量及密度 表3-1

时期	西汉（公元2年）	东汉（公元140年）	隋（公元612年）	唐初（公元639年）	唐中叶（公元742年）
人口数	1219404	1490874	668317	26557	377332
面积（km^2）	26600	26600	26600	26600	26600
密度（人/km^2）	45.84	56.05	25.12	1.00	14.19

来源：鲁西奇. 历史时期汉江流域农业经济区的形成与演变[J]. 中国农史，1999（1）：35–45；梁方仲.中国历代户口、田地、田赋统计[M].上海：上海人民出版社，1980。

3.1.5 社会文化

南阳在春秋战国时长期属于楚国，但在此前本是“汉阳诸姬”与申、吕等姜姓封国分布之地，文化渊源来自黄河流域先进地区；为楚所并后，其原有文化既融入楚文化，本身也保持一定的来自中原的地区特色。到战国后期，南阳地区曾短暂属韩国，后转归于秦，秦一再“赦罪人”迁往；同时，南阳地近中原，与北面方城外的颍川郡联系密切，“故至今谓之‘夏人’”。因此，秦汉时期南阳文化兼有楚文化及中原文化特点。司马迁将南阳郡与颍川郡另列为一个单独的风俗文化区，并在《史记》中描述：“其俗夸奢，上气力，好商贾渔猎，藏匿难制御也。……南阳好商贾，召父富以本业。”而鲁西奇参考《汉书 · 地理志》及《史记》等文献，将秦汉时期南阳归为大的韩地风俗区。①

秦汉是南阳发展史上的一个辉煌时期，即使是在后来，也有许多时期仍然无法与之媲美。特别是东汉时期，作为“帝乡”的南阳文化成就更是辉煌，“雄俊豪杰往往崛出，自战国及汉，名臣继踵”。但最突出的是汉画像石砖和汉画像石墓。南阳汉画像石起源于西汉，东汉达到鼎盛，波及魏晋，以其辉煌的艺术成就驰名中外。存世汉画像集中分布在南阳一带，“举凡意之所向，神之所会，足之所至，目之所睹，无往而非汉石也”。南阳汉画像之盛固然与其地为帝乡多贵官有关，但与当地农业经济的发达也是有关的。②

从汉末开始，南阳文化的主体是汉文化，但同时也抹上了“胡文化”的色彩。所谓胡文化，是指北方少数民族的文化。史书记载东汉以来，分布在西北边境的少数民族陆续向内地迁徙。魏晋时期，他们向内地迁徙的活动更加频繁，而且种族很多，主要有鲜卑、匈奴、揭、氐、羌，史称“五胡”。西晋灭亡后，东晋偏安江南，这些少数民族在北方纷纷建立政权，史称“北朝”。南阳属北朝统治区，也是胡人政权争夺区。这一时期是胡文化对整个中原文化渗透最甚的时期，尽管这些少数民族终被“汉化”，但他们对汉文化的影响是不能低估的。③ 根据《隋书·地理志》记载，南阳地区经过数百年，尤其在魏晋南北朝时期所受破坏最大，风俗大变，与汉时迥异，其西部受巴蜀风俗影响较深，东南部随枣一带则已脱离南阳风俗区，成为江汉风俗区的组成部分。④

① 鲁西奇. 区域历史地理研究：对象与方法——汉水流域的个案考察[M]. 南宁：广西人民出版社，2000：285–286。

② 刘国旭. 南阳的地名体系及地名文化资源研究[J]. 产业与科技论坛，2008（8）：69。

③ 钞艺娟. 豫西南民歌地方色彩形成的客观背景[J]. 东方艺术，2005（8）：29。

④ 鲁西奇. 区域历史地理研究：对象与方法——汉水流域的个案考察[M]. 南宁：广西人民出版社，2000：287。

3.1.6　历史沿革

秦朝宛为南阳郡治，大郡之都。西汉沿袭秦制，南阳郡辖三十六县，宛为郡治。新朝，王莽更南阳郡名前队，更宛名南阳。东汉，南阳郡、县复归汉，悉复旧名，郡治宛，辖三十七县；建安四年（公元 199 年）张绣降曹操，其后南阳属魏。三国时期，魏置荆州，州治宛，并为南阳郡治。西晋，武帝咸宁三年（公元 277 年）徙封其子司马柬为南阳王，南阳郡称南阳国，辖十四县，治宛；太康十年（公元 289 年），司马柬徙封于秦，南阳复为郡;惠帝光熙元年（公元 306 年）平昌公司马模进封南阳王，南阳复为国。东晋，南阳为郡，郡治宛。南北朝，宛属宋，为雍州南阳郡治；齐因宋；魏分宛置上陌县（宛西南），西魏沿袭未变；周并宛入上陌，更名上宛。

隋废郡称州，改上宛为南阳县，属邓州，南阳县名至此始定;大业三年（公元 607 年），复改邓州为南阳郡，治穰（今邓县南），南阳为属县。唐朝，武德三年（公元 620 年），以南阳县及舂陵郡之上马县置宛州，南阳为州治，又置云阳、上宛、安固三县，并治宛城；八年（公元 625 年），废宛州，上马归唐州，省云阳、上宛，以安固并入南阳，属邓州。五代十国，南阳入梁，属宣化军；唐属威胜军；周属武胜军，皆为县治（表 3–2）。

秦汉至五代时期南阳历史沿革表　　　　表3–2

时（朝）代		纪元	隶属	所置行政单位	何级治所	备注
秦		公元前221—前207年	南阳郡	宛县	南阳郡治	
西汉		公元前206—8年	荆州南阳郡	宛县	南阳郡治	
新		公元9—23年	前队	南阳	郡治	
东汉		公元26—208年	荆州南阳郡	宛县	南阳郡治	
三国（魏）		公元221—265年	荆州南阳郡	宛县	荆州治 南阳郡治	
西晋		公元266年以后	荆州南阳国、郡	宛县	南阳郡治	
东晋十六国	东晋	公元317年后	荆州南阳郡	宛县	南阳郡治	
	前后赵	公元324年、328年、349年	荆州南阳郡	宛县	南阳郡治	
	前燕	公元336年	荆州南阳郡	宛县	南阳郡治	
	前秦	公元378—384年	荆州南阳郡	宛县	南阳郡治	
南北朝	宋	公元420—478年	雍州南阳郡	宛县	南阳郡治	
	齐	公元479—497年	雍州南阳郡	宛县	南阳郡治	
	北魏	公元498—527年	荆州南阳郡	宛县	南阳郡治	
	西魏	公元556年以后	荆州南阳郡	宛县	南阳郡治	
	北周	公元579年	邓州	上宛县		
隋		公元581—607年	邓州	南阳县		州治穰
		公元607—618年	南阳郡	南阳县		
唐		公元620—625年	宛州	南阳县	宛州治	
		公元625—907年	山南东道邓州	南阳县		

续表

<table>
<tr><th colspan="2">时（朝）代</th><th>纪元</th><th>隶属</th><th>所置行政单位</th><th>何级治所</th><th>备注</th></tr>
<tr><td rowspan="3">五代</td><td>梁</td><td>公元907—923年</td><td>宣化军</td><td>南阳县</td><td>县治</td><td rowspan="3">军为行政单位名称，五代军皆治穰</td></tr>
<tr><td>唐、晋、汉</td><td>公元923—950年</td><td>威胜军</td><td>南阳县</td><td>县治</td></tr>
<tr><td>周</td><td>公元951—960年</td><td>武胜军</td><td>南阳县</td><td>县治</td></tr>
</table>

来源：南阳市城乡建设委员会.南阳市城市建设志[Z]. 1987。

3.1.7 政治政策

周赧王四十三年（公元前 272 年），秦置南阳郡治宛，建郡城；秦朝实行的是以郡统县的二级行政制度。

西汉实行郡国并行的制度，全国设置郡国 62 个，到了孝平二年（公元 2 年）全国共有郡国 103 个。经“七国之乱”的调整，汉武帝元封五年（公元前 106 年），全国分为 14 个行政监察区，该机构除京畿范围的称作司隶校尉部，其余 13 个称为十三刺史部，每部设一名刺史。由于十三刺史部有十一部是以《禹贡》和《周礼》中的九州予以调整后命名，所以又通称十三州。汉高祖六年（公元前 201 年），复修南阳郡城。元狩四年（公元前 119 年），南阳设立铁官。王莽始建国二年（公元 10 年），王莽下令推行五均法，在京都长安和全国五个中心城市设立商市，宛为南市；并在天凤四年（公元 17 年）更南阳郡名前队，更宛名南阳，郡置大夫（职如太守）、属正（职如都尉）。

东汉时期全国重新划分郡县，但仍分天下为十三部，降司隶校尉部为十三部之一，裁去朔方刺史部，改十三州为十二州。中平五年（公元 188 年）改刺史为州牧，掌一州军政大权，十三州正式成为郡、县之上的一级政区。建武十八年（公元 42 年），光武帝刘秀使中郎将耿遵修宛城，号称南都。其城市规模宏大，有内城和外城两层，外城即郡城，亦称郭城，周长 18km；内城即小城，位于大城的西南隅，城内“王侯将相，第宅相望”；大城、小城相连接，小城的西南两面都是大城；护城河道宽 50~80m。

建安十三年（公元 208 年），曹操南征至宛，南阳归曹。三国时期，魏置荆州，州治宛，并为南阳郡治；该时期，魏国在地方行政区划上承袭东汉，仍实行州、郡（国）、县三级制。西晋，武帝咸宁三年（公元 277 年）徙封其子司马柬为南阳王，南阳郡称南阳国，治宛；太康十年（公元 289 年），司马柬徙封于秦，南阳复为郡；惠帝光熙元年（公元 306 年）平昌公司马模进封南阳王，南阳复为国。东晋，南阳为郡，郡治宛。南北朝，宛属宋，为雍州南阳郡治；齐因宋；魏分宛置上陌县（宛西南），西魏沿袭未变；周并宛入上陌，更名上宛。西晋时期，疆域和地方行政区划一如前朝，只是州的数量增多，辖区变小。北周时期，统治者对地方行政区划作了较大的调整，全国设置 215 州，552 郡，1056 个县。

隋朝，隋文帝对州县加以并改，使流行了很长时间的州、郡、县三级制，改为州、县两级制。文帝开皇三年（公元 583 年）废南阳郡，改上宛为南阳县，属邓州。隋炀帝时，又废州改郡，以郡统县，恢复秦制。大业三年（公元 607 年），复改邓州为南阳郡，治穰（今邓县南），南阳为属县。唐初，沿用前朝制度，到了武德元年（公元 618 年）去郡为州，实行州、县两级制度。武德三年（公元 620 年），以南阳县及春陵郡之上马县置宛州，南阳为州治，又置云阳、上宛、安固三县，并治宛城；武德八年（公元 625 年），废宛州，上马归唐州，省云阳、上宛，以安固并入南阳，属邓州。贞观元年（公元 627 年），唐太宗整治地方行政区划，对州县大加并省，还以山川形势和自然地理，把全国分成十道，道不设长官，随时派员进行巡视，道之下设州，州辖县。该时期，南阳属山南东道邓州。隋唐时期，郡治移穰，城因缩小，据考证，后来的南阳城是古宛城（小城）的遗址。

3.1.8 城市规划思想

秦汉至五代时期，占主导地位的城市规划思想仍然为《周礼·考工记》中的“匠人营国”思想，《吕氏春秋》中的“择中说”，以及《管子·大匡》关于“凡仕官者近宫，不仕与耕者近门，工贾近市”的思想。

3.2 秦汉至五代时期南阳空间营造特征分析

3.2.1 秦汉时期宛城

战国后期，宛为秦地。周赧王四十三年（公元前 272 年），秦置南阳郡治宛，建郡城。汉代因之。宛是秦汉两代的南阳郡所在地。汉高祖六年（公元前 201 年）重修。建武十八年（公元 42 年），再次重修，号称南都。

1. 形制与规模

秦汉时期，各国都城的城郭形态，虽因所处自然地理条件以及文化背景的不同而存在一些差异，但仍具有共同的时代特征，即普遍都筑有宫城（小城）和郭城（大城）。[①] 汉宛城，规模宏大，有外城、内城两重，近似方形。外城即郡城，也称郭城，城周 36 里，护城壕宽约 50 ~ 80m。内城即小城，位于大城的西南隅，小城周长 6 里。大、小城相连接，这种布局与当时的临淄、邯郸大体相似。

2. 功能分区

秦汉都城里的居民，以闾里为单位分布。工商市肆也有专门的区划。如汉长安城，居民闾里集中分布在郭城的北部，尤其是靠近宣平门一带；工商业区位于郭城西北部，不仅有冶铸、铸币以及烧制陶俑等手工业作坊，而且设有“东市”“西市”等商市，市场有政府派的“市令”专门管理，都城作为工商业中心的城市功能已完全显示了出来；而商市位于宫城区之后，则表现出《考工记》所说的“面朝后市”的布局特点。[②]

汉代宛城在某些方面具有与汉长安类似的特征，如具有明确的功能分区，并体现了“官民分区”“四民分居”的格局。根据汉代宛城概貌图（图 3-2）所描绘，宛城有外城、内城两重，小城（即内城）是贵族官僚的住所，城内“王侯将相，第宅相望”，现存汉代高台建筑遗迹两处，古井遍布，灰色绳纹筒瓦、板瓦很多；大城（即外城）则是一般地主和平民的住所，并在城内发现了大规模的汉代冶铁遗址，以及大量的汉代绳纹筒瓦和板

① 李自智. 略论中国古代都城的城郭制[J]. 考古与文物，1998（2）：63。
② 李自智. 略论中国古代都城的城郭制[J]. 考古与文物，1998（2）：64。

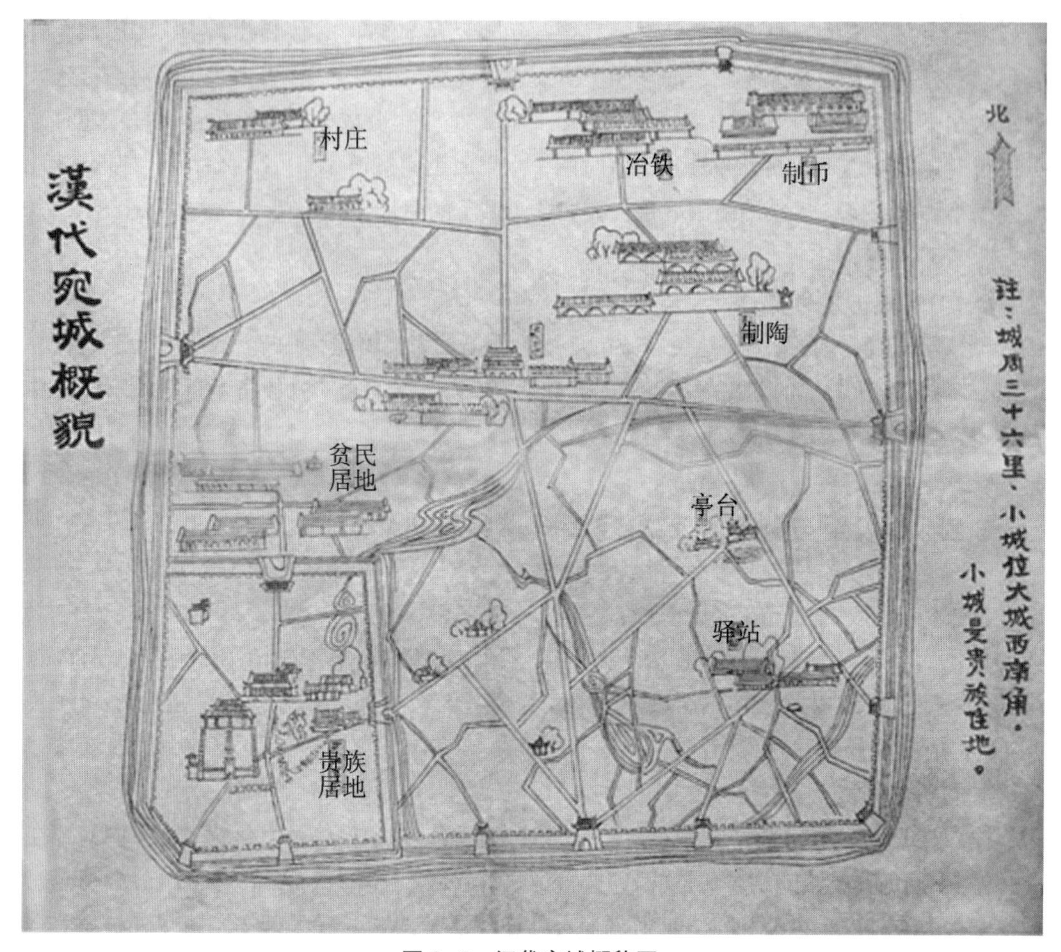

图 3-2　汉代宛城概貌图

瓦的陶片、耐火砖、磨石、烧结铁块、铁渣、烧土块等遗物。大城东北部为集中的手工业区，分布有冶铁、制币、制陶等场所，虽然商业区位置尚不明确，但根据秦汉都城特点，应距离手工业区不远；大城东南部为亭台及驿站，说明汉代宛城具有十分重要的交通枢纽地位；大城西北部为村庄及田地，说明该时期南阳农村与城市在经济与地域上仍然没有完全分离，城内仍有许多居民从事农业生产；内城位于大城西南部，其北城门处则分布有较大规模的贫民居地，体现了“四民分居”的格局。另外，在城内还发现陶制水管道等地下排水设施，标志着南阳排水设施从原始就地散流排水阶段进入较为先进的规划时代，是人们认识自然，改造自然的伟大成就。

3. 建筑风格

根据对南阳等地墓葬中出土的画像石、画像砖和陶楼阁明器的观察以及文献资料的记载，汉代的住宅建筑分贵族的大型宅第、规模小的住宅以及更简单的房子几种形式。汉代普通民居的基本形式为一间堂屋、两间内室，外有门，内有户。不同形式的住宅，其格局、结构、开门、开窗、屋顶形式等各有不同。

在建筑材料和技术方面，汉代台梁式和穿斗式木架结构日臻完善，斗栱结构在南阳汉画像石中更是屡见不鲜。屋顶除有庑殿、悬山、囤顶、攒尖和歇山外，还出现了庑殿和庇檐组合而成的重檐屋顶。方形楼阁和望楼奠定了南北朝木塔基础。魏晋南北朝时期，还出现了新的建筑类型——佛教和道教建筑。

3.2.2　隋唐时期宛城

1. 形制与规模

隋唐后，在古宛城（小城）的基础上建南阳城。明嘉靖《南阳府志校注》载："自隋唐，郡移治于邓，古宛县为南阳县，城因缩小，止据西南一隅。"城址形状近似长方形，周长六里，外有护城河。

2. 功能分区

从曹魏邺北城到隋唐大兴——长安城，标志着我国古代都城的发展走向逐步完善的新阶段。这一时期，都城的城郭形态渐趋一致。据考古勘察及有关文献记载，曹魏邺北城的北部以宫城为主体，宫城位于郭城北部中央。宫城的西边是苑囿，东边是贵族居住的戚里。郭城的南部为居民里坊。显然，这种布局已摆脱了"面朝后市"的模式。城内的南北主干道正对宫城的主要宫殿，形成了全城的中轴线。邺北城的城郭形态对此后以至隋唐都城的城郭制产生了重要的影响。①

另外，该时期城市居住区，作为城市中的重要分区单位，也具有一定的特点。秦时的居住单位叫"闾里"，是指被道路网分割出来的"街区"，汉时简称"里"，到了唐代则改为"坊"。"里坊"形制由秦汉开始，到了隋唐已经达到相当完善的地步，其特点是外围封闭，适合于政府对居民的管制，城市中封闭里坊整齐排列，形成棋盘式的平面。②

根据隋唐宛城概貌图（图3-3）所描绘，宛城官府居北部中央，城内的南北主干道正对官府，形成了全城的中轴线，与邺北城类似；东南部为贵族居地；其余则为普通民宅及大片土地。由于城市萧条，该时期宛城，就其规模及功能上看，都远不及汉代，但其贵族居地仍然是比较气派的。根据史料记载，唐代宛城为国家重要驿道经过之地，因此城内应该有驿站用地。

3. 建筑风格

隋唐时期是中国古代建筑发展成熟的时期。石窟建筑较前有更大的发展，房屋的梁架结构也有新的发展，室内空间较低。建筑屋顶多用庑殿顶，其次是歇山顶与攒尖顶，重要建筑用重檐。

隋唐时期，佛寺继承了两晋、南北朝以来的传统，平面布局以殿堂门廊等组成以庭院为单元的组群形式。佛塔盛极一时。木塔今多已无存，砖塔可分为阁楼式、密檐式和单层式三种类型。唐末至五代，仿木建筑结构的砖塔增加，流行四方、六角、八角和圆形等形式。

---

① 李自智. 略论中国古代都城的城郭制[J]. 考古与文物，1998（2）：64。

② 胡嘉渝. 重庆城市空间营造研究[D]. 武汉：武汉大学，2008：50-51。

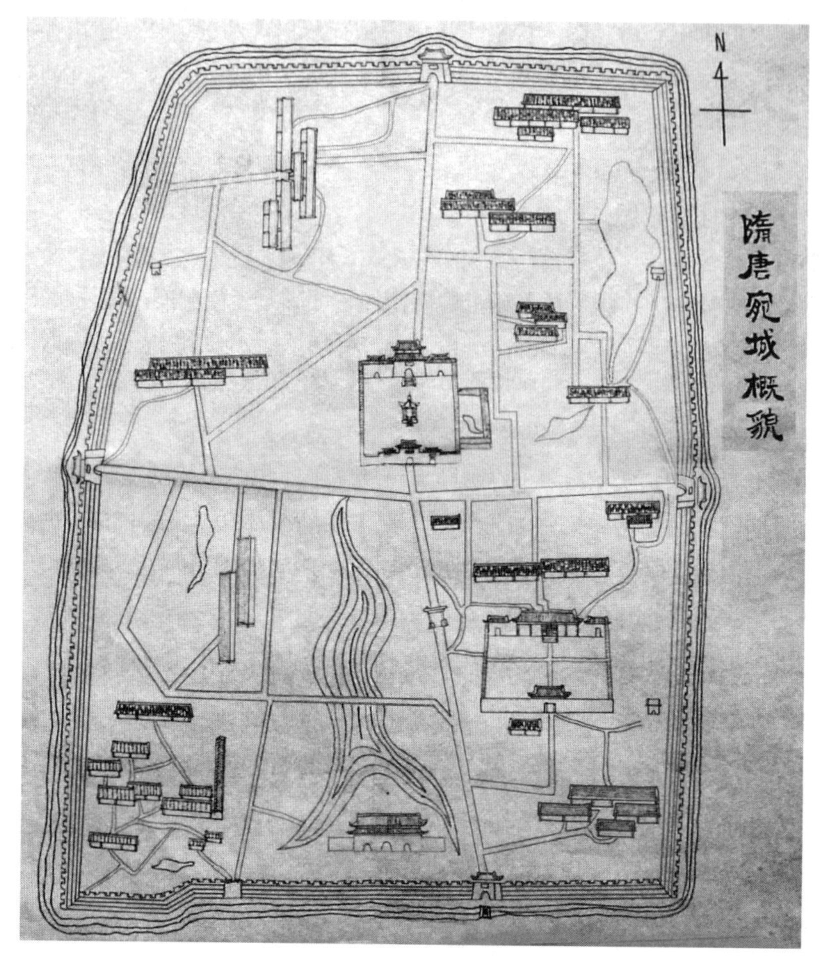

图 3-3 隋唐宛城概貌图

3.3 秦汉至五代时期南阳空间营造要素

3.3.1 面

1. 城市范围

汉宛城，规模宏大，有外城、内城两重。外城即郭城，近似方形城，周长 36 里，面积约 $20km^2$，护城壕宽约 50 ~ 80m；内城即小城，位于大城的西南隅，周长 6 里，面积约 $0.5km^2$。该时期，西汉首都长安城周长近 63 里、城内总面积约 $36km^2$；东汉首都雒阳城周长约 31 里，城内总面积约 $9.5km^2$。[①] 再对比汉代汉水流域的其他城邑，规模较大的郡治面积大约 $1km^2$ 以上，有大小城两重；规模大小不等的县治，一般在 $0.5km^2$ 左右，平面多呈长方形或方形；县级以下的城池，如关城及其他性质的城堡，规模应当更小。[②] 因此可确定：汉宛城符合该时期郡治城邑形制，且规模较为宏大。

① 王仲殊. 中国古代都城概说[J]. 考古，1982（5）：505，507。

② 鲁西奇. 区域历史地理研究：对象与方法——汉水流域的个案考察[M]. 南宁：广西人民出版社，2000：265-269。

隋唐后，南阳郡移治于邓县，隋唐宛城为南阳县治，加上经济衰退，城邑规模大为缩小，止据西南一隅，即在汉宛城小城的基础上建南阳城。由此可推断，该时期南阳城周长6里，面积约0.5km^2。根据隋唐宛城概貌图所描绘，隋唐宛城形制为近长方形，只有一重城墙即郭城，城外有护城河。

2. 城市内部用地形态

根据汉代宛城概貌图所描绘，汉代宛城已经有了明确的功能分区，并体现了“官民分区”“四民分居”的格局。大城东北部为集中的手工业用地，分布有冶铁、制币、制陶等场所，虽然商业用地位置尚不明确，但根据秦汉都城特点，应距离手工业区不远；大城东南部为对外交通用地——驿站以及景观用地——亭台；小城（即内城）位于大城西南角，是贵族官僚的住所，同时是城市的政治中心；其余则为居住用地，主要为大城西北部的村庄（周围散布着大量农业用地）以及大城西南角内城北门处的贫民居地。

根据隋唐宛城概貌图所描绘，宛城官府居北部中央，为政治中心；其余基本为居住用地与大片土地，其中东南部为贵族居地，普通民宅则分布较为分散。根据史料记载，唐代宛城为国家重要驿道经过之地，因此城内应该有对外交通用地——驿站。由于城市萧条，该时期宛城，就其规模及功能上看，都远不及汉代。

3.3.2　线

1. 轴线关系

考古资料表明，早在母系氏族时期，原始人类已初步具有中心和轴线对称的概念。商周时期产生了“择中立国，以控天下”的观念，并进一步被引申应用于指导城市建设。《吕氏春秋》在论及古代社会的城市（或聚邑）布局方式时提到：“古之王者，择天下之中而立国，择国之中而立宫，择宫之中而立庙。”《周礼·考工记》的营国制度则确定了都城轴线的位置及其建筑内容和空间形态，中轴线成为传统营国制度中突出皇权至上理念的重要表现手法。①

封建社会早期，中轴线作为权力的象征，虽然存在于都城的设计中，但是其形态与以往相比，不再拘于“宫城居中”，宫城的轴线也不一定是城市轴线，轴线以道路为主体，以远处高山为终点，强调无限延伸的心理意象。随着儒家思想在封建社会意识形态统治地位进一步确立，集中反映儒家思想的《考工记》重新受到重视，经过近两千年的演变，中轴线在都城中的运用渐趋成熟，其布局形态也呈现一些共同的特点：以宫城的南北中轴线为全城的主轴线，中轴线的形态北收南展，自都城（宫城）北垣始，往南向城门外延伸。②

根据汉代宛城概貌图（见图3-2）所描绘，该时期宛城郭城有南北向中心道路，但除中心建筑外，城市左右两边格局并不对称，其内城在偏离南北向中心道路的西南角，因此其中轴线关系并不突出；同时，其内城也拥有一条贯通南北的中心道路，但中心建筑并不

---

① 郑卫，丁康乐，李京生. 关于中国古代城市中轴线设计的历史考察[J]. 建筑师，2008（4）：91-92。

② 宋靖华. 荆门城市空间营造研究[D]. 武汉：武汉大学，2009：53。

在中轴线上；以上特点均符合封建社会早期中轴线在都城设计中的特点。而到了隋唐时期，宛城已经具有比较明显的中轴线，该轴线为一条贯穿南北城门的主路，官府居中央偏北（见图 3–3），符合封建社会中期儒家思想占主导地位的中轴线设计特点。

2. 城市路网

根据汉代宛城概貌图（见图 3–2）所描绘，汉宛城郭城道路网主要呈十字形，由南北向与东西向两条大道分别连接东、西城门与南、北城门；其余则多为不规则斜路，以连接建筑与主要道路，或主要道路与其他城门。内城道路结构为一条南北向主路连接内城的南、北两门，另有少量不规则斜路及碎石路连接建筑与主路或其他城门。可见当时宛城道路格局受到周制规则布局思想的影响，但并不严格遵循，尤其在一些次级道路及支路的布置上较为随意，采用较短距离的斜线布置。

根据隋唐宛城概貌图（见图 3–3）所描绘，该时期宛城道路网较为规整，主路呈十字形结构，以贯穿南、北城门及官府的南北向主路为中心轴，辅以连接东、西城门的东西向主路；次级道路虽没有贯通东西或南北，但基本上也呈东西或南北走向；只在居住较为集中的地方有一些形式较为自由的曲路连接建筑与城市道路。

3. 城墙

鲁西奇通过对汉水流域城邑的研究，发现：唐宋时代汉水流域的城垣大多为夯土建筑，间有用砖石包砌城墙城门者，城墙主体仍为夯筑。因此，城墙易于塌损，需时加修葺。而汉水流域深处内地，承平时期，城池并不显得重要，常常怠于修葺，岁月稍久，城垣遂多倾颓。[①]《南阳市城市建设志》里又记载，元代及以前，南阳城垣均为“版筑”土城。由以上可知：秦汉至五代时期，南阳城墙均为“版筑”土城，城垣为夯土建筑，在战时城墙会时常得以修葺、加固，而承平时期，城池常常怠于修葺，易颓。

白起拔宛至秦统一中国，宛城经历了七十余年相对安定的历史，城垣少有修建。秦朝末年，刘邦率军抵宛城之下，围宛城三匝。此时的宛城如《史记·高祖本纪》所云：“乃大郡之都会也，连城数十，人民众，积蓄多，吏人自以为降必死，故皆坚守城。”秦人在刘抵城前，必抢修之，公元前 207 年，秦太守吕齮对宛城进行了一次必要的加固工程。

刘邦统一中国后，宛城近 200 年无战事。汉高祖六年（公元前 201 年），南阳郡城进行了一次重修。高祖西汉末年发生的绿林赤眉农民起义，亦对宛城无大破坏。刘秀建立东汉政权后，于建武十八年（公元 42 年）对宛城进行了全面整修工程，故东汉时宛城有“陪都”之称，与洛阳等六城市并列为全国最大的城市。可见，两汉时期，南阳城垣结构与城墙应该是比较完善与牢固的。

东汉末年，黄巾军一度攻克宛城，局部遭战争破坏。曹仁屠宛后，宛城遭毁灭性破坏。从此，宛城一蹶不振。晋时，部分城墙已荡然无存。其后，宛城屡废屡修，终因破坏惨重而难以再现楚汉雄风。[②]

① 鲁西奇. 区域历史地理研究：对象与方法——汉水流域的个案考察[M]. 南宁：广西人民出版社，2000：394。
② 王建中. 南阳宛城建置考[M]//楚文化研究会编. 楚文化研究论集（四）. 郑州：河南人民出版社，1994：358。

3.3.3　点

1. 建筑

《汉书》卷四九《晁错传》载晁错请募民徙塞下奏云："……然后营邑立城，制里割宅，通田作之道，正阡陌之界。先为筑室，家有一堂二内，门户之闭，置器物焉，民至有所居，作有所用，此民所以轻去故乡而劝之新邑也。"可见，一间堂屋、两间内室，外有门、内有户，是汉代普通民居的基本形式。河南陕县刘家渠 8 号东汉墓所出小型陶院落（图 3-4）大约接近汉代一般民居的布局：平面呈长方形，前后两进平房；大门在前一栋房的右侧，穿房而过，进入当中的小院;院后部为正房，房内以"隔山"分成前、后两部分，应为一堂一室；院之左侧为矮墙，右侧为一面坡顶的侧屋，当是厨房。[1]

图 3-4　河南陕县刘家渠 8 号东汉墓所出小型陶院落概貌及平面图
来源：孙机 . 汉代物质文化资料图说 [M]. 北京：文物出版社，1978：191

根据南阳等地墓葬中出土的画像石、画像砖和陶楼阁明器观察：汉代的贵族大型宅第，外有正门，屋顶中央高，两侧低，其旁设小门；大门内有中门，门旁有门庑，院内有堂，此外还有车房、马厩、厨房、库房以及奴婢的住处等附属建筑。规模小的住宅，平面为方形、长方形及一字形，房屋的构造除少数用承重墙结构外，大多数用木屋架重梁结构；墙壁用夯土筑造，屋门开在房屋一面的当中，或偏在一旁；窗的形式有方形、横长方形、圆形等；屋顶多采用悬山式或囤顶，四周围以院墙。还有更简单的房子，如盛弘之《荆州记》里记载：诸葛孔明避水处只有屋三间，无院落，是孔明的临时居处。可见生活较苦的一般贫民可能多居此种住宅。[2] 从汉代宛城遗址采集到的灰色绳纹筒瓦、板瓦及瓦当残片来看，当时已经普遍用瓦覆顶，但多用于大户人家及官府住宅;从文献记载，如《出师表》及《襄沔记》对诸葛亮及韦睿所住草屋的描述，可以推测：汉代一般贫民住宅仍多用草覆顶。

在建筑材料和技术方面，从战国到西汉，墓室结构由板梁式空心砖逐步发展为顶部用拱券和穹隆。墓前及宫殿正门前置阙。一种为独立的双阙，其间无门，阙身覆以单檐式或重檐屋顶，其外侧附以子阙；也有子阙与围墙相连的情况。另一种是门阙合一的阙，两阙间连以单层或双层的门，南阳市赵寨砖瓦厂出土的门阙画像石就是这种建筑的代表作。这时的台梁式和穿斗式

① 鲁西奇. 区域历史地理研究：对象与方法——汉水流域的个案考察[M]. 南宁：广西人民出版社，2000：279-280。

② 鲁西奇. 区域历史地理研究：对象与方法——汉水流域的个案考察[M]. 南宁：广西人民出版社，2000：280。

木架结构也日臻完善，斗栱结构在南阳汉画像石中更是屡见不鲜，它既用于承托屋檐，也用于承托平座。屋顶除有庑殿、悬山、囤顶、攒尖和歇山外，还出现了庑殿和庇檐组合而成的重檐屋顶。特别是方形楼阁和望楼，每层用斗栱承托腰檐，其上置平座，将阁楼划为数层，奠定了南北朝木塔基础。魏晋南北朝时期，还出现了新的建筑类型，即佛教和道教建筑。

隋唐时期是中国古代建筑发展成熟的时期。石窟建筑较前有更大的发展。房屋的梁架结构，在柱梁及其他节点上施各种斗栱，数量比宋代多，柱身较矮。室内空间较低。屋顶建筑多用庑殿顶，其次是歇山顶与攒尖顶，重要建筑用重檐。隋唐时期，佛寺继承了两晋、南北朝以来的传统，平面布局以殿堂门廊等组成以庭院为单元的组群形式。在建筑和雕刻、塑像、绘画相结合方面有很大发展。佛塔盛极一时。木塔今多已无存，砖塔可分为阁楼式、密檐式和单层式三种类型。塔平面大多为正方形，塔身各层外壁逐层收进并隐起柱坊、斗栱，覆以腰檐，只是没有平座。在结构方面，凡是内部可以上去的砖塔，多将塔的壁体砌成上下贯通的空筒，向上逐渐缩小，最上覆盖起来，内部往往用楼板划分为数层，不是整体都用砖结构。唐末至五代，仿木建筑结构的砖塔增加，流行四方、六角、八角和圆形等形式。

据碑刻记载，南阳武侯祠（位于唐宛城外西南部）、香岩寺（位于南阳淅川县）、丹霞寺（位于南阳南召县）、菩提寺（位于南阳镇平县）等均建于隋唐时期。可见，建于秦汉至五代时期且留存至今的标志性建筑物都不在本书所研究的古宛城范围内。

2. 节点

该时期宛城节点可以概括为景观节点、人流集散点和交通枢纽。其中，人流集散点又分为主干道交会点、城门处人口集散点与市集。

根据汉宛城概貌图所描绘，汉宛城景观节点为大城东南部的亭台；交通枢纽为大城东南部的驿站；主干道交会点位于城中心南北与东西干道的交会处；根据图中所绘城门的形制与规模，较大的城门人口集散点位于外城东、西、南、北四个较大城门处以及内城的北城门处；市集则位于大城东北部手工业区的附近。

根据隋唐宛城概貌图所描绘，隋唐宛城主干道交会点位于城中心南北与东西干道的交会处，并位于官府正南门前；城门人口集散点，位于城垣东、西、南、北四个城门处；而集市的位置不详；根据史料记载，唐代宛城为国家重要驿道经过之地，因此城内应该有交通枢纽节点——驿站，但位置不详。

3.3.4 结构

根据图 3–5 所示，汉代及隋唐时期宛城城址均在白河以北，独山以南，西环麒麟岗与卧龙岗，属“背山抱水”型风水。汉代宛城规模较大，形制近似方形；隋唐时期，由于城市经济衰退，城市规模大大缩小，仅占汉宛城西南角，形制近似长方形。

汉代宛城结构（图 3–6）明晰，十字形路网将城市划分为四个片区。西南片区为贵族居地及城市政治中心，西北片区为一般居住用地，东北片区为工商业用地，东南片区为景观用地与对外交通用地。汉宛城节点较多，分为景观节点、人流集散点、交通枢纽几类，位于主要道路交会点、主要城门处及片区中心附近等位置。

相比汉代，隋唐宛城结构（图 3–7）较为简单，城市功能较少，但中轴线关系较为突出。

城市道路呈十字形结构，其中以贯穿南、北城门及官府的南北向主路为中心轴，连接东、西城门的道路为辅轴。政治中心居城市中轴线偏北，符合封建社会中期儒家思想占主导地位的设计特点。隋唐宛城节点主要包括人流集散点与交通枢纽，位于主要道路交会点、各城门处；根据历史文献记载，隋唐宛城有集市与驿站，但位置不详，故在图中没有表现出来。

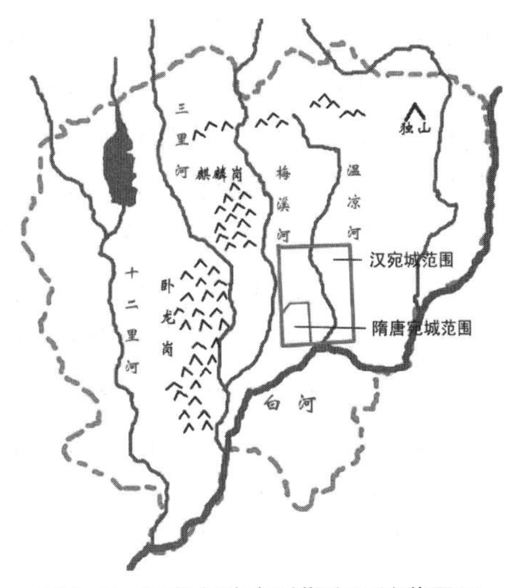

图 3-5　汉代与隋唐时期南阳城范围图

3.4　秦汉至五代时期南阳城市空间营造机制

3.4.1　城市空间营造影响机制

秦汉至五代时期，自然环境因素主要对南阳经济作物的生长、城市经济的发展，乃至城市地位的变迁产生了较大的影响。首先，南阳所处地域，气候温和，雨量充沛，土壤肥沃疏松，加上有河流经过，既保证了生产生活用水，也便于减少水旱灾害的影响，所有这些条件使得两汉时期的南阳农业经济高度发达。其次，由于南阳盆地特殊的地形地貌，使得南阳从两汉时期就开始注重农田水利的建设，从而大大提高了南阳农业生产力与经济。另外，随着 3 世纪以后气候的变冷以及雨量的减少，南阳盆地在汉水流域的经济地位也在降低，逐渐由两汉时期的流域核心区，沦为隋唐北宋时期的次核心区。在城市空间营造方面，南阳盆地平坦的地势有助于其城邑形制与道路网结构方正、规整。

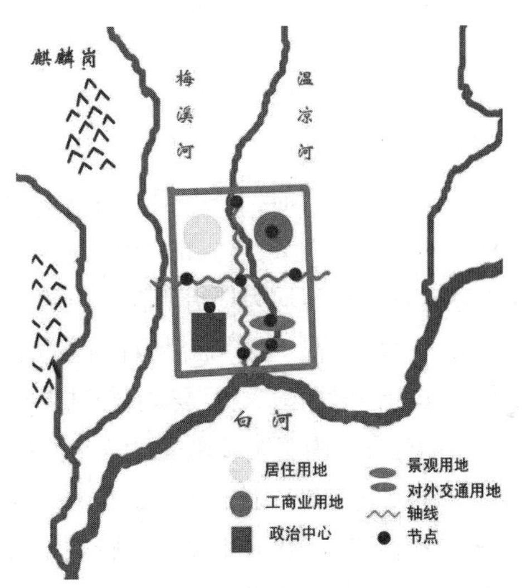

图 3-6　汉代南阳城结构图

该时期，南阳城重要的交通枢纽地位，不但促进了城市人口、经济的发展，还使得两汉时期的南阳城规模空前壮大，同时对南阳城用地形态也产生了一定的影响，如对外交通用地——驿站的出现。

经济因素不但是城市艺术文化发展的物质基础，同时对城市空间的营造也具有较大影响，主要体现在城市规模、内部用地形态及空间格局的分布上。秦汉时期，繁荣的工商业不但使南阳

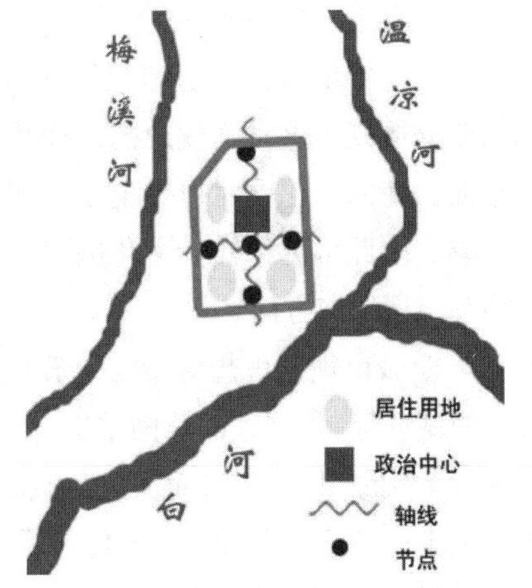

图 3-7　隋唐时期南阳城结构图

成为与京城洛阳并列的全国两大中心城市之一，还使得汉宛城规模空前宏大；在城市用地形态上出现了分区明确的工商业用地；在城市格局上不但有内、外城之分，而且体现了“官民分区”“四民分居”的格局。自三国以迄于隋统一，南阳经济的衰退，使得隋唐宛城无论从城市规模还是功能上看，都远不及汉代宛城。

两汉时期宛城人口高度集中，人口密度一度达到56.05人/km^2。两汉以后，人口不断减少；尤其是三国时期，诸侯纷争，南阳遭到空前洗劫，人口锐减。隋代、唐初、唐中叶时期，南阳地区人口密度分别为25.12人/km^2、1.00人/km^2、14.19人/km^2。人口的变化对南阳城市空间最直接的影响表现为：从汉代到隋唐时期，城市规模逐步呈缩小趋势。

从秦汉至五代时期，南阳城经历了一系列历史变革，对城市空间的影响主要体现在南阳城的加固、修建、重修以及城市规模变化方面：秦汉至五代，宛城主要经历了秦朝末年城垣的加固、汉高祖六年（公元前201年）南阳郡城的重修、东汉建武十八年（公元42年）宛城的全面整修工程等几次较大的城池建设工程，由此可推测：秦汉时期，南阳城垣结构与城墙应该是比较完善与牢固的。而三国以后，由于战局混乱，南阳城屡遭破坏，屡废屡修，从此宛城一蹶不振，晋时部分城墙已荡然无存；尽管隋唐时期南阳经济得到稍许恢复，但其城市规模、结构、功能等方面已远不及秦汉时期，难以再现楚汉雄风。另外，历史沿革带来的民族文化变迁，对南阳城市空间及建筑艺术方面也带来了一定影响。

秦汉至五代时期，南阳政治政策的变化主要体现在郡治的变迁上，而郡治变迁不但对南阳的经济、人口，也对古宛城的城市规模、功能、空间结构产生较大影响。从秦汉至南北朝时期，南阳均为郡治所在，因此，该时期宛城规模较大，并具有郡治的一般特点，即拥有大小城两重。而隋唐后，郡治移于穰（今邓州），城址规模缩小，结构与功能也不及前代，但是作为该时期国家重要驿道经过之地，隋唐宛城的交通枢纽地位仍然突出。同时，由于郡治的变迁，隋唐宛城在全国经济、人口等方面的地位也不及秦汉时期突出。

在社会文化方面，南阳素有重商的风俗，对其城市经济产生了一定影响。秦汉时期南阳文化兼有楚文化及中原文化特点：汉代宛城受楚文化影响，讲究耕织结合、自给自足；在建筑艺术等方面崇尚自然，奇诡浪漫；同时冶铁业较为发达，至今还留存有规模宏大的汉代冶铁遗址。而中原文化，崇尚周礼、看重历史，因此汉宛城的道路网结构具有《周礼·考工记》中方正与规整的特点。从汉末开始，南阳文化的主体是汉文化，以儒家思想为核心，中轴线作为突出皇权至上理念的重要表现手法在都城中的运用渐趋成熟，隋唐时期宛城格局则充分体现了这种文化思想。而魏晋南北朝时期，由于西北边境的少数民族向内地的频繁迁徙，南阳文化同时也抹上了“胡文化”的色彩，主要体现在对唐宛城艺术审美等方面的影响。由此可见：社会文化因素对该时期南阳城市空间营造的影响主要表现在城市空间结构及用地形态方面。

早期城市规划思想对秦汉至五代时期南阳城市空间的营造仍然具有重要影响：古宛城方正的城址形制、规整的路网结构、中轴线格局体现了《周礼·考工记》中的营国思想与《吕氏春秋》中的“择中说”；而汉代宛城出现的“官民分区”“四民分居”格局则体现了《管子·大匡》关于“凡仕官者近宫，不仕与耕者近门，工贾近市”的思想。

总结以上城市空间营造影响因素，可以大致梳理出秦汉至五代时期这些因素之间及其

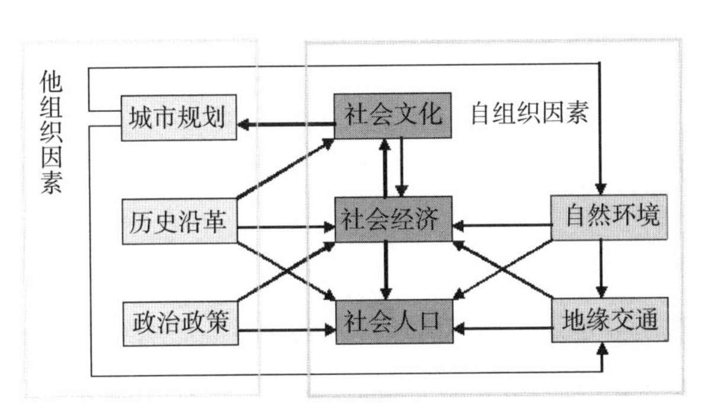

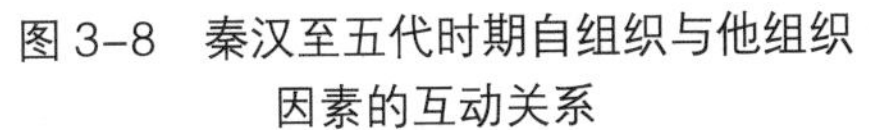
图 3-8　秦汉至五代时期自组织与他组织因素的互动关系

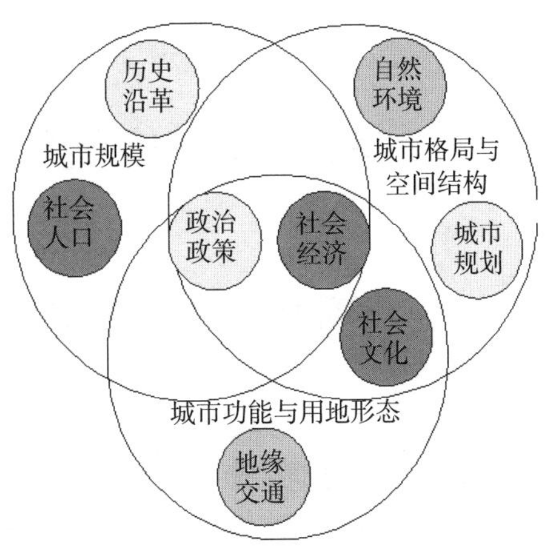

图 3-9　秦汉至五代时期自组织与他组织因素对城市空间的影响

与城市空间之间的关系（图 3-8、图 3-9）。他组织因素主要包括历史沿革、政治政策与城市规划，自组织因素包括自然环境、地缘交通、社会经济、社会文化、社会人口。其中，他组织因素历史沿革、政治政策与自组织因素自然环境不但对城市空间营造具有直接影响作用，同时也通过作用于自组织因素社会文化、社会经济、社会人口及地缘交通对城市空间营造造成间接影响；而他组织因素城市规划与自组织因素社会经济、社会人口、社会文化及地缘交通既是促使城市空间发展的因素，同时也被其他因素所影响。

在南阳城市空间营造方面，政治政策、社会经济、历史沿革及社会人口因素对城市规模产生了一定影响，政治政策、社会经济、社会文化、城市规划及自然环境因素影响了城市格局及空间结构的变化，而城市功能与用地形态方面则受政治政策、社会经济、社会文化及地缘交通因素的作用。

3.4.2　自组织与他组织关系

通过对秦汉至五代时期各空间营造影响因素的分析，可知：该时期自组织与他组织关系基本协调，他组织中的历史沿革、政治政策与城市规划因素，虽具有外界人为的干预，但都受当时自然、经济、文化等自组织因素的制约，当然也同时对自组织因素产生了一定影响。例如，历史沿革中，朝代的更替源于南阳城所处地理位置在军事上的重要性；政治政策中，郡治的变迁除受君主意志的影响外，还受自然环境、地缘交通、城市人口、城市经济等因素的制约；城市规划思想的发展受社会文化中儒家思想影响较深。

在城市空间营造方面，自组织因素仍然具有绝对影响力，尤其是社会经济与社会文化因素；而地缘交通与自然环境因素在分别对城市功能与用地形态、城市格局与空间结构产生直接影响的同时，通过作用于城市经济与人口对城市规模变化也产生一定影响。

与先秦时期比较而言，他组织中政治政策因素对城市空间营造的影响程度逐渐突出，该因素对南阳城市规模、城市格局与空间结构、城市功能与用地形态都产生了直接影响；他组织中的历史沿革因素则在对城市规模产生直接影响的同时，通过作用于社会经济与社会文化对城市格局与空间结构、城市功能与用地形态也产生一定影响。

第 4 章　宋元明清时期南阳城市空间营造

4.1　宋元明清时期城市空间营造影响因素

4.1.1　自然环境

宋元明清时期南阳地区自然环境的变迁主要体现在对该地区水路交通的影响上。南阳盆地在汉唐时期是一个以水稻生产为主的农业区，但是宋代以后水稻生产却逐渐向盆地边缘退缩，到明清时代，水稻主要分布在边缘山地有泉水灌溉的地区。这说明境内河流水量在逐渐减少，以致盆地中部原有的依赖于各河流的水利设施无法发挥作用。而河流水量的减少又必然导致航程的缩短甚至负荷量的减少。造成河流水量减少的原因既有自然方面的，也有人为方面的：近五千年来，我国的气候有逐渐变冷变干的趋势，多年平均降雨的减少，必然导致河流常年水位的下降；更严重的是南阳盆地周围山区的森林资源遭人为破坏所造成的水土流失，大量泥沙在河床淤积，影响通航。① 因此，宋元明清时期南阳地区的水路交通在航程上表现出逐渐缩短的趋势。

另外，六朝以后南阳经济的衰退与南阳地区的自然环境也有一定关系。南阳地区是一个东、西、北三面高而南面低的扇形盆地，唐白河水系众多的支流分布全境，像扇子一样从东、西、北三面集中于盆地中央，汇合为唐白河注入汉水。这样的地貌最易于形成河流径流的骤发骤损，有雨则洪涝，无雨则干旱。因此，南阳地区土地资源的利用仰赖于水利，水利兴则各业盛，水利废则各业衰。历六朝隋唐宋元以迄于明清，南阳水利趋于废弛，在汉代曾以产稻著称的南阳地区，到宋代以后很少见到水田，转为旱作。由于水稻是高产优质高效粮食作物，其产量一般为旱作粮食作物的 2 倍，因而宋元明清时期南阳地区土地资源的利用价值在降低，反映出其经济发展水平的相对衰退。②

4.1.2　地缘交通

宋元明清时期南阳地区陆地交通沿袭了秦汉至五代时期的方城路、三鸦路、宛郢大道、东南大道、武关道、午阴道及西南大道等交通要道，水路则有白河、唐河、丹水、湍河等（图 4–1），北连北京，西北至西安府，南入江汉、湖广，西通贵州、云南，东抵南京、淮安府，③ 南船北马，仍然保持着南北交通枢纽的地位。

该时期，白河航运仍可直达今南阳市北 50 里的石桥镇；唐河在今方城以下都可行船。

---

① 龚胜生. 历史上南阳盆地的水路交通[J]. 南都学坛（哲学社会科学版），1994（1）：107。

② 鲁西奇. 区域历史地理研究：对象与方法——汉水流域的个案考察[M]. 南宁：广西人民出版社，2000：532，538。

③ 江凌，徐少华. 明清时期南阳盆地城镇体系形成的人文地理基础[J]. 南都学坛（人文社会科学学报），2003（6）：31–32。

但总的来说，明清时期南阳地区唐河、白河的航程呈逐渐缩短趋势，这主要是因为该时期降雨减少，河流常年水位下降，水土流失、大量泥沙在河床淤积，影响了通航。湍河是白河的重要支流，其通航的终点在今邓县城西三里的六门堰，通舟的情况大概一直延续到清代中叶。丹水（境内又称淅水）为过境河，在唐代船逆流而上，一直可到陕西商县城；唐代以后，都城东迁，丹水的漕运意义不大，但其商运一直延续了下来；清代“扒河船”溯流而上，可到达陕西商南县龙驹寨。[①]

另外，北宋建都开封，为了解除两湖一带漕粮绕道大运河的麻烦，宋太宗征调百姓和士兵数万人在南阳石桥镇与方城间开凿运河，“堑山湮谷，历博望、罗渠、少柘山，凡百余里，月余抵方城”。这样，从湖南来的漕粮就不必绕道长江、汴河，而可从白河经运河直抵开封。由于南阳盆地的地势是由北而南倾斜，北高南低，唐白河干支流分水岗地高于沿河谷地，方城缺口丘陵地形总比盆地平原高峻，因此，运渠水流自西南趋向东北。这就与白河由北而南的水流自然趋向相违背。而且，白河水量大，流力湍急，一旦洪流暴涨、倾泻，人工石堰的工程就被冲坏，溃堤决口；加之当时社会条件和生产技术的限制，新开河道终于湮废。此后在赵太宗瑞拱元年（公元988年），曾再一次大力开凿，也未获成功。尽管如此，该运河在南阳盆地的交通史上仍有着重要意义。[②]

从宋代引白河水开运河通漕京师的事件，还可以推测：由于该运河只开到方城，离开封还有很远一段路程，因此，原方城附近通甘江河的运河应该依然存在，而且水量不足、

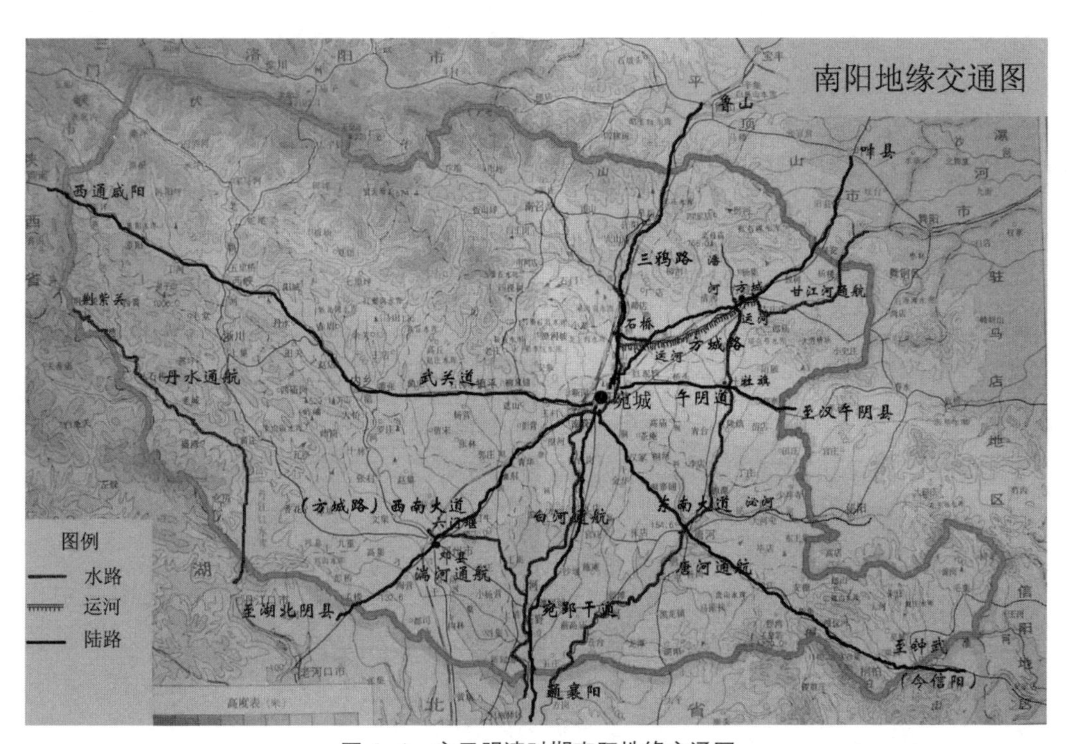

图4-1　宋元明清时期南阳地缘交通图

① 龚胜生. 历史上南阳盆地的水路交通[J]. 南都学坛（哲学社会科学版），1994（1）：104-105。

② 王文楚. 历史时期南阳盆地与中原地区间的交通发展[J]. 史学月刊，1964（10）：28。

作用不大，以至于北宋要再引白河水。[①]

4.1.3 社会经济

宋元时期，南阳的手工业与农业又有了一定程度的发展。宋代，朝廷在邓、唐两州“招徕垦殖”，浙江、福建移民次第迁入，他们修复了钳卢陂等水利工程，使得全境“禾稼大熟”。田赋上升为全国旺郡。这种繁荣状况并没有因为中国经济中心的南移而迅速改变。

明代初年，移山、陕之民来南阳垦殖，社会经济得到迅速恢复。洪武二十四年（公元1391年），朱元璋分封自己的第22子为唐王，在南阳建造了规模宏大的唐王府，成化年间又建造了9座郡王府，一时间南阳城内车水马龙，达官显贵如云，商业随之也繁荣起来。[②]

清代初期，宛城在“南船北马”的交通优势下呈现农业、工商业的勃勃生机。

4.1.4 社会人口

南阳所属汉水流域在五代十国时期一直处于五代政权与前后蜀、南平（荆南）、南唐等割据政权的交界地带，时有战争发生，人民不得安居，社会经济亦多受破坏，因而人口有大幅度减少。[③]到北宋初，南阳盆地人口约5.7万人，人口密度为2.17人/km^2，相比唐中叶（公元742年）37万余人口及14.19人/km^{2}的人口密度，人口呈大幅下降状态。历真宗、仁宗、英宗三朝数十年的太平岁月，汉水流域户口日滋，[④]到哲宗绍圣四年（公元1097年），南阳盆地人口约13.7万人，人口密度为5.15人/km^2。此后汉水中下游地区饱受战乱，人口流离死亡者众，至元代南阳盆地人口仅约1600余人，人口密度为0.06人/km^2，民户稀少（表4–1）。

北宋至清代南阳盆地人口数量及密度　　表4–1

时期	北宋初（公元980年）	北宋中期（公元1097年）	元（公元1290年）	明（公元1522年）	清中叶（公元1820年）
人口数	57832	136971	1664	191492	1603993
面积（km^2）	26600	26600	26600	26600	26600
密度（人/km^2）	2.17	5.15	0.06	7.20	60.30

来源：鲁西奇. 历史时期汉江流域农业经济区的形成与演变[J]. 中国农史，1999（1）：35–45；梁方仲.中国历代户口、田地、田赋统计[M].上海：上海人民出版社，1980。

明清之际，南阳盆地周边山地经历了以流民迁移为主要特点的人日骤增过程。明中叶以来，由于土地兼并剧烈，沉重的地租、徭役负担，加上灾荒、兵乱等其他原因，大批农民失去土地无所依存，只好背井离乡外出流浪，成了“年饥或避兵他徙者”的流民。南阳

① 龚胜生. 历史上南阳盆地的水路交通[J]. 南都学坛（哲学社会科学版），1994（1）：106。
② 尚家祥. 南阳旅游规划[M]. 郑州：郑州大学出版社，2005：20。
③ 鲁西奇. 区域历史地理研究：对象与方法——汉水流域的个案考察[M]. 南宁：广西人民出版社，2000：333。
④ 鲁西奇. 区域历史地理研究：对象与方法——汉水流域的个案考察[M]. 南宁：广西人民出版社，2000：335。

府西部熊耳山区的邓县、内乡、西峡、淅川等县“介湖广、河南、陕西三省间，又多旷土，山谷隘塞，林着深密，中有草木，可采掘食”，因而“南北流民侨寓于此者，比他郡为多”[①]。明代南阳盆地人口达19万多人，人口密度为7.20人/km^2，虽未达到唐中叶水平，但已大大超过宋、元时期。至清中叶（公元1820年），南阳盆地人口达160余万人，人口密度为60.30人/km^2，已超过两汉时期人口数，然而由于受汉水下游流域的开发和经济中心南移的影响，南阳盆地内人口增长在清代有所减缓，其发展速度低于汉水流域的襄宜平原和随枣走廊。[②]

4.1.5　社会文化

从汉末开始，南阳文化的主体是汉文化，以儒学为核心。南宋时期，南阳数次被金占领；又于元代被蒙古占领。因此，宋元时期的南阳文化融入了辽金文化与蒙古文化的元素。到了清代，由于满族的统治，满文化对汉文化也产生了一定影响。总体来看，宋元明清时期，南阳文化是一种基于金、蒙、满等多民族交流下的汉文化。

4.1.6　历史沿革

宋朝，南阳属邓州。金初因宋制；正大三年（公元1226年），设申州治南阳，属南京路。元代，世祖至元八年（公元1271年），升申州为南阳府，辖唐、邓、嵩、裕、汝五州十三县，南阳为府治。明代，沿袭元制，府辖两州十一县，治南阳；成祖永乐六年（公元1408年），南阳为唐王国；孝宗弘治九年（公元1496年），设布政司参政分守南汝道治南阳。清朝，因明制，府辖两州十一县，南阳为府治（表4–2）。

宋元明清时期南阳历史沿革表　　表4–2

时（朝）代	纪元	隶属	所置行政单位	何级治所	备注
宋	公元960—1411年	京西南路邓州	南阳县		
金	公元1141—1225年	邓州	南阳县		
	公元1226—1234年	南京路申州	南阳县	申州治	
元	公元1271—1368年	河南江北行中书省南阳府	南阳县	南阳府治	
明	公元1368—1644年	河南布政使司，南阳府	南阳县	南阳府治	南阳为唐王国
清初	公元1645—1859年	南阳府	南阳县	南阳府治	

来源：南阳市城乡建设委员会.南阳市城市建设志[Z]. 1987。

4.1.7　政治政策

北宋初期，基本仿照唐制，实行道、州、县三级制。至道三年（公元997年）改道为路，全国被分成15路，后又有所调整，到徽宗时，全国已设26路，路之下设府、州及带县的军、监，

① 江凌，徐少华. 明清时期南阳盆地城镇体系形成的人文地理基础[J]. 南都学坛（人文社会科学学报），2003（6）28。

② 鲁西奇. 区域历史地理研究：对象与方法——汉水流域的个案考察[M]. 南宁：广西人民出版社，2000：435-436。

府、州、军、监下设县及不带县的军、监，地方行政区划实行路、府（州、军、监）、县（军、监）三级制。金代的地方行政区划基本承袭北宋，金国辖区分为 19 路，再往下分府、州、县。宋金时期战乱频繁，南阳不断被金国占领，又被大宋收复，因此该时期南阳城市建设处于停滞状态。

元代，统治阶级为了加强对占领区的控制，沿袭了行省制度。行省下设路、府、州、县，形成了四级地方行政制度。中书省区域太大，因管理之需，在路之上又设立了肃政廉访司和宣慰司作为监察区域。至元八年（公元 1271 年），改南阳为府治，属河南江北行中书省南阳府。成宗大德二年（公元 1298 年），移襄阳哈剌鲁万户府屯于南阳。仁宗皇庆元年（公元 1312 年）河南平章何伟，建诸葛书院于卧龙岗。至正十四年（公元 1354 年），于南阳设立毛葫芦义兵万户府，募乡人为军，令其防城自效。此时期，南阳城虽进行了重建，但规模远不如以前，且城郭均为“版筑”土城。

明代，洪武九年（公元 1376 年），改行中书省为承宣布政使司，以分领天下州、府、县；同时废路，省以下设府和直隶州，再下设散州和县，为地方三级行政体制。南阳沿袭元制。洪武二年（公元 1369 年），置南阳卫指挥使司于城内通淯街（今和平街）。洪武三年（公元 1370 年），南阳卫指挥使郭云，在元朝土城旧址基上，将南阳府城改建为砖石城。洪武二十四年（公元 1391 年），在城内通淯街南阳卫指挥使司址修建唐王府。宣宗宣德三年（公元 1428 年），山西饥民流居与迁徙南阳一带，后明政府遣官员加以抚恤，就地安置居住。英宗正统四年（公元 1439 年），建宛城驿（属南阳府）、宛城递运所（属南阳县）于城东南（时称邮驿街）。成化二十一年（公元 1485 年），唐庄王朱芝址奏请建宗庙（即龙亭）于唐王府城东，时称宗庙街（今共和街）。孝宗弘治九年（公元 1496 年），增设河南布政使司参政，驻南阳。崇祯八年（公元 1635 年），唐王朱聿键为对抗农民军，出库金修葺南阳城，明末毁于战火。

清代（公元 1636—1911 年），统治者将地方一级政区一律称为省。省行政长官称为巡抚，有些省还设总督。总督有兼管数省者，也有只管一省者。巡抚主管一省民政；总督则主管军政，但也对民政有督导权。省下设府、直隶州、直隶厅，府州之下设县与散州、散厅，形成省、府（直隶州、直隶厅）、县（散州、散厅）三级地方行政管理体制。世祖顺治二年（公元 1645 年），撤销南阳护仪卫指挥使司，设南阳镇总兵署，府城内置左、中、右三营。高宗乾隆十六年（公元 1751 年），知府庄有信将城东弥陀寺改建为宛南书院，规模宏敞，为豫省最大书院之一。道光二十四年（公元 1844 年），清政府同意天主教弛禁，罗马教廷正式建立河南教区，总教堂设在南阳靳岗。咸丰四年（公元 1854 年），为防范民变和捻军活动，南阳知府顾嘉蘅重修南阳城。咸丰六年（公元 1856 年）以后，又令较大村庄修筑寨垣。

4.1.8 城市规划思想

宋元明清时期，在南阳城市空间营造中占主导地位的城市规划思想仍然为《周礼·考工记》中的“匠人营国”思想，《吕氏春秋》中的“择中说”，以及《管子·大匡》关于“凡仕官者近宫，不仕与耕者近门，工贾近市”的思想。

4.2 宋元明清时期南阳空间营造特征分析

4.2.1 明代宛城

1. 形制与规模

据明嘉靖《南阳府志校注》载，明洪武三年（公元1370年），南阳卫指挥郭云重修南阳城，始用砖石加固，改建为砖石城。城周六里二十七步，约3498m；城高宽均二丈二尺，约7m；城壕深二丈二尺，约7m，阔四丈四尺，约14m，引梅溪河水注入，环城一周。城垣形制较规整，近似长方形，城内面积约0.765km^2。城有四门，每边一个。

鲁西奇对明清时期汉水流域府州、县城形制与规模进行了较为系统的研究，发现[①]：①与汉晋唐宋时代许多城（尤其是重要的州郡城）有两重乃至三重城墙不同，明清时期汉水流域大多数的城均为一重城墙，只有少数几座有内外城，明代南阳城之所以形成城中有城的格局，与其特殊的历史背景——明代的封藩以及南阳唐王府的建立有关。②城的规模，视其行政级别及商业、交通的情况而定。汉水流域的府、直隶州城中，当以襄阳府城为最大（不计外城），估计城内面积为3.16km^2；而大多数县城的城内面积在0.3~0.7km^{2}之间，部分县城，如内乡，由于其政治地位的特殊性，城内面积甚至超过1km^2。③就城的形状而言，其原则应当为方形，但往往受地势等条件的限制，同时与城的规模也有一定关系。一般来说，城越小越容易方正规整，如明代宛城就较为规整。④府州城城门一般在4个以上，但不超过6个；而县城一般为4个城门，每边1个。城门的数量、位置和城内主要街道的布局有连带关系。⑤政府的官署，城隍、孔庙，以及明代府城内的藩王府，大都分布在城内中心位置。但主要街道能否成为最繁华地段，则尚有其他因素的影响。⑥绝大多数的府州县城都在城墙之外发展了城下的市区，其面积有的甚至超过了城内。

综上可知：明宛城符合明清时期府城一般形制与规模，如形制规整，有4个城门，唐王府居城中心位置，以及在城外东关形成繁华的商业区。不同之处在于，相对汉水流域其他府城而言，明代南阳城规模偏小，且因唐王府的建立而形成了城中有城的格局。

2. 功能分区

关于州府县城的内部格局，在隋唐时代，实行的是坊市制。城内（在有子城的城里是罗城）被纵横交错的街道分割成整齐的方块，其中居民居住的地区被称为“坊”，店铺集中的所在被称作“市”，坊市是分开的。到宋代，坊市间的藩篱逐渐被打破，各行各业在城市各区自由经营，店铺设在朝向街道的地方，人家都朝着大街开门启户，坊市制度完全崩溃。同时，宋以后城市的发展还表现为打破城郭的限制，贴近城墙的州县城郭一带，也准许居住，开设各种作坊店铺，从而形成新的商业市区（有时称为“草市”）。这类新市区，商业繁盛，有的甚至超过城内市区。[②]

明清时期中国城市在内部功能分区上依然体现周礼礼制，这一时期城市规划的原则包

① 鲁西奇. 区域历史地理研究：对象与方法——汉水流域的个案考察[M]. 南宁：广西人民出版社，2000：508-510。

② 鲁西奇. 区域历史地理研究：对象与方法——汉水流域的个案考察[M]. 南宁：广西人民出版社，2000：396。

括城郭分治原则、宫城居中原则、左右对称原则、官民分居原则以及街道分割原则[①]，周礼的集中市场原则自宋代以后被打破，集中封闭的市场逐渐被开放的街市代替。明清时期城郭分治走向鼎盛，京城一般分为皇城、内城和外城，而地方府城分为子城和罗城，将城市功能分别置于不同的城区[②]。

明宛城内街道坊巷颇为整齐，东西南北四门，都有通街大道。有通淯（即今和平街）、通贤、护卫诸街。永乐二年（公元 1404 年），按亲王府仪制，在通淯街兴建唐王府，营造宫室。唐王府位于南阳城中心，南依南阳府、县治，东邻南阳城内最繁华的商业大街长春街，尽占优势。王府城几占南阳全城总面积的 1/3 强。王府城的建立使南阳成为城中有城的格局。

明代，亲王以嫡长袭而封，诸子封郡王。从明唐宪王（藩王）琼烜起，宪王、庄王二世分别于成化年间，在南阳城内建郡王府九座，九府俱在城的东、西、南三面，"邸第下天子一等"。另外，城内还有端王朱硕诸子七座王府，加上位于城西南隅的南阳府、县治，和位于城东北隅的南阳卫及其所属机构，南阳城的"邸第相望，将军、中尉、宗室半居民"，南阳城几乎成了一座王府城。就是大校场也被设在城东门外，今仍称作校场。

明代南阳城内市场沿街设铺，以南长春街为最盛。另外，南阳城区寺观、学校众多，成为南阳城平面布局的一大特色。由于藩王府占地广阔，寺观、学校只能见缝插针，甚至建于城外。建于城内的寺观、学校有南阳府城隍庙、八腊庙、弥陀寺、崇善寺、南阳县学等。原在城内的南阳府儒学因迫近唐王府而于永乐七年（公元 1409 年）迁建于东门外。

由于南阳城内大部分为官府及王府用地，大部分居民被迫迁往城外，城区渐渐向东、西、南、北四关扩展。尤其是嘉靖以来，南阳四关修建、重建了众多的寺庙，加快了城区向四关扩展的速度。东关紧靠白河，既是水陆交通要道，又是南北使节的官驿住所，扩展速度为四关中最快，在短短的 200 年时间里，其规模几乎可以与城内相比，南滨白河，东至温凉河，北界魏公桥，并成为南阳城关最繁华的商业区。城区内道路呈东西南北纵横交叉的网络系统，与内城相似，主要街道有豆腐街、书院街、官驿街等。以官驿街为主的东关南部和以豆腐街为主的东关北部，是东关南北两个商业集中地。官驿街因靠近白河码头，客商众多，商业主要为客栈、小吃馆等。豆腐街主要经营豆腐。商业区内无高大突出的建筑物，主要为一些民居住宅。[③]

明代南阳城南关，因紧靠白河码头，商业也比较活跃，居民也逐渐增多，但城区扩展远不如东关迅速。城的西、北两关因地势较高，因此主要是把一些军事据点圈进来，二者扩展规模较小，只有一些寺观和学校，民居甚少，建筑零散，还谈不上有市场。至明末，南阳城区已呈"梅花状"分布格局。[④]

由此可见明代南阳城内部功能分区有以下特点（图 4-2）：①城市根据中心布局原则，将唐王府设置在城市中轴线偏北位置，体现了儒家思想中严格的等级制度以及皇权至上的思想。同时，唐王府的建立使南阳成为城中有城的格局。②城郭的限制被打破，城市的发

① 马正林. 中国城市历史地理[M]. 济南市：山东教育出版社，1998：463-465。

② 胡嘉渝. 重庆城市空间营造研究[D]. 武汉：武汉大学，2008：62。

③ 马正林. 中国城市历史地理[M]. 济南：山东教育出版社，1998：282-283。

④ 黄光宇，叶林. 南阳古城的山水环境特色及营建思想[J]. 规划师，2005（8）：89。

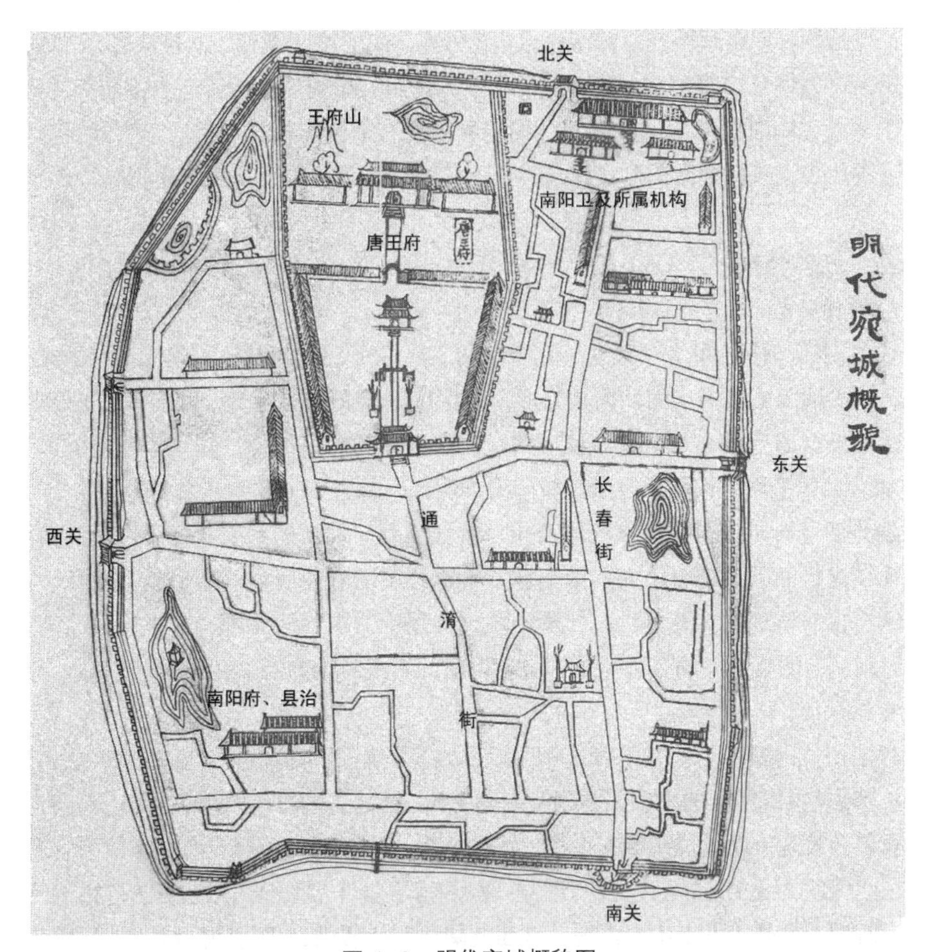

图 4-2 明代宛城概貌图

展（如居住区与商业区的发展）突破了城墙的限制。其中，南阳城东关的发展尤其迅速，其规模几乎可以与城内相比。③明代南阳城分区明确。城内中轴线偏北为唐王府，与城西南隅的南阳府、县治，以及城东北隅的南阳卫及其所属机构共同组成城市的政治中心；其余大部分用地为贵族居住用地。一般贫民居住用地则突破城郭限制，向东、西、南、北四关扩展，尤其以东关的发展最为迅速，而西、北两关居民甚少。商业用地沿街设置，城内以南长春街为最盛；城外以东关南部的官驿街和东关北部的豆腐街为两个商业集中地，南关商业也比较活跃但远不如东关繁华。对外交通用地，主要位于紧靠白河且为水陆交通要道的东关，尤其是靠近白河码头的官驿街。④南阳城寺观、学校等公共建筑呈散点布局，城内主要为见缝插针式，城外四关也有大量分布。⑤街道分割原则采用棋盘式端直设置，呈现三经三纬的网络结构。

3. 建筑特点

明代封藩制的出现使得该时期南阳城王府建筑突出。除位于城中心的唐王府外，还有位于城的东、西、南三面的郡王府 9 座、端王朱硕诸子王府 7 座，占地面积极为广阔。这些豪宅邸第，鳞次栉比，气势宏丽；加上其他将军府、郡县王府等，当时的南阳城“邸第相望，将军、中尉百数，宗室半居民”。而位于唐王府后院的王府山，既是南阳王府建筑群空间轴线之镇，也是该时期南阳城空间的制高点。[①] 另外，南阳城区寺观、学校众多，成为南阳城明代建筑的一大特色。建于城内的寺观、学校有南阳府城隍庙、八腊庙、弥陀寺、崇善寺、南阳县学等。元明时期南阳城具有特色的组群建筑有南阳府衙、唐王府、玄妙观以及武侯祠等，分别代表了该时期南阳府衙建筑、王府建筑、宗教建筑以及祠庙建筑的特点。

4.2.2 清初宛城

1. 形制与规模

清代早期宛城历经顺治、康熙、乾隆年间三次修葺，但都没超出明代城垣的规模。在形制上，该时期南阳城仍呈南北向长方形，并保持比较规整的格局。由于明唐王府的废除，该时期南阳城城墙应只有一重。城区道路呈三经四纬的网络结构，这些道路将城区划分为12个方块，城区平面结构呈棋盘形。城门沿袭明代，每边一个，共4个。

根据鲁西奇对明清时期汉水流域府州、县城形制与规模的系统研究，可对清初南阳城形制与规模进行如下总结：该时期南阳城基本符合明清时期府城一般形制与规模，在内部功能分区上依然体现周礼礼制，并体现了城市规划中的中轴线原则、官民分居原则以及街道分隔原则。与明代不同的是，城市中心由以前的唐王府转为府学孔庙。

2. 功能分区

清代南阳城的西南为南阳府和南阳县治所在地。南阳府衙占地广阔，建筑众多，富丽堂皇，整个建筑具有明显的中轴线。围绕南阳府治、县治周围有南阳镇总兵署、左营都司署、城守千总署和察院。明代位于城东南西三面的诸多王府，清初废弃，有些被改为官署。如，位于城东门内的文成王府，清代为左营游击署、右营千总署、都司署；原明唐王府内的承运殿，清初改为府学，且处于城市中心位置。城西北隅原明代假山，仍为南阳城内一个制高点。

清代，白河航运繁忙，南阳商业兴盛，城内商业沿街设铺。内城的东北隅、东南隅因靠近南阳城两大繁华商业区，商业比较繁荣。如，城东门内以北有江浙会馆，为江浙商人的总会所在。清代最大的粮食交易市场也在城的东北隅，即今天的粮行街。城东南隅的长春街，南门大街有干道直通白河码头，商业尤为兴盛。在东门内以南还有当铺，其资本雄厚，经营范围广，生意非常兴隆。[②]

由于城区范围不断扩大，城外居民日益增多，主要为民居。东关和南关各有自己的白河码头，商业比较繁华。其中，南关有三个白河码头，是南北货物的重要集散地，扩展更为迅速。

由此可见清初南阳城功能分区有以下特点：①城市根据中心布局原则，将府学孔庙设置在城市中轴线偏北位置，体现了对孔子儒家思想的推崇。②城外用地发展迅速，且以民居为主；由于沿河码头的交通优势，城外尤以南关发展最为迅速。③清初南阳城分区明确。城内中轴线偏北为府学孔庙，南阳府、县治位于内城西南隅，周围各行政机构密集，为南阳城政治中心。城内两大繁华商业区分别为以江浙会馆和清代最大粮食交易市场为主的东

---

① 万敏，武军. 南阳王府山的艺术特点[J]. 中国园林，2004（6）：33-34。

② 马正林. 中国城市历史地理[M]. 济南：山东教育出版社，1998：284。

北隅商业区、以长春街为主的东南隅商业区；城外东、南两关的商业也较繁盛。南阳城对外交通功能，主要由东关的城驿、码头及南关的白河码头承担。至于居住功能，由于城内的面积有限，民居更多分布于城外。④南阳城寺观等公共建筑呈散点布局。⑤街道分割原则采用棋盘式端直设置，城内道路呈三经四纬的网络结构，这些道路将城区划分为 12 个方块。

3. 建筑特点

清代建筑以官署建筑为多，除城西南的南阳府衙外，有围绕于南阳府治、县治周围的南阳镇总兵署、左营都司署、城守千总署和察院，还有由明代王府改建而成的左营游击署、右营千总署、都司署等官署建筑。其中尤以南阳府衙占地广阔，建筑众多，富丽堂皇，是该时期府衙建筑的代表。原明代位于城中心的唐王府废除后，其旧址改为府学文庙。其文庙主体建筑大成殿为歇山式建筑，重檐斗栱、气势雄伟，位于城市中心中轴线偏北，是该时期重要建筑之一。

4.3 宋元明清时期南阳空间营造要素

4.3.1 面

1. 城市范围

明代宛城城周六里二十七步，约 3498m；城高宽均二丈二尺，约 7m；城壕深二丈二尺，约 7m，阔四丈四尺，约 14m，引梅溪河水注入，环城一周。城垣形制较规整，近似长方形，城内面积约 0.765km^2。永乐二年（公元 1404 年），城中心唐王府的建立使南阳成为城中有城的格局。其后，由于大量郡王府、将军府、郡县主府等官府建筑的出现，挤占了城内有限的空间，大部分居民被迫迁往城外，城市的发展突破城郭的限制，城区渐渐向东、西、南、北四关扩展。

清初南阳城仍沿袭明代城郭，由于明唐王府的废除，该时期南阳城城墙应只有一重；且保持比较规整的格局，呈南北向长方形。在规模方面，城内面积沿袭明代，约 0.765km^2，然而随着城市人口的增加以及城内用地的有限，城市用地向外扩展迅速。

2. 城市内部用地形态

城市内部用地形态与其功能分区是对应的，可以看作是其功能分区在空间形态上的反映。明清时期南阳城内部用地形态类型主要包括行政用地、商业用地、文教用地、居住用地、对外交通用地。

明代南阳城的行政用地范围较广，包括城内中轴线偏北的唐王府，城西南隅的南阳府、县治，以及城东北隅的南阳卫及其所属机构；而清代南阳城的行政用地范围则主要包括处于城西南隅的南阳府、县治及其周围。

明清时代南阳城商业用地均表现为沿街设置。明代南阳城内商业以城东南部长春街为最盛，而城外以东关南部的官驿街和东关北部的豆腐街为两个商业集中地，南关商业也比较活跃但远不如东关繁华。而清代南阳城内的两大繁华商业区分别为以江浙会馆和清代最大的粮食交易市场为主的东北隅商业街、以长春街为主的东南隅商业街，城外则有因码头而繁盛的东关和南关两大商业区。

明代南阳城城内除行政用地及商业用地——长春街以外，其余大部分用地为贵族居住用地；一般贫民居住用地则突破城郭限制，向东、西、南、北四关扩展，尤其以东关的发展最为迅速，而西、北两关居民甚少。清代南阳城由于内城的面积有限，城外分布有大量居住用地，并尤以南关发展最为迅速。

明至清初南阳城的对外交通用地，均主要分布于拥有城驿及码头的东、南两关。至于文教用地，明至清初的南阳城寺观、学校等公共建筑呈散点布局，城内主要为见缝插针式，城外四关也有大量分布。

4.3.2 线

1. 轴线关系

随着儒家思想在封建社会意识形态统治地位的逐步确立，中轴线、宫城居中、左右对称等原则在城市规划中被广泛应用，其布局形态大都将政府的官署，城隍、孔庙，以及明代府城内的藩王府，布置在城内中心位置；以中心建筑的南北中轴线为全城的主轴线，中轴线的形态为北收南展。

明宛城以唐王府为城市中心，南北中轴线自王府北垣始往南延伸，左右格局基本对称，而位于唐王府后院的王府山，既是南阳王府建筑群空间轴线之镇，也是该时期南阳城空间的制高点。清宛城以府学文庙为城市中心，中轴线沿通淯街向南延伸，北端则收于城市空间制高点——王府山。

2. 城市路网

明宛城内街道、坊、巷颇为整齐，东、西、南、北四门，都有通街大道，有通淯（即今和平街）、通贤、护卫诸街。然而，这几条大道均一端连接城门，另一端或直通主体建筑物或开到城墙，没有像汉代和隋唐宛城那样横贯东西或南北两城门的大道。街道分割原则采用棋盘式端直设置，呈现三经三纬的网络结构。

清初南阳城呈南北向长方形，城门 4 个，城区道路呈三经四纬的网络结构，这些道路将城区划分为 12 个方块，城区平面结构呈“棋盘”形，街巷整齐，南北向主街有 4 条，通直，少折。

3. 城墙

宋、金时期南北对峙，南阳为前线，几度易手，宛城城池屡修又屡遭破坏，再加上该时期南阳城垣为“版筑”土城，容易被毁坏，所以推测该时期南阳城垣应该是比较破败的。而到了元代，中国城市又遭受了一次重大破坏：在蒙元军队统一中国的过程中，很多历史悠久的城池被平毁;在统一之后，又曾长期禁止汉人筑城或修复城池，所以到元朝被推翻时，许多城池已破损不堪，必须彻底修理或重建，因此，从明朝初叶到中期，各地都普遍兴筑或修复城池。[①] 元代南阳城进行了重修，但规模远不如以前，且同宋金时期一样，为“版筑”土城。

---

① 鲁西奇. 区域历史地理研究：对象与方法——汉水流域的个案考察[M]. 南宁：广西人民出版社，2000：502。

明洪武三年（公元1370年），南阳卫指挥郭云重修南阳城，始用砖石加固，后改建为砖石城。城周六里二十七步，城高宽均二丈二尺，城壕深二丈二尺，阔四丈四尺，引梅溪河水注入，环城一周。城有四门，东曰“延曦”，南曰“淯阳”，西曰“永安”，北曰“博望”。城门之外，各筑有月城，其上又各自建楼，并有角楼4座，敌台、窝铺43处。可见明代南阳城城垣结构与城墙是相当完善与牢固的。崇祯初年，明藩唐王朱聿键为对抗农民军，出库金修葺南阳城，于明末毁于战火。

明末清初，各地城池都受到不同程度的破坏，所以在清朝前期特别是康熙中叶社会稳定之后，各地普遍将倾圮毁坏的城池修复加固。但承平既久，城墙坍塌、城壕湮填之事每每发生。至嘉庆初白莲教起义发生，攻城略地，清政府又着意于城池建设，其重点则在上中游山区。咸丰、同治间，太平军、捻军相继在汉水流域活动，其时火器已普遍用于战事，故城垣之加固更显重要，但朝野上下暮气沉重，诸事因循，城垣建设不过仅限于收拾补缀而已。①

清顺治、康熙、乾隆年间，南阳城又屡有修葺。咸丰四年（公元1854年）南阳知府顾嘉蘅慑于太平军、捻军革命运动的强大声威，大修城池，高筑城垣，城高二丈；同时，疏浚城河，遍栽桃柳，以固垣根。月城与城门沿袭明代格局，南北月城门直达正门，东月城门向南，西月城门向北，四门之上皆建有门楼，又于东南隅城上加筑“奎章阁”1座，置炮台30尊。

4.3.3 点

1. 建筑风格

宋辽金时期，都城传统的里坊制度和市场已不能适应手工业生产发展的需要，行业性建筑迅速兴建起来，各工种的操作方法和工料估算有了较严格的规定，出现了《木经》和《营造法式》两部具有历史价值的建筑文献。这一时期的宗教性建筑可分为祠庙、佛教和道教三种，以祠庙和佛教的寺、塔、经幢为多。宋代的祠庙建筑有等级之分。南阳地区宋代祠庙、佛寺建筑比较丰富，后土祠和善化寺（均在南阳城外）在一定程度上反映了这一时期建筑的平面、结构与造型特点。宋代塔很流行，除木塔、墓塔外，还有大量砖石塔。砖石塔可分为阁楼式和密檐式两种，后者多是实心，构造和造型比较划一，不能登临。

在建筑艺术方面，建筑的总体布局多沿用轴线排列成若干四合院，向纵深方向发展，宫殿、庙宇、宅院更加秀丽绚烂。在建筑材料方面，宋代砖的生产较唐代有更大的发展，除用于塔外，砖还普遍使用于墙、房、路、墓等社会生活领域。在建筑结构方面，宋代开始了简化之端，主要表现为斗栱技能减弱。

元代的佛教、道教和祠祀建筑在复杂的社会条件下，继承了唐宋建筑成果，同时又有了新的发展，其代表建筑有玄妙观、武侯祠等。在建材上，砖瓦的使用更加广泛，府县城墙大都加砌砖面，琉璃砖、瓦在提高了烧制技术之后，色泽和纹样更加绚丽丰富。在木结

① 鲁西奇. 区域历史地理研究：对象与方法——汉水流域的个案考察[M]. 南宁：广西人民出版社，2000：502-503。

构方面，元代做了一些新的尝试：殿宇柱排列灵活，与屋架不作对称的联系，而是用大内额，在内额上排屋架，形成减柱、移柱的做法；斜栿由柱头斗栱上挑，承两步甚至三步椽子；梁架多用原木，斗栱比例减小，排列丛密。

明清建筑继承了古代建筑之大成，是中国封建社会最后一个建筑高潮。南阳地区，明清时期的楼阁建筑都将内柱直接升向上层，去掉了辽金楼阁常见的上下层柱间的斗栱，从而加强了构架的整体性；但另一方面，却没有金元时期那种灵活处理空间和构件的方法，构件死板僵化；同时，由于梁的断面不合理，加重了梁本身的静荷重。在建筑艺术方面，由于斗栱的比例大大缩小，出檐的深度变短，柱的比例变得细长，舍去了柱的升起、侧脚和卷，梁枋比例显得沉重，体现了明清建筑和唐宋建筑的巨大差别。明清时期，南阳城遗留下来的组群建筑遗迹十分丰富，如武侯祠、医圣祠、府文庙、大成殿等。另外，明中叶以后，私家园林的数量逐渐增加，南阳明唐王府的假山——王府山，建于永乐二年（公元1404年），是一座叠石艺术很高的建筑杰作。[①]

2. 标志物

1）王府建筑

（1）唐王府

王府城高两丈九尺，城周三里三百九步五寸，东西一百五十丈二寸五分，南北一百九十七丈二寸五分。有高大的四城门,南曰“端礼”,北曰“广智”,东曰“体仁”,西曰“遵义”。王府城内亲王居住的正殿，基高六尺九寸，前殿名“承运”，中殿名“圜”，后殿曰“存心”，其后面还有前、中、后三套宫室各9间，99间厢房分列宫门两侧，再加上典籍所、典膳所、仪卫司、堂库等附属机构，总计宫殿屋室800余间。总面积占整个南阳城的1/4以上。[②]

图4-3　王府山原景
来源：杨保国．杨保国钢笔画：南阳名胜古迹街景（一）[Z].1999

位于唐王府后院的王府山（图4-3）高18m，底部直径21m，周长66m，占地面积约346m²。古时是南阳城之制高，亦为南阳王府建筑群空间轴线之镇。登山眺望，全城景色一览无余。总体是以中峰为核心，四角立4个小峰。依山腹4个不同标高层次的石洞可将假山分成5级，并呈圆锥状依次递减。山体内设暗道洞窟，外修盘山石阶直达山顶。山顶面积约有10余平方米，并建有一亭，曰“接天亭”。明代是我国假山艺术丰腴时期，其赏石文化秉承宋之精髓，又因叠石技艺的职业化而更成章法。所谓瘦、漏、皱、透的叠山手法及对形、色、质、纹的观赏要求，在王府山大多有一定表现。王府山的艺术特点可归结为险、拙、奇、空、皱、透6点。[③]

① 南阳市城乡建设委员会. 南阳市城市建设志[Z]. 1987：443-444。
② 任义玲. 明代南阳的唐藩及相关问题[J]. 文博，2007（5）：52。
③ 万敏，武军. 南阳王府山的艺术特点[J]. 中国园林，2004（6）：34。

（2）府学文庙

原明代位于城中心的唐王府废除后，其旧址改为府学文庙，坐落于今老城区新华东路北侧，面对和平街。庙前原修有陶制浮雕透花照壁一座，两旁有对联一副。照壁北有半月形泮池，俗称月牙池，上跨汉白玉拱形石桥，直通棂星门。由泮池向北迎东西街通衢处有东西仪门。泮池北的棂星门，飞凰腾蛟，玲珑奇秀，雕梁画栋，雄伟壮观。其后建有“戟门”，戟门至大成殿间，东西各有廊庑九间，内供孔门弟子七十二贤和名儒、名宦及乡贤。

大成殿为府文庙大殿（图4-4），是该庙的主体建筑，坐北向南，正面宽22m，纵深14m，总面积308m^2，殿高9m，殿基高1.6m。殿前有砖砌平台，高1.45m，东西宽16m，南北长15m，面积240m^2，平台中央原镶嵌有汉白玉浮雕“龙马负河图”。大成殿为歇山式建筑，重檐斗栱，气势雄伟。殿脊透花雕龙，两端有鸱尾，张口吞脊，中塑麒麟，形态生动。戗脊上饰以人物走兽，立有庞涓、韩信、周瑜、罗成四神将。殿内有大红明柱八根，中间有贴金雕花神龛，雕工精细，金碧辉煌。孔子塑像高达2m，戴冕执圭，面南端坐，颜回、曾参、子思、孟轲四贤塑像分立两旁。

图4-4　府文庙大成殿
来源：杨保国.杨保国钢笔画：南阳名胜古迹街景（二）[Z].1999

2）府衙建筑——南阳府衙

国家级重点保护文物的“南阳府衙”即南阳知府衙门，是元、明、清三朝南阳区域的官署，也是我国唯一完整的元代至清代郡府级官署衙门。南阳知府衙门布局严谨、规模宏大、气势雄伟，是秦始皇设置郡制以来，留下的一个完整古代郡级衙署建筑（图4-5）。整座建筑坐北朝南，沿中轴线布置的主体建筑均为硬山式屋顶的砖木结构。两侧房舍、院落分布有序，布局严谨。前为照壁，北为大门，左右列榜房，门前东为召父房，西为杜母坊，还有谯楼和石狮一对。大门北为仪门，两侧为公廨，外有东西牌坊两座，分别与仪门两侧门相对应。再北为大堂，堂前竖戒石坊，堂左右为承发司、永平库，堂前至仪门，两侧各建排房十间，为各执事房，还有东西两公廨。大堂后为寅恭门，门后为二堂，二堂之后有暖阁，经暖阁即入内宅，内宅为一四合院，由宅门及左右门房、左右廊房和后堂组成。宅门及门房两侧为吏舍。后堂东有偏院，为知府眷属住所。其东南为“虚白轩”；北折而东植桃李数十株，有舍曰“桃李馆”。三堂西南有花厅，厅之北宇曰“师竹轩”，为知府鉴判之所，即签署公文、案卷和日常办公的地方。转西为“爱日堂”，堂前凿池植莲，并架虹桥于其上，以通“对月轩”，

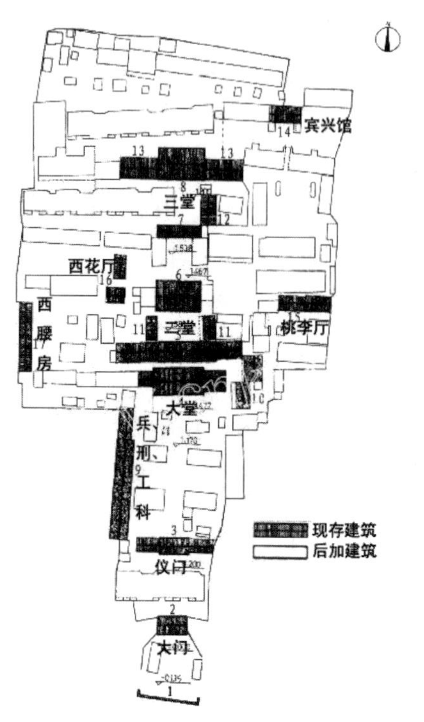

图 4–5　南阳知府衙门现状总平面图

来源：赵刚，吕军辉，张毫 . 南阳知府衙门建筑考略 [J]. 中原文物，2003（4）：74–78

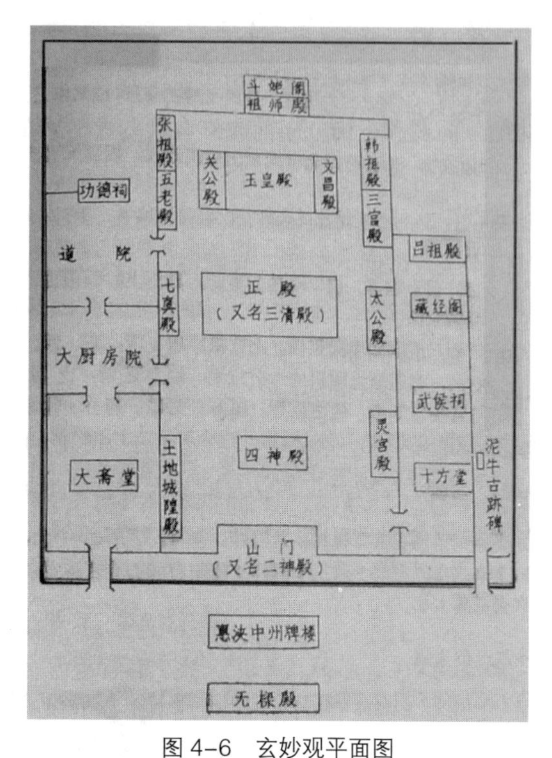

图 4–6　玄妙观平面图

来源：南阳民族宗教志编辑室 . 南阳民族宗教志 [Z].1989

旁砌假山，为政余憩息之所。三堂北为“槐荫静舍”，舍后隙地为菊圃，堂之西南辟菜圃，引泉水以灌之，曰“芳畹”。后堂再北为后府，西半部为马号，东部有侧院，内有“桂香室”，室后为团练宾兴馆。最北部为操场，是训练团勇的地方。[①] 整个建筑占地面积百余亩，厅堂房屋 90 余间，院落数进，布局多路，厅堂轩敞，陈设华丽，是我国仅存的极少数古代官署之一。

3）宗教建筑

玄妙观（图 4–6），道观始建于元代至元年间（1264—1294 年），明唐藩时重修。殿宇雄伟，庭园佳秀，是豫西南道教中心。清代顺治、乾隆、咸丰年间屡有修缮，规模日益扩大，增建楼阁殿堂达 310 余间，占地面积 150 余亩，田产达 7700 多亩，拥有道众数百人。鼎盛时期的道观气势恢宏，布局完整。坐北向南，以中轴线建筑，自无梁殿、“惠侠中州”牌楼、山门至四神殿、三清殿、玉皇殿、祖师殿、斗姥阁构成五进院落。左右附设文昌殿、关圣殿、太公殿、吕祖殿、藏经阁、十方堂等殿堂 17 座。庭院肃然严整，殿宇巍峨壮观，形成完整的建筑群落。据史料记载观之西北隅为西北园，俗称荷花池，是一座古代园林建筑。园前之五桂堂，因五株桂树而得名。堂后凿地为池，广袤数亩，复以周廓，环以曲栏，栽荷养鱼。聚石为山，上建小亭，名曰“浣香亭”。石山西边有精舍三楹，原名“环翠”，后改“清晖”。石山东南，小桥横跨，再南有石台出于水中，称“月台”。上建有室，额曰“秋香画舫”。

① 马兴波，蔡家伟. 南阳衙署建筑的保护与改造[J]. 山西建筑，2005（20）：41。

画舫之后，沿阶可登假山，上有茅亭，称“得月亭”，可与“浣香亭”相望。每年夏秋，荷香四溢，这里便是达官显贵的游览之所。①

4）祠庙建筑

（1）武侯祠

南阳卧龙岗位于古宛城西郊，岗势如卧龙蟠伏，西接太行之脉，南归江汉之源，隆岗之中有诸葛亮躬耕于南阳的故居——诸葛草庐和纪念诸葛亮的祠堂——武侯祠，历代多为推崇。据《明嘉靖南阳府志》记载，魏晋时期这里便“建庵祭祀”，唐宋年间扩建庙宇，“民岁祠之”。元、明、清各代又屡扩屡建。

元至大二年（公元1309年）至皇庆元年（公元1312年）秋，河南行省中书平章政事何玮首倡扩修武侯祠，增建诸葛书院、孔子庙。这时武侯祠的建筑“屋以间计，祠有十二，庙学四十六。端庄广直,不务侈丽”。至正十五年（公元1355年）南阳府尹庄公又大修祠庙、书院，并增建书院斋房六间。在诸葛庐的基础上又确立了朝廷赐名的“官祠”之誉，增办了诸葛书院、孔子庙，红墙灰瓦，规模恢宏，奠定了前祠后庐的格局，而且拥有学田四十顷，祭田二百亩，是融纪念故居、祭祀庙宇、儒庙理学为一体的千古胜地（图4–7）。

明代修武侯祠，将殿堂扩建成六间楹，在草庐后又建堂六间，名为“卧龙”，还在祠的左侧扩建堂和房各四间，为书院。这是继元之后，明代首次在卧龙岗建书院，但书院的位置不是在祠东边所建的“诸葛书院”的位置，而是另辟新址。同时又使四顷祭田归武侯祠管理，反映了弘治年间经济文化的昌盛（图4–8）。

清代南阳武侯祠经历了顺治、康熙、雍正、嘉庆、道光、咸丰、同治年间的修葺及规模建制。在长达二百余年的沧桑变迁中，犹以康熙年间为最盛。南阳知府罗璨复建诸葛书院，将元代的诸葛书院更名为卧龙书院，复建卧龙岗十景，兴建三顾祠。大规模的扩建祠庙，稳固了武侯祠的地位（图4–9）②。

武侯祠现占地230余亩，现存建筑200余间，为元、明、清时期的布局和风格。建筑依岗就势分布于隆岗之上，中轴线上依次为千古人龙石坊、躬耕处碑、汉昭烈皇帝三顾处石坊、诸葛井、仙人桥、山门、大拜殿。殿之两旁为碑廊和岳飞书《出师表》碑房、《武乡

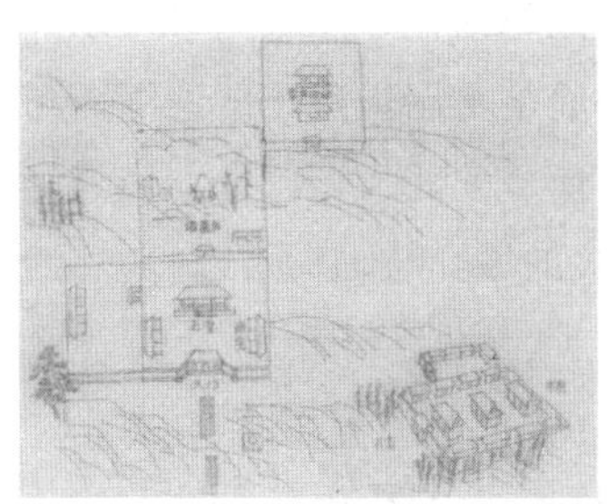

图4–7　元代卧龙岗复原示意图
来源：张晓军.从卧龙岗修葺碑看武侯祠的变迁[J].中原文物，2005（5）：62–64

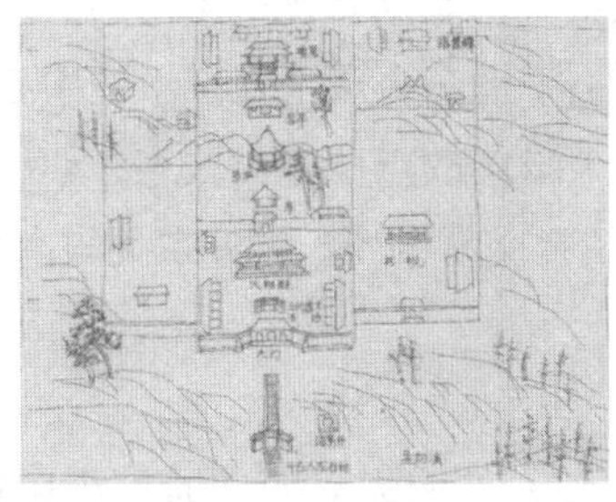

图4–8　明代卧龙岗复原示意图
来源：张晓军.从卧龙岗修葺碑看武侯祠的变迁[J].中原文物，2005（5）：62–64

图4–9　清康熙年间《卧龙岗志》中的卧龙岗全景图
来源：张晓军.从卧龙岗修葺碑看武侯祠的变迁[J].中原文物，2005（5）：62–64

① 超然.高远淡泊玄妙观[J].躬耕，2006（1）：48。

② 张晓军.从卧龙岗修葺碑看武侯祠的变迁[J].中原文物，2005（5）：62–64.

侯传》碑房。殿后为诸葛草庐、梁父岩、抱膝石。最后为宁远楼。以草庐为中心，左右两侧分别有古柏亭、躬耕亭、野云庵、半月台、后花园等。祠的左路为三顾祠，内有关张殿、三顾堂等建筑；祠之右路为道坊院。道坊院为二进四合院布局。祠之前左侧为卧龙潭、读书台，台下为卧龙书院。古树名木、柏园、松林，随岗阜起伏簇拥祠庐，交相辉映。三顾祠左侧明清时的诸葛书院已废，现辟为汉代文化苑。

（2）医圣祠

南阳医圣祠始建于明代嘉靖年间，数百年来，几经盛衰，形成了以医圣张仲景为主体的文化遗存和人文景观。医圣祠坐北向南，以仲景墓为中心。祠中的建筑，以大门前的汉阙和祠中的碑亭、山门、张仲景墓、医圣大殿为中轴线。医圣祠大门即圣祖庙，是一座单独的四合院，门前九层台阶为一石筑成，故有“九阶踏”之美称；庙内主体建筑三皇殿，内奉伏羲、神龙、黄帝塑像，两庑奉张仲景等历代十大名医。山门后有智园斋、仁术馆等分列两厢，院中有医圣井、荷花池及仿汉琉璃灯，花岗岩石灯等散布其间。满院苍松翠柏，古柯凌霄，一派郁郁葱葱，与院中饶有汉风遗韵的建筑群交相辉映，景色迷人。[①] 医圣祠亦为单独天井小院，正门门额是用径尺方砖雕刻的“心涵胞与”四字，后有中殿、正殿和两庑。整个建筑，既无崇楼高阁之雄，亦无雕梁画栋之丽，院内仅有古柏两株，凌霄攀缠其上，正殿供奉仲景塑像，布履素服，手捧书卷。正殿西侧偏院，原为“医林会馆”旧址，是医者研讨医术之所。正殿东侧，原来紧依寨垣，“春台亭”建其上，飞檐流角，石柱玉栏，蔚为壮丽。

3. 节点

明清时期南阳城节点可以概括为景观节点、人流集散点、交通枢纽几种。其中，人流集散点又分主干道交会点、主要城门处，以及市集几种。明宛城景观节点为唐王府后院的王府山，它既是南阳王府建筑群空间轴线之镇，也是该时期南阳城空间的制高点。交通枢纽位于东关城驿、东关白河码头，以及南关白河码头。主干道交会点主要位于城中心唐王府正南方的通滑街与东西干道的交会处；主要城门人口集散点位于城东、西、南、北四大城门处；市集则位于城内东南部长春街、城外东关南部的官驿街和东关北部的豆腐街。

清代宛城景观节点依然为城空市间制高点——王府山。交通枢纽位于东关城驿、东关白河码头，以及南关白河码头。主干道交会点主要位于城中心府学文庙正南方的通滑街与东门十字街的交会处。主要城门人口集散点位于内城东、西、南、北四大城门处。市集则位于城内东南部长春街、东北部粮食交易市场、城外东关与南关的城驿与码头附近。

4.3.4 结构

隋唐以后，南阳城虽屡遭破坏，然而宋元明清时期南阳城城址基本没变（图 4-10），尤其是明代南阳城的郭城与清代南阳城的内城均沿袭了前朝的城郭。明代南阳城城垣形制较规整，近似长方形，而城中心唐王府的建立使南阳成为城中有城的格局；随着城郭限制的打破，城外东、西、南、北四关渐渐得到发展，以东关为最，但还没形成足够规模。清

---

① 魏东明. 南阳医圣祠[J]. 档案管理，2001（3）：24。

代南阳城内城沿袭明代城郭，仍近似长方形；而城外四关规模逐渐扩大，并以南关发展尤为迅速。

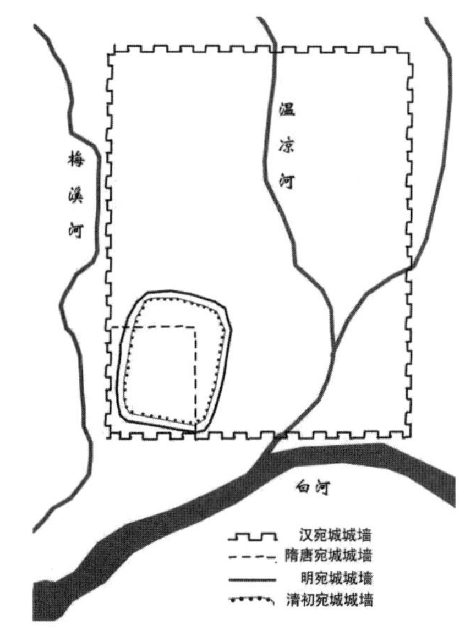

图 4-10　汉至清初南阳城址范围叠层

明代南阳城结构（图 4-11）清晰，街道分割原则采用棋盘式端直设置，呈现三经三纬的网络结构，并以唐王府为城市中心，南北向通淯街为中轴线，左右格局基本对称。城内以行政用地与贵族居住为主，贫民居住则主要分布于城外东、南两关。商业用地表现为沿街设置，位于城东南部长春街、城外东关官驿街和豆腐街。景观节点为位于唐王府后院的王府山，交通枢纽为位于城外东、南两关的驿站与码头，人流集散点则位于主要道路交会点、主要城门处、集市等位置。

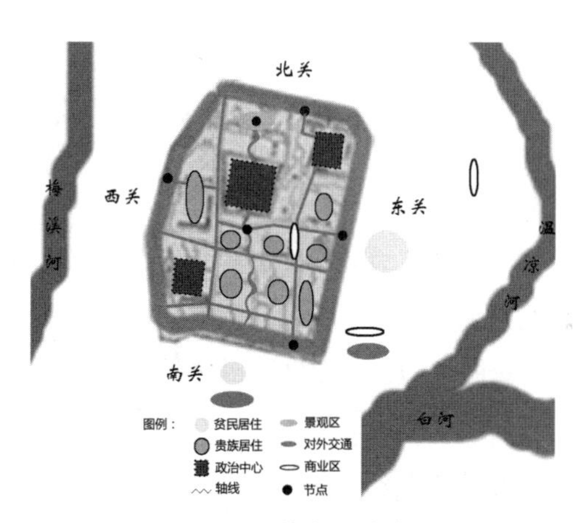

图 4-11　明代南阳城结构图

清代南阳城结构（图 4-12）呈现出新的特点，三经四纬的路网结构将城区划分为 12 个方块，并以府学文庙为城市中心，中轴线沿通淯街向南延伸，北端收于王府山。行政中心位于内城西南隅，居住用地则大量分布于城外。商业用地主要沿街设置，除位于城内东南部的长春街、城外东关的官驿街，还增加了粮行街、城外南关码头附近商业街等。景观节点为位于唐王府后院的王府山，交通枢纽位于外城东关和南关，人流集散点则位于主要道路交会点、主要城门处、集市等位置。

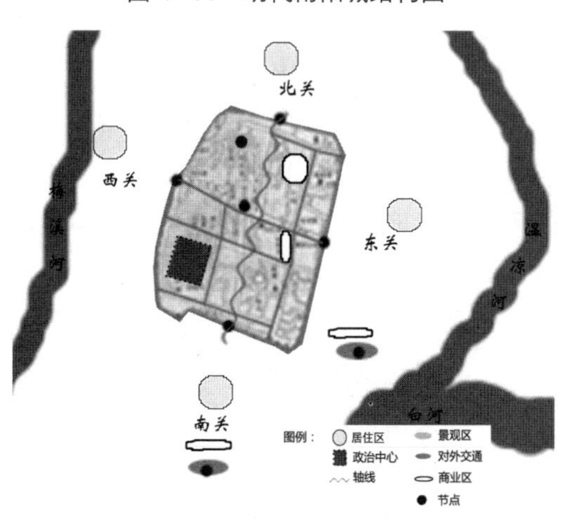

图 4-12　清初南阳城结构图

4.4　宋元明清时期南阳城市空间营造机制

4.4.1　城市空间营造影响机制

宋元明清时期南阳地区自然环境的变迁主要体现在对该地区水路交通、经济及城市格局的影响上。第一，平均降雨的减少，水土流失及河床淤积，导致明清时期南阳地区的水路交通在航程上表现出逐渐缩短的趋势。第二，平均降雨的减少加上南阳水利的趋于废弛使其经济作物由产稻转为旱作，土地资源的利用价值在降低，经济也随之衰退。第三，特殊的地形地貌导致南阳地区“有雨则洪涝，无雨则干旱”。为了防水灾，明宛城将唐王府城建于地势较高之处；而明清南阳城区“棋盘”形路网结构，易于城内积水的排泄。

宋元明清时期南阳地区陆地交通基本沿袭了秦汉至五代时期的水陆交通要道，且仍然保持着南北交通枢纽的地位。南阳交通的发达，不但促进了城市人口、经济的发展，还使得明清时期南阳城发展突破了城郭的限制，东、南两关规模空前壮大，同时对明清南阳城用地形态也产生了一定的影响，如利用驿站、码头等交通优势形成了东关、南关商业区等。

该时期，经济因素不但是城市艺术文化发展的物质基础，同时对城市空间的营造也具有较大影响，主要体现在城市规模、用地形态及空间格局的分布上。在城市规模上，明清宛城在隋唐宛城城址的基础上突破城郭限制，向城外四关扩张。城市用地类型有行政用地、商业用地、居住用地、对外交通用地及景观用地等几种形式；在形态上，明清南阳城最突出的变化为商业用地沿街设置，在城外则往往与对外交通用地相结合。在城市格局及空间结构上，明、清宛城均出现多商业中心的格局。

从五代十国到元代，南阳地区饱受战乱，人口急剧减少。虽历真宗、仁宗、英宗三朝数十年的太平岁月，南阳人口一度有所增加，但总体不改人口下降之势。明清之际，大量流民内迁促使南阳人口骤增。人口的变化对南阳城市空间最直接的影响表现为：明清时期，南阳城规模逐步扩大，并突破城郭的限制，在城外发展为东、南、西、北各关。

宋元明清时期，南阳城经历了一系列历史变革，对城市空间的影响主要体现在南阳城的加固、修建、重修以及城市规模、格局的变化等方面。宋、金时期南北对峙，南阳为前线，几度易手，宛城城池屡修又屡遭破坏；到了元代，中国城市又遭受了一次重大破坏；明清时期，南阳城虽有重修，但规模远不如以前。由于战事频繁，南阳城处于防御需求，在城市空间格局上也进行了相应安排，如明唐王府城地势较高，面积广阔，居高临下，居中指挥，地势险要，易于防兵。另外，历史沿革带来的民族文化变迁，对南阳城市空间及建筑艺术方面也带来了一定影响。

宋元明清时期南阳政治政策对城市空间营造的影响主要体现为以下几个方面：①明封藩制下南阳唐王府及各郡王府的建立，使得明南阳城形成“城中有城”的格局；同时，城内用地的紧张使得大量贫民住居突破城郭的限制，向城外扩张，在清初形成“行政用地集中于城内，居住用地大量分布于城外”的格局。②府治的变化对南阳空间结构及城市规模也产生一定影响。自唐废府治以来，南阳皆为县治；至元代，南阳才又升为府治，并延续至明清时期。城市地位的上升，不但促进了南阳城经济的繁荣与人口的增长，还使得明清时期南阳城行政职能尤为突出、行政用地增多。③明清南阳政府采取的流民安抚政策，极大地提高了人口增长的速度，从而推进南阳城规模的扩大。

在社会文化方面，从汉末开始，南阳文化的主体是汉文化，以儒家思想为核心，中轴线作为突出皇权至上理念的重要表现手法在都城中的运用渐趋成熟，明清时期宛城格局则充分体现了这种文化思想。随着宋元明清时期多民族文化与汉文化的交融，中国建筑终于在清朝盛期（18 世纪）形成最后一种成熟的风格。其特点是，城市仍然规格方整，但城内封闭的里坊和市场变为开敞的街巷，商店临街，街市面貌生动活泼；城市中或近郊多有风

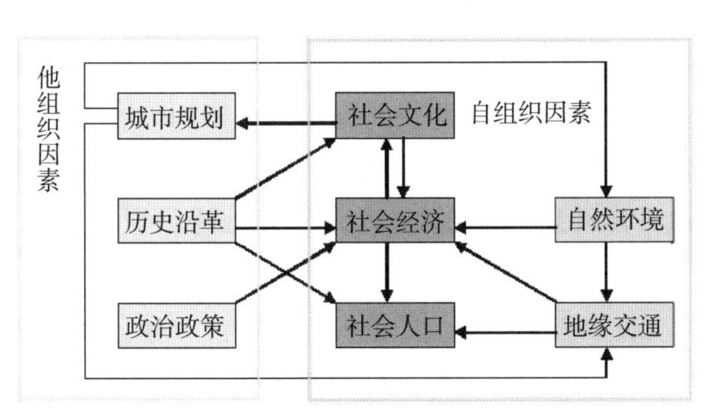

图 4-13　宋元明清时期自组织与他组织因素的互动关系

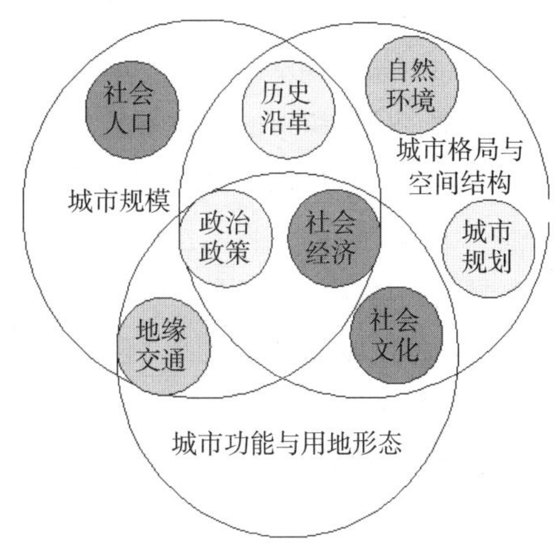

图 4-14　宋元明清时期自组织与他组织因素对城市空间的影响

景胜地，公共游览活动场所增多；重要的建筑完全定型化、规格化，但群体序列形式很多，手法很丰富；民间建筑、少数民族地区建筑的质量和艺术水平普遍提高，形成了各地区、各民族多种风格；私家和皇家园林大量出现，造园艺术空前繁荣，造园手法成熟。在民居方面，四合院的出现以及影壁的应用都是满汉文化融合的体现。[①] 总之，盛清建筑继承了前代的理性精神和浪漫情调，按照建筑艺术特有的规律，终于最后形成了中国建筑艺术成熟的典型风格——雍容大度，严谨典丽，肌理清晰，而又富于人情趣味。由此可见：社会文化因素对该时期南阳城市空间营造的影响主要表现在城市空间结构及用地形态方面。

在城市规划方面，《周礼 · 考工记》中的营国思想与《吕氏春秋》中的“择中说”在该时期南阳城市空间营造中主要体现为方正的城址形制、规整的路网结构、中轴线格局，以及明宛城的宫城居中格局；而明宛城中“官民分区”的格局则体现了《管子·大匡》关于“凡仕官者近宫，不仕与耕者近门，工贾近市”的思想。

总结以上城市空间营造影响因素，可以大致梳理出宋元明清时期这些因素之间及其与城市空间之间的关系（图 4-13、图 4-14）。他组织因素主要包括历史沿革、政治政策与城市规划，自组织因素包括自然环境、地缘交通、社会经济、社会文化、社会人口。其中，他组织因素历史沿革、政治政策与自组织因素自然环境不但对城市空间营造具有直接影响作用，同时也通过作用于自组织因素社会文化、社会经济、社会人口及地缘交通对城市空间营造造成间接影响；而他组织因素城市规划与自组织因素社会经济、社会人口、社会文化及地缘交通既是促使城市空间发展的因素，同时也被其他因素所影响。

在南阳城市空间营造方面，政治政策、社会经济、历史沿革、地缘交通及社会人口因素对城市规模产生了一定影响；政治政策、社会经济、社会文化、历史沿革、城市规划及自然环境因素影响了城市格局及空间结构的变化；而城市功能与用地形态方面则受政治政策、社会经济、社会文化及地缘交通因素的作用。

① 周搏. 满族民居：沐浴冰雪中的别样四合院作者[J]. 国土资源，2007（5）：55。

4.4.2 自组织与他组织关系

通过对宋元明清时期各空间营造影响因素的分析，可知：该时期自组织与他组织关系基本协调，他组织中的历史沿革、政治政策与城市规划因素仍然受自然、交通、经济、文化等自组织因素的制约，并对自组织因素产生影响。但与秦汉至五代时期比较而言，此时期他组织因素中的人为干预性更强，对自组织因素的影响程度也在增大。例如，府治的迁移和封藩制的实施，更多是君主意志的体现，并对城市空间营造影响巨大；安抚流民政策的实施不但使城市人口增加，还因为过量的开山种地，造成水土流失，河床淤积，影响通航，对自然环境及地缘交通因素影响较大。

在城市空间营造方面，他组织中的政治政策因素与自组织中的社会经济、社会文化因素仍然具有绝对影响力，而他组织中的历史沿革因素与自组织中的地缘交通因素的影响力也在增强。但从他组织因素与自组织因素关系来看，前者在受后者制约的基础上，对后者的反作用在加强。

第 5 章 1859—1919 年南阳城市空间营造

5.1 1859—1919 年城市空间营造影响因素

5.1.1 自然环境

1859—1919 年间，南阳自然环境状况大体上与宋元明清时期一致：地势呈阶梯状，以河流为骨架，构成三面环山、向南开口、与江汉平原相连接的马蹄形盆地。地貌易于形成河流径流的骤发骤损，有雨则洪涝，无雨则干旱。南阳盆地是典型的季风性气候，四季均有大风天气出现，各区县大风年平均日数多则 18.11 天，少则 2.55 天。南阳城所在的中部地区盛行东北风。早在东汉永元五年（公元 93 年）就有南阳等地因大风而导致树木被拔的记载。因此，防风也是南阳城不可小觑的问题。[①]

由于以上原因，这一时期南阳的自然灾害主要表现为旱、涝和大风三方面。根据史料记载，1859—1919 年的 60 年中，有 14 年出现自然灾害。其中，36%的年份出现水涝，29%的年份出现干旱，21%的年份出现大风天气。

在河流方面，南阳盆地多年平均降雨的减少导致了河流常年水位的下降，加上周围山区森林资源遭人为破坏所造成的水土流失以及大量泥沙在河床淤积，使得清末时期南阳地区的水路交通在航程上表现出逐渐缩短乃至绝航的趋势。

5.1.2 地缘交通

清末至民国时期，南阳地缘交通沿袭了前朝格局（图 5–1），连接南北、横贯东西，但随着 1906 年京汉铁路的修通，南阳昔日交通枢纽的重要地位逐渐丧失。

该时期，七条陆路交通要道自宛城向四周呈放射状延伸，分别为方城路、三鸦路、宛郢大道、东南大道、武关道、午阴道及西南大道。通航水路则有白河、唐河、丹水和湍河。由于降雨减少、河流常年水位下降、水土流失以及大量泥沙在河床淤积等原因影响了通航，明清时期南阳地区唐河、白河的航程呈逐渐缩短趋势。到清代末年，从湖北襄樊开出的大型货船沿白河仅可抵南阳城关，而小船仍可直达今南阳市北 50 里的石桥镇；唐河的通航终点则南移到了今社旗县城关。湍河，作为白河的重要支流，自清末以来，其航道逐渐萧条，且受白河水位影响，该时期仅能短期通航。

就白河水路而言，南阳旧城址有供客货上下的大寨门、小寨门、永庆门、琉璃桥四个码头。大寨门多卸竹木、食盐及笨重货物；小寨门以卸煤油、白糖为主；永庆门多卸小件百货；琉璃桥卸煤、柴、粮食、木柴。清时，码头繁盛，在南关形成一条“新街”。[②]

① 黄光宇，叶林. 南阳古城的山水环境特色及营建思想[J]. 规划师，2005（8）：90。

② 南阳市地方史志编纂委员会. 南阳市志[M]. 郑州：河南人民出版社，1989：475。

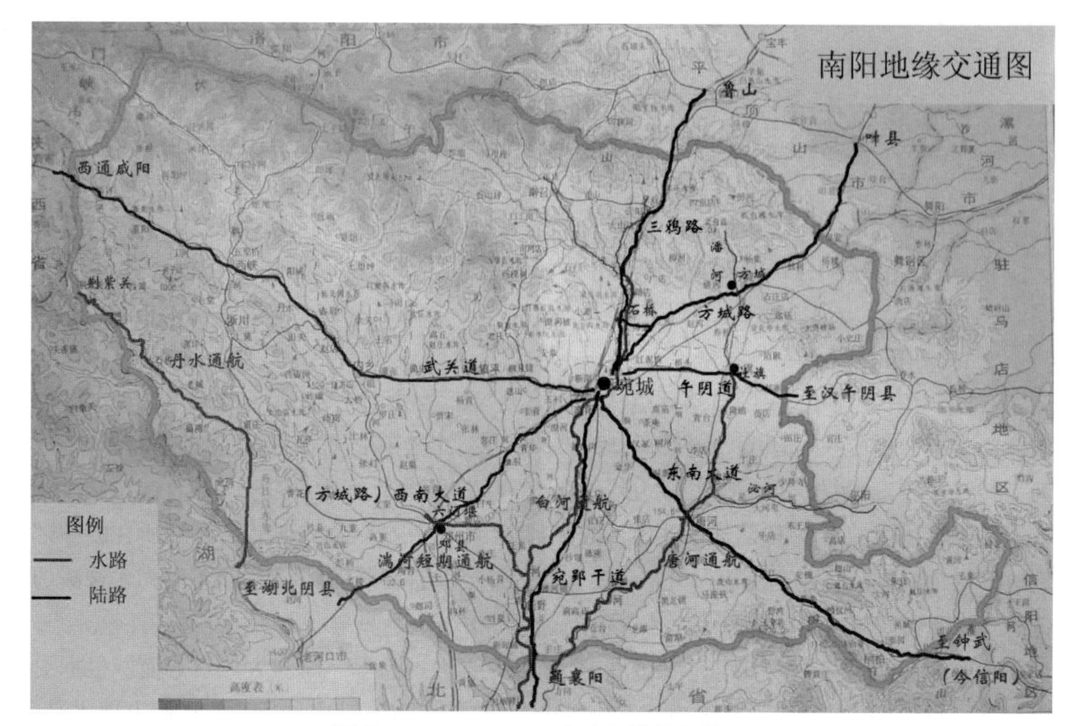

图 5-1　1859—1919 年南阳地缘交通图

由于白河由东北向西南绕城而过，南阳市与县区城乡交往，在未建桥梁以前，均靠船只摆渡，所以白河渡口亦为南阳市的交通要道。南阳与县区联系的三个白河渡口分别为白河南关渡口（现大寨门）、校场渡口（白河大桥处）、盆窑渡口（现公路漫水桥处）。其中，盆窑渡口最大，为方城路要道，历史悠久；校场渡口居中，为一古渡口；南关渡口最小，古名襄阳渡，即南去湖北襄阳之意。

5.1.3　社会经济

晚清以来，南阳丝织业大盛，仅城关经营丝绸者就有八九百家。同治年间，南阳还是豫省最早出现外货的城市之一。光绪末年，办实业之风日炽，县署开办“习艺所”（组织犯人开办的丝织工厂），织造丝线带和线毯。光绪三十年（公元 1904 年），南阳设立“蚕桑招商局”，专事推广养蚕新法，改良丝绸工艺。次年，成立南阳府劝工厂（设在马王庙与县城隍庙西院，即今新华东路西端南侧）。民国初年，时局相对安定，加之雨水均匀，收成尚佳，各行业普遍稳定上升，并以纺织业发展较快。与工业发展状况相对应，光绪中期以来，南阳经营丝绸、京广杂货和外货的商号兴隆，并以丝绸业为最。其他行、庄相继兴起，如花布行、杂货行、皮毛行、粮行、百货行等。设在汉口的泰古、德士古、美孚、亚细亚等外资“洋行”亦先后在南阳设立经销机构。①

总的说来，1859—1919 年南阳城市的经济维持着比较繁荣的局面。但随着汉水流域襄樊、武昌、汉阳、汉口等城市的相继崛起，南阳昔日辉煌地位不再拥有；尤其是清朝末年

① 南阳市地方史志编纂委员会. 南阳市志[M]. 郑州：河南人民出版社，1989：339。

京汉铁路的开通和宛城驿站的撤销，使南阳失去交通枢纽的优势，以至于其经济长期处于停滞不前的状态，[①] 在汉水流域的地位由两汉时期的核心区、隋唐北宋的次核心区，沦为元明清以来的边缘区。[②]

5.1.4 社会人口

清末以来，南阳人口呈增长趋势。至光绪中期，南阳全县人口为25万余人，城关人口为2万余人。民国初年，军阀混战，散兵游勇打家劫舍，乡村富户多逃居城内，南阳城市人口增加迅速。至1919年，南阳城关人口已接近4万人。[③]

5.1.5 社会文化

与古代由族群变迁而引起文化变迁的情况不同，1859—1919年我国文化发展源于晚清国门打开而引起的西方文化渗透。此时期，南阳城市文化发展主要体现在西方洋教的传入以及新学与办实业之风的兴起。

西方基督教与天主教的传入，在带来西方文化的同时，促成了南阳近代古罗马风格建筑——靳岗教堂的落成，也激起了群众反帝反宗教思想的斗争。在新学发展方面，科举制度被废弃，南阳府、县儒学被裁撤，城市教育体系逐步完善，有幼儿教育、中学教育、师范教育、专业与职业教育等，公、私立学校并存，且以私立为多。另外，由于办实业之风的兴盛，“蚕桑招商局”、南阳府劝工厂等官办工业与私营工厂相继出现，引起了城市工业格局的变迁。

5.1.6 历史沿革

清朝，因明制，府辖两州十一县，南阳为府治；宣统三年（公元1911年），又为南汝光淅道治。民国2年（公元1913年），撤销南阳府，南阳县改属豫南道（次年6月改称汝阳道）（表5-1）。

1859—1919年南阳历史沿革表　　表5-1

时（朝）代	纪元	隶属	所置行政单位	何级治所
晚清	公元1859—1911年	南阳府	南阳县	南阳府治
中华民国	1912—1913年	南阳府	南阳县	南阳府治
	1913—1919年	汝阳道	南阳县	

来源：南阳市城乡建设委员会.南阳市城市建设志[Z].1987。

5.1.7 政治政策

1859—1919年，中国政治制度经历了清代的君主专制制度、辛亥革命时期的资产阶

① 邓祖涛.长江流域城市空间结构演变规律及机理研究[M].武汉：湖北人民出版社，2007：34。
② 邓祖涛，陆玉麒，尹贻梅.汉水流域核心——边缘结构的演变[J].地域研究与开发，2006（3）：31。
③ 南阳市地方史志编纂委员会.南阳市志[M].郑州：河南人民出版社，1989：125。

级民主共和制以及北洋军阀统治时期的封建军阀制度。在管理体制上，基本沿袭清代的省、府（直隶州、直隶厅）、县（散州、散厅）三级地方行政管理体制。该时期，随着国家政治制度与政治体制的变化，南阳作为县治所在地，其政权也经历了相应变化。清末，南阳府辖两州十一县，南阳为府治。民国元年（公元 1912 年），清知县署改为县公署；次年南阳府撤销，县公署迁府署。在民国初及军阀统治时期，南阳基层政府沿清制，后改行闾、邻制。

晚清政策主要体现在宗教、经济、教育及城垣建设方面。在宗教方面，晚清政府对洋教采取的是退让妥协政策。道光二十四年（公元 1844 年），清政府同意天主教弛禁，罗马教廷正式建立河南教区，总教堂设在南阳靳岗。同治六年（公元 1867 年）清政府向南阳天主教堂副主教贺安德（意籍）妥协，决定同意将城西 12 华里之靳家岗暂借给其建造教堂。光绪二十年（公元 1894 年），河南当局批准靳岗教堂修筑寨垣，次年教堂开工，并于光绪二十五年（公元 1899 年）将土地扩展到 3000 余亩。在经济方面，晚清政府采取鼓励开办实业的政策，在南阳成立“蚕桑招商局”及开办南阳府劝工厂。在教育方面，晚清政府采取鼓励新学的政策，于光绪三十一年（1905 年）诏废科举，裁撤南阳府、县儒学，并成立南阳劝学公所。在城垣建设方面，同治二年（公元 1862 年），知府傅寿彤环城修四圩，因东西南北关寨圩相互隔绝，自成一堡，状若梅萼，故名“梅花寨”，有“梅城”“梅花城”称号；后又通为一郭，周长十八里，建空心炮台十六处，并划郭为六段；又西引梅溪河水，东疏温凉河水以为寨河。光绪二十七年（公元 1901 年），又增修土郭，断为四圩。

5.1.8 城市规划思想

1859—1919 年，《周礼·考工记》中的“匠人营国”思想以及《吕氏春秋》中的“择中说”依然在南阳城市空间营造中占主导地位，而《管子》“环境—实用”理念及《管子·乘马》“因天时，就地利”的思想对清末“梅花城”格局形成具有重要影响。

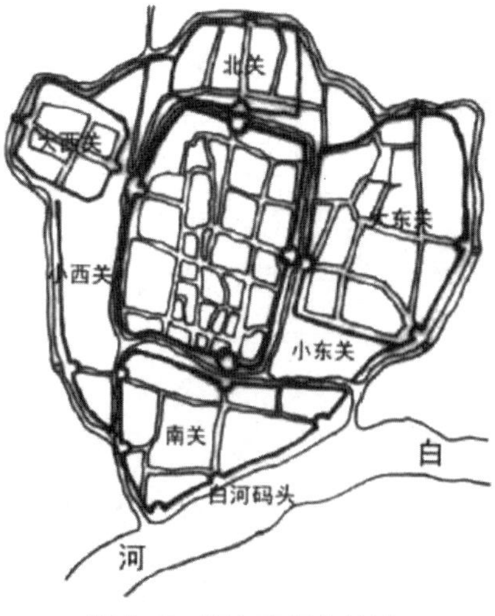

图 5-2 清末南阳六关图

来源：黄光宇，叶林 . 南阳古城的山水环境特色及营建思想 [J]. 规划师，2005（8）：88-90

5.2 1859—1919 年南阳空间营造特征分析

5.2.1 “梅花城”的形成

随着城市人口的增加及城内用地的有限，明至清初南阳城市用地呈现向城外扩散的局面，大量居住用地分布于城外四关，该时期南阳城区已呈“梅花状”分布格局。同治二年（公元 1862 年）南阳旧城外筑起一道环城郭城（寨垣），周长 18 里，并将郭划为 6 段，俗称“六关”，即大东关、小东关、大南关、大西关、小西关、大北关（图 5-2）；西引梅溪河水、东疏温凉河水为寨河，各寨垣相互隔绝，自成一堡，状若梅萼，故曰“梅花城”。《管子·乘马》主张“因天时，就地利。故城郭不必中规矩，道路不必中准绳”。“梅花城”是我国古代典型的不规则平原城市，其城垣规划正体现了这一思想。特别是东、南两关，顺河岸筑城，依地形曲折，形状十分随意。

清末南阳城基本符合明清时期府城一般形制与规模，在内部功能分区上依然体现周礼礼制，城市规划的原则包括城郭分治原则、宫城居中原则、左右对称原则、官民分居原则以及街道分割原则。[①] 在形制方面，清末南阳城为内、外二城的格局，以前的郭城成了内城。内城仍保持比较规整的格局，呈南北向长方形；而外城垣曲折随意，呈“梅花状”。在规模方面，内城面积沿袭明代，约 0.765km^2；而随着外城的迅速扩张，南阳城总面积约为明代的 4 倍。内城城门仍保持明代的 4 个。外城由于规模较大，城门相对较多，各城关根据其规模，有 2~6 个城门不等。

5.2.2 城防体系的完善

南阳城的城防体系经过千余年的发展，至清末达到了顶峰：在防水灾方面，“梅花城”各寨垣相互隔断，自成一堡，再加上外围郭城，就形成了两道防洪的堤坝，且增强了城中军民自救的能力，不至于导致“一招不慎，满盘皆输”的局面；而环城壕池作为重要的排水系统，有环郭城、环内城两套，顺应地势，“由高处引水入壕，由低处泄水出城，如此，清水长流，循环不休，既清洁卫生，又可排泄潦涝”。

在防战事方面，南阳城拥有独具特色的城寨，六关与内城城垣相对，便于四面攻击入城之敌，相互接应，即使被敌攻破部分城垣，军民尤有撤退、待援之所；并且深挖护城壕池，高筑城墙，城门外筑月城，其中东、西正门的月城城门开口分别朝南、北；置角楼、敌台、窝铺和炮位。据《南阳地区志》记载，明代以后的 300 年间，南阳城虽屡遭围城之困，但无一次城破，足可见其防御功能之完善。

在防风灾方面，“梅花城”曲折的城垣轮廓正好有利于阻挡北风进入城内：北部很宽，增大了受风面，减缓了风速；城内寨垣相叠，构成多层防风屏障。[②]

5.2.3 功能分区

清末南阳“梅花城”内城的西南隅依然为南阳府和南阳县治所在地，周围有南阳镇总兵署、左营都司署、城守千总署和察院。府学文庙处于城市中心位置，内城西北隅的王府山依然为南阳城的制高点。府文庙前通淯街，并与通淯街及北面王府山共同形成了一条贯通内城南北的中轴线。在商业方面，依然保持着清初以江浙会馆和最大的粮食交易市场为主的内城东北隅商业区和以长春街为主的内城东南隅商业区。

由于城区范围不断扩大，城外居民日益增多，同治二年（公元 1862 年），南阳知府傅寿彤环城筑郭，并划郭为 6 段，俗称六关，主要为民居。大东关和南关各有自己的白河码头，

① 马正林. 中国城市历史地理[M]. 济南：山东教育出版社，1998：463-465。

② 黄光宇，叶林. 南阳古城的山水环境特色及营建思想[J]. 规划师，2005（8）：90。

商业比较繁华。大东关的南部仍为宛城驿所在，又有白河码头，以官驿街为主构成大东关南部主要的商业区。小西关、大南关、小东关合称南关。南关有三个白河码头，是南北货物的重要集散地，其扩展更为迅速，尤其是向南扩展，城垣因受白河走向的限制而呈倒立的三角形。

由于南关码头过于繁忙，便在寨门内侧建一条新街，新街成为水陆货物重要的集散地，商业尤为繁盛。由于南阳丝绸业的发展，在新街的东端沿南北走向出现了一条专门经营丝绸的街道，铺面相接，生意兴隆，因此亦叫丝绸街。南关不但是清代南阳城最繁华的商业区，而且也是南阳城手工业集中分布区，丝织业最为兴盛，南关新街两旁，“轧轧机声响彻街巷”。后来，又在新街北建蚕厂和面粉厂。在城区寺庙分布中，尤以南关为最多，远远胜过城内及其他诸关。①

由此可见，清末南阳“梅花城”内部功能分区有以下特点（图 5-3）：①城市根据中心布局原则，将府学孔庙设置在城市中轴线偏北位置，体现了对孔子儒家思想的推崇。原城外寨垣的建立使南阳形成内、外双城的格局，原南阳城成为内城，郭城（寨垣）因地形条件的限制，形成独特的梅花状格局。②外城发展迅速，由明代四关发展为六关，南关发展速度最快，其繁荣度超过了东关，这与南关工商业的迅速发展密切相关。③清末南阳城分

图 5-3　清末宛城概貌图

① 马正林. 中国城市历史地理[M]. 济南：山东教育出版社，1998：284。

区明确：城内府学孔庙居中。南阳府、县治位于内城西南隅，周围各行政机构密集，为南阳城的政治中心。商业区为多中心分布，内城有以江浙会馆和最大的粮食交易市场为主的东北隅商业区，和以长春街为主的东南隅商业区；外城则有因靠近驿站而发展起来的东关官驿街商业区，和承担货物集散功能并进行丝绸专卖的南关新街商业区。同时，南关新街两旁也是手工业集中分布区，以丝织业为最盛，还有蚕厂和面粉厂。南阳城对外交通功能，主要由东关的城驿、码头及南关的白河码头承担，不同的是南关的码头虽较东关发达很多，但更多承载的是货物往来功能。至于居住功能，由于内城的面积有限，则更多由外城的六关来承担。④南阳城寺观等公共建筑呈散点布局，但以南关为最多，远远胜过城内及其他诸关。⑤街道分割原则采用棋盘式端直设置，内城道路呈三经四纬的网络结构，这些道路将城区划分为12个方块；各城关道路结构与内城相似，既与内城主要道路相接，又保持有自己的相对独立性。

5.2.4　城市道路建设

清咸丰四年（公元1854年）南阳知府顾嘉蘅大修南阳城池街道，开始形成了南阳巍峨的城墙，高耸的城楼和蜿蜒的月城，组成六关四隅的“梅花城”，有街巷八十条，街宽六至七尺，是近代史上最早的城池街道建设。①

清末，城区多为泥土路。南门大街、长春街（今属解放路）、东门大街、白衣堂街（今属新华东路）、察院街（今民主街）、北门大街（今属工农路）、西门大街（今新华后街）为石条与碎石路面，宽2m余。所用石料多为蒲山青石，以及少量磨山石；石条规格大致相同，长1m，宽约0.32m，厚0.12m。每街的石条按三纵分开平行镶铺，纵横成列，纵观每小组成“山”形，夹空密铺碎石。

民国初，因年久，路面石条磨损成凹、断裂较多，地方商会组织大街收益商户和居民集资修路，以各街为组织，视各户经济实力，酌情收钱，富户多出钱，贫民多出劳力，统一订购蒲山石条，进行更换岁修。②

5.2.5　本土建筑特点与西洋建筑的传入

清末、民国时期，南阳建筑业包括木、泥、石、画、油漆等，均为手工业个体劳动，由于社会地位低下，人们以“匠”相称。当时，绝大多数手工业者受社会条件限制，信奉“天命”和“神灵”。木、泥、石、画的建筑业，信奉的是“鲁班”，并建有鲁班庙。南阳鲁班庙原位于魏公桥东边，泰山庙以西，清光绪年间被大水冲毁。后另选地址在北边土坡上重建，这里地势较高，门殿三间在南，通过门殿，沿石级而上可到拜殿。拜殿也称正殿，为明三暗五，青砖筒瓦、廊柱飞檐、高大而宽敞，为该庙的主要建筑。正殿东西两侧各有耳房，是原主持道士的住室。

清同治六年（公元1867年），意籍教士建靳岗教堂。教堂为欧式风格，主要建筑有

① 南阳市城乡建设委员会. 南阳市城市建设志[Z]. 1987：122。
② 南阳市城乡建设委员会. 南阳市城市建设志[Z]. 1987：111。

大经堂、女经堂、司铎大楼等西式建筑，另有圣母山、气象台、西式坟园各一座。清光绪二十一年（公元 1895 年）又修筑周长 400 余丈的靳岗寨垣，还有仁慈堂、残废院、医院及西满中、小学。

5.3 1859—1919 年南阳空间营造要素

5.3.1 面

1. 城市范围

同治二年（公元 1862 年），南阳城外筑起一道周长 18 里的郭城（寨垣），范围大致囊括了明至清初城外四关的用地，并将郭划为 6 段，俗称“六关”，即大东关、小东关、大南关、大西关、小西关、大北关，至此南阳城从清初的一重城垣格局发展成了内、外两城的“梅花状”格局，而以前的郭城成了内城。内城仍保持比较规整的格局，呈南北向长方形；郭城（寨垣）东、南两关由于受白河限制，形状曲折随意；加上西引梅溪河水、东疏温凉河水为寨河，使各寨垣相互隔绝，自成一堡，状若梅萼，从而筑就了清代南阳“梅花城”格局（图 5-4）。在规模方面，内城面积沿袭明代，约 0.765km^2，然而随着外城的迅速扩张，南阳城规模约为明代的 4 倍。

2. 城市内部用地形态

清末南阳城内部用地形态的类型主要包括行政用地、商业用地、手工业用地、文教用地、居住用地、对外交通用地。

其中，行政用地范围则主要包括处于内城西南隅的南阳府、县治及其周围。

商业用地仍表现为沿街设置，并呈现出多中心与专业化趋势：以会馆和粮食交易市场为主要功能的商业用地分布在内城东北隅，以零售商业为主要功能的商业用地分布在内城长春街，以人流、货流集散及商品买卖为主要功能的商业用地分布在外城东关官驿街，承担货物集散功能并进行丝绸专卖的商业用地则分布于南关新街。另外，清代南阳城还有较为集中的手工业区，主要位于南关新街两旁，以丝织业为最盛，还有蚕厂和面粉厂。

随着城市人口的增加及内城面积的局限，该时期南阳城居住用地大量分布于外城的六关，除明代较发达的东关以外，南、西、北三关均有较大发展，尤以南关发展最为迅速。

清末南阳城对外交通用地，主要包括东、南两关的城驿及码头用地。

至于文教用地，清末南阳城除了位于内城中心的府学文庙以外，寺观等公共建筑虽呈散点布局，但以南关为最多，远远胜过城内及其他诸关。

5.3.2 线

1. 轴线关系

中国古代城市的中轴线思想集中反映了中国的礼教制度与儒家思想，在清末南阳城中仍有突出体现。该时期宛城以府学文庙为城市中心，中轴线沿通淯街向南延伸；北端则收于城市空间制高点——王府山。然而，从清末开始，由于西方文化的渗入，中国传统儒家思想的统治地位也在慢慢丧失，中轴线思想在城市建设中的统治地位逐步减弱。

2. 城市路网

清末南阳城内城呈南北向长方形，城门4个，城区道路呈三经四纬的网络结构，这些道路将城区划分为12个方块，城区平面结构呈“棋盘”形，街巷整齐，南北向主街有4条，通直，少折。外城东、南、西、北各城关，根据其规模，有2~6个城门不等，各城关道路结构与内城相似，既与内城主要道路相接，又保持有自己的相对独立性。

3. 城墙

同治二年（公元1862年）南阳知府傅寿彤环城修四圩。因东、西、南、北关寨圩相互隔绝，自成一堡，状若梅萼，故曰“梅花寨”，有“梅城”“梅花城”称号。后又通为一郭，周长18里，建空心炮台16处，并划郭为6段，俗称“六关”；又西引梅溪河水、东疏温凉河水为寨河。光绪二十七年（公元1901年），又增修土郭，断为四圩。

5.3.3 点

1. 标志物——靳岗教堂

靳岗教堂位于南阳城外西北的靳岗，寨垣环筑，经堂矗立，是披着宗教外衣的帝国主义分子经营的所谓东方“梵蒂冈”——河南教区南阳总教堂。河南教区共分九处，即“南阳、郑州、开封、洛阳、新乡、卫辉、归德、信阳、驻马店”。以南阳教区为大本营，其他八个教区都是从这里渐次分化出去的。该教区内多为欧式建筑，包括：大经堂（公元1875年）、司铎楼院（公元1880年）、学校讲楼（南楼公元1932年、西楼公元1933年）、西式坟园及周长四百余丈的砖砌寨垣（公元1895年）等。

2. 节点

清末宛城景观节点依然为南阳城空间的制高点——王府山。交通枢纽为东关城驿、东关白河码头，以及南关白河码头。主干道交会点主要位于城中心府学文庙正南方的通淯街与东门十字街的交会处。主要城门人口集散点位于内城东、西、南、北四大城门处。市集则位于内城东南部长春街、内城东北部粮食交易市场、外城东关官驿街商业区、外城南关新街。

5.3.4 结构

清末南阳城结构（图5-4、图5-5）呈现出新的特点：城址为内外两城结构，内城方正，外城城垣形式自由且状若梅花。三经四纬的路网结构将内城划分为12个方块，并以府学文庙为城市中心，中轴线沿通淯街向南延伸，北端收于城市空间制高点——王府山。行政中心位于内城西南隅，居住用地则大量分布于外城的六关。商业用地现为沿街设置，除位于内城东南部的长春街、外城东关的官驿街，还增加了内城粮行街、外城南关新街等商业中心，并出现专业化趋势。由于南关货运集散功能的发达，新街两旁还出现较为集中的手工业区。景观节点为位于唐王府后院的王府山，交通枢纽位于外城东关和南关，人流集散点则位于主要道路交会点、主要城门处、集市等位置。

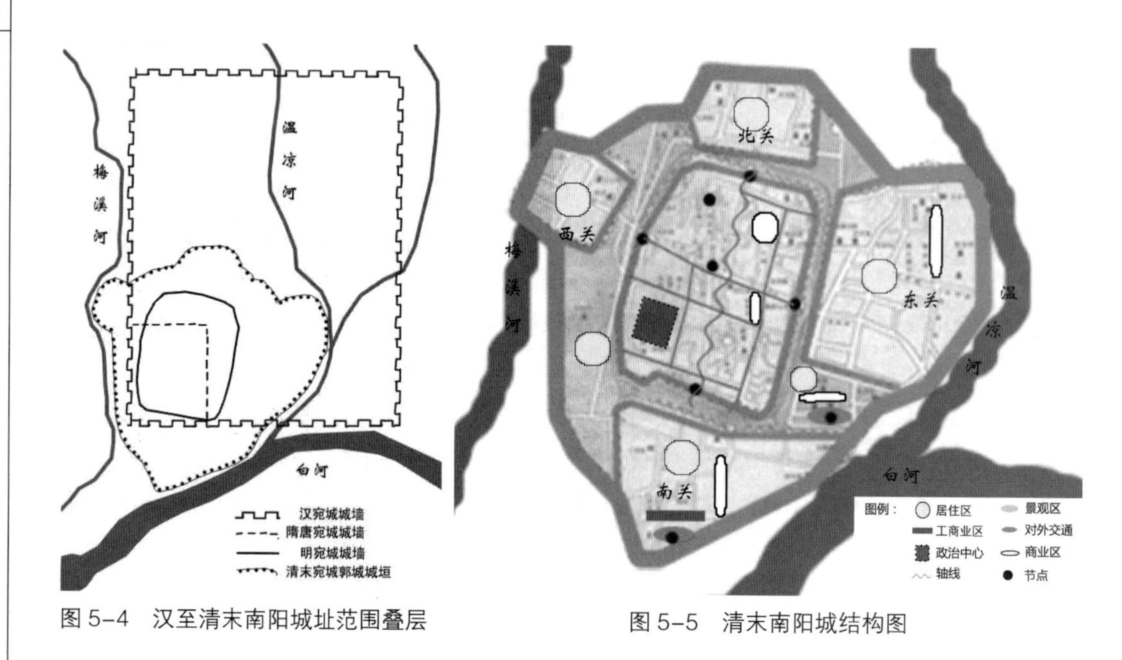

图 5-4　汉至清末南阳城址范围叠层

图 5-5　清末南阳城结构图

5.4　1859—1919 年南阳城市空间营造机制

5.4.1　城市空间营造影响机制

1859—1919 年南阳地区自然环境因素对该地区水路交通及城市格局均产生影响。①平均降雨的减少、水土流失及河床淤积，导致清末时期南阳地区的水路交通在航程上表现出逐渐缩短乃至绝航的趋势。②南阳地区“有雨则洪涝，无雨则干旱”的地形地貌使得清南阳城形成“梅花城”格局，以防水灾。③为了应对南阳盆地典型的季风性气候，清末“梅花城”采用了曲折的轮廓及内外二城的格局，以达到减缓风速和挡风的目的。

南阳地缘交通沿袭了前朝格局，连接南北、横贯东西。南阳交通的发达，不但促进了城市人口、经济的发展，还使得清末南阳城东、南两关规模空前壮大；同时，对该时期南阳城用地形态也产生了一定的影响，如利用驿站、码头等交通优势形成了东关官驿街商业区、南关新街工商业区等。随着 1906 年京汉铁路的修通，南阳昔日交通枢纽的重要地位逐渐丧失，但其交通地位的变化对城市经济等因素的影响表现出一定的滞后性。

1859—1919 年南阳城市的经济维持着比较繁荣的局面。该因素对城市空间营造的影响，主要体现在城市规模、用地形态及空间格局的分布上。在城市规模方面，清末宛城东、南两关因商业繁荣而扩展迅速，促使其城市规模扩大到清初的 4 倍。城市用地类型有行政用地、工商业用地、居住用地、对外交通用地及景观用地等几种形式，出现了工厂用地，同时商业用地出现专业化趋势；在形态上，清末南阳城的特点为商业用地的沿街设置以及居住用地在外城的大量分布。在城市格局及空间结构上，清末宛城形成内、外两城的“梅花城”格局，并出现了对外交通空间与工厂、商业多类型用地相结合的格局。

清末以来，南阳人口呈增长趋势，尤以民国初年至1919年间增加较快。人口的变化对该时期南阳城市空间最直接的影响表现为清末南阳城规模的扩大，尤其是具有交通优势的东、南两关扩展较为迅速。

1859—1919年，南阳城经历了清末太平天国时期清军与捻军的对抗以及1912年奋勇军光复南阳。其历史变革对城市空间的影响主要体现在对南阳城垣的修建、城防体系的建设以及格局的变化等方面。同治二年（公元1862年）南阳知府傅寿彤环城修四圩，形成“梅花城”格局。在城防体系方面，除深而宽的护城壕池、高耸的城墙、城门外的月城、角楼、敌台、窝铺和炮位以外，采用六关与内城城垣相对的形式，便于四面攻击入城之敌，相互接应，即使被敌攻破部分城垣，军民尤有撤退、待援之所。

1859—1919年，南阳政治政策对城市空间营造的影响主要体现为以下几个方面：首先，南阳治所经历了1859—1913年的府治和1913—1919年的县治两个阶段，治所的变化影响了该时期南阳行政用地的分布。其次，该时期宗教、教育、经济、军事及城垣建设等多方面的政治政策，不但对城市经济、文化，还对城市用地形态及空间格局产生较大影响：退让妥协的宗教政策、鼓励新学的教育政策以及鼓励开办实业的经济政策，使得教堂、新式学堂与学校、工厂等用地相继出现；而城防工事及城垣建设方面的政治政策则促使了“梅花城”格局的形成。

1859—1919年，南阳社会文化的发展主要表现为西方洋教的传入、新学与办实业之风的兴起等。该因素除导致教堂、新式学堂与学校、工厂等新用地形态的出现，还引起了城市工业格局的变迁。

在城市规划方面，《周礼·考工记》中的营国思想与《吕氏春秋》中的“择中说”在该时期南阳城市空间营造中仍有体现，如方正的城址形制、规整的路网结构以及中轴线格局等。另外，受《管子·乘马》“因天时，就地利。故城郭不必中规矩，道路不必中准绳”思想的影响，清代南阳“梅花城”采用了不规则的郭城城垣规划，特别是东、南两关，顺河岸筑城，依地形曲折，形状十分随意。虽然，这种曲线形的城垣形式更多考虑的是防风与防洪的需要，但其因地制宜的做法正是《管子》“环境—实用”理念的体现。

总结以上城市空间营造影响因素，可以大致梳理出1859—1919年这些因素之间及其与城市空间之间的关系（图5-6、图5-7）。他组织因素主要包括历史沿革、政治政策与城市规划，自组织因素包括自然环境、地缘交通、社会经济、社会文化、社会人口。其中，他组织因素历史沿革、政治政策与自组织因素自然环境不但对城市空间营造具有直接影响作用，同时也通过作用于自组织因素社会文化、社会经济、社会人口及地缘交通对城市空间营造造成间接影响；而他组织因素城市规划与自组织因素社会经济、社会人口、社会文化及地缘交通既是促使城市空间发展的因素，同时也被其他因素所影响。

在南阳城市空间营造方面，社会经济、地缘交通及社会人口因素对城市规模产生了一定影响，政治政策、社会经济、城市规划、历史沿革及自然环境因素影响了城市格局及空间结构的变化，而城市功能与用地形态方面则受政治政策、社会经济、社会文化及地缘交通因素的作用。

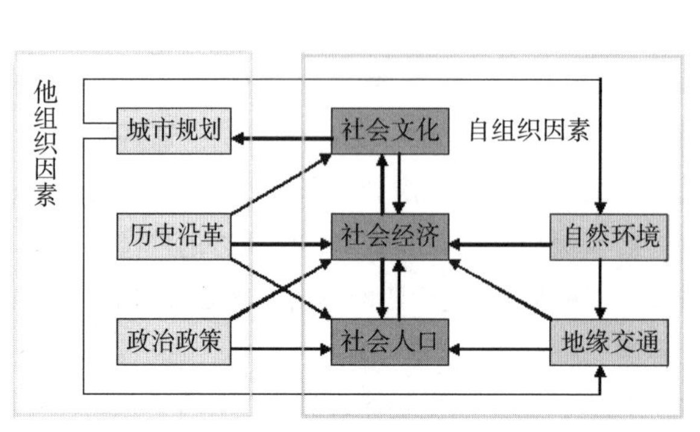

图 5-6 1859—1919 年自组织与他组织因素的互动关系

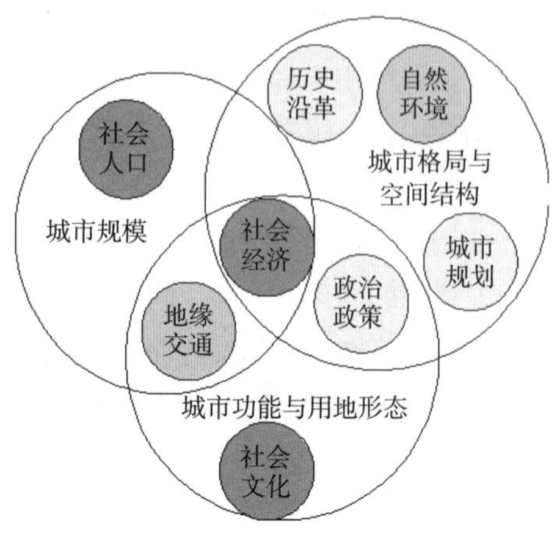

图 5-7 1859—1919 年自组织与他组织因素对城市空间的影响

5.4.2 自组织与他组织关系

通过对 1859—1919 年各空间营造影响因素的分析，可知：该时期自组织与他组织关系基本协调，他组织中的历史沿革、政治政策与城市规划因素仍然受自然、交通、经济、文化等自组织因素的制约，并对自组织因素产生影响。例如，历史沿革中对城垣的建设受到自然环境中地形地貌与风力的制约，最后形成北宽南窄、依地形曲折的“梅花状”城郭。同时，他组织因素仍然对自组织因素具有较大的影响力，如退让妥协的宗教政策、鼓励新学的教育政策以及鼓励开办实业的经济政策对该时期社会文化、社会经济等方面都产生一定影响。

在城市空间营造方面，自组织中的社会经济因素仍然具有绝对影响力；其次是他组织中的政治政策因素与自组织中的地缘交通因素对城市空间营造的影响面较广；相对而言，自组织中的自然环境、社会文化与社会人口因素以及他组织中的历史沿革、城市规划因素对该时期城市空间营造的影响面较窄。

第 6 章 1919—1949 年南阳城市空间营造

6.1 1919—1949 年城市空间营造影响因素

6.1.1 自然环境

1919—1949 年间，南阳自然环境状况大体上与明清时期一致：地势呈阶梯状，以河流为骨架，构成三面环山、向南开口、与江汉平原相连接的马蹄形盆地。地貌最易于形成河流径流的骤发骤损，有雨则洪涝，无雨则干旱。典型的季风性气候，四季均有大风天气出现。由于以上原因，这一时期南阳的自然灾害主要表现为旱、涝和大风三方面。根据史料记载，1919—1949 年的 30 年中，有 12 年出现自然灾害。其中，42%的年份出现水涝，33%的年份出现干旱，8%的年份出现大风天气。

在河流方面，至民国以来，白河水位下降，仅在丰水年汛期流量很大，洪水期水深 3~4m，常水期 1m 左右，枯水期 0.3~0.5m，白沙弥漫，被称为“白河滩”；抗日战争时期，由于泥沙淤积，通航里程日渐缩短，仅盛水季节通航。

6.1.2 地缘交通

1919—1949 年，南阳交通主要呈以下特点：一方面，南阳水路交通日渐衰退，至民国时期，南阳地区主要河道仅为白河、唐河与丹水。湍河河道至清中叶开始逐渐萧条，民国时期只能短期通航。白河河道至民国以来，水位下降，仅在丰水年汛期流量很大；抗日战争时期，由于泥沙淤积，通航里程日渐缩短，仅盛水季节通航。而唐河航运里程则相对缩短，向北仅通达社旗镇。另一方面，公路建设加快，并承担了主要的运输任务，在南阳地缘交通中地位突显（图 6–1）。

就白河水路而言，原大寨门、小寨门、永庆门、琉璃桥四个码头，随着水运不畅，逐渐废弃。南阳与县区联系的白河南关渡口（现大寨门）、校场渡口（白河大桥处）、盆窑渡口（现公路漫水桥处）依然存在。其中，随着 1935 年许南公路的改线，盆窑渡口成为南阳最大的汽车渡口，校场渡口则成为桐柏、唐河北通南阳的汽车渡口，南关渡口民国时期也可渡汽车。

民国时期公路基本是在原古道的基础上修筑而成，始建于民国 20 年（公元 1931 年）。方城路经修筑改为许（昌）南（阳）公路，至民国 24 年（公元 1935 年），许南公路南阳段改线，废除原经桑园、十里庙、许坊、三桥湾、博望至方城旧驿道，改道盆窑经刘寺至方城。三鸦路改为南（召）南（阳）公路，且 1946 年以前南召北不能通车。武关道改为南（阳）坪（西坪）公路，至 1936 年可达西峡；抗日战争时期，南阳段全部毁损，直至 1946 年才又修复通车。西南大道改为南（阳）邓（县）公路，并于民国 22 年（公元 1933 年）全线通车。宛郢干道改为南（阳）新（野）公路，至民国 25 年（公元 1936 年），南阳至新野以南的豫鄂交界处全线通车。东南大道改为南（阳）信（阳）公路，至民国 24 年（公元 1935 年），

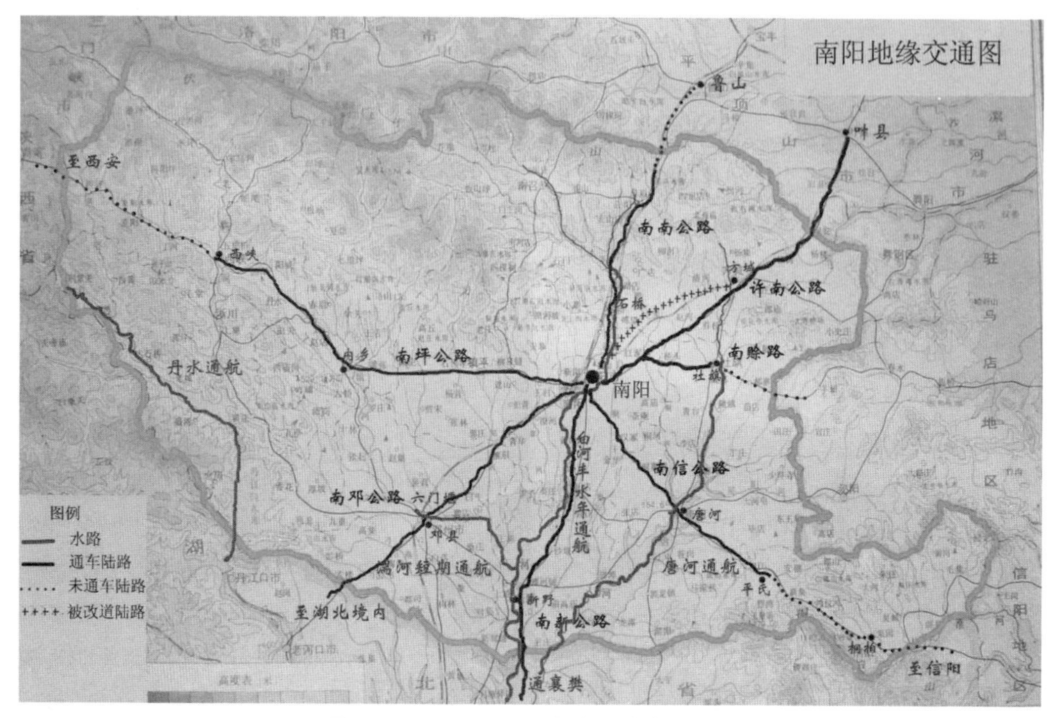

图 6-1　1919—1949 年南阳地缘交通图

南阳至平氏段通车；抗日战争时期，此路破坏严重，直到 1949 年未能再通车。而午阴道从南阳至社旗一段改为南赊路，原古道废为乡村便道；1935 年许南公路改线，南赊路南阳县境内一段重复于许南路。以上这些公路均为土路路基，高出地面；南坪、南信公路铺有黄沙；许南公路为简易路面，雨雪天气禁止车辆行驶。[①]

6.1.3　社会经济

民国初年，时局相对安定，加之雨水均匀，收成尚佳，各行业普遍稳定上升，并以纺织业发展较快。后因年景和政局影响，民国 10 年（公元 1921 年）以后，某些行业败落或时兴时衰，比较兴盛的有罗铺、铜器、肥皂、手工卷烟等。纺织业在民国 21 年（公元 1932 年）以后逐渐发展，至抗日战争前夕（公元 1936 年）增至 43 户。抗日战争时期，豫省大部分地区沦陷，南阳成为通往西南、西北的交通要道和货物集散中心，手工业产品销量骤增，出现了卷烟、铁工等机器工业。产品除销于宛属各县外，还销西安、重庆、襄樊、老河口等地。战后，农作物收成尚好，各行业开业户比战时又有增加，之后，日渐萧条。到 1948 年，邻县及广大农村大部解放，城乡隔绝，原料、销路无着，除为驻军服务的轧面、白铁和专供消费的卷烟业外，其他行业急剧衰落。

与工业发展状况相对应，至抗日战争爆发前夕，南阳商业一直处于平稳发展时期。抗日战争时期，省城开封与武汉相继沦陷，陇海、平汉路阻塞，汉口至宛水路断绝，山西、陕西、湖北、四川、甘肃、青海、宁夏等地商人，多以黄金在宛成交。南阳一时成为西北、西南

① 南阳市地方史志编纂委员会. 南阳市志[M]. 郑州：河南人民出版社，1989：453-455。

诸省与上海联系的枢纽和货物集散中心；加之河南省会机关、学校迁宛，人口骤增，商业出现畸形繁荣。此后，由于通货膨胀、法币贬值，商业渐趋萧条。到新中国成立前夕，原来的33个行业，只有十余个维持经营。[①]

6.1.4 社会人口

民国初年，军阀混战，散兵游勇打家劫舍，乡村富户多逃居城内。民国10年（公元1921年）以后，南阳城关人口增至4万余人；民国24年（公元1935年）为50199人。抗日战争初期，省城开封沦陷，河南大批机关、学校迁宛，人口又有增加（后又陆续西迁）。1948年，蒋介石于南阳设立第十三绥靖区，驻军数万，携妻带眷，人口密集。同年11月，驻军弃城南逃，掳走青壮年居民及学生1万余人，城关人口仅剩3.8万人左右。[②]

6.1.5 社会文化

1919—1949年间，南阳城市文化的发展受到了"五四"新文化运动的影响，新思想、新文化逐渐兴起，创办报刊，开办书店，建立图书馆、民众教育馆，进行戏曲改良，发展电影事业，开拓了一代新风；但因社会条件限制和天灾、战乱影响，发展缓慢。

6.1.6 历史沿革

民国8年（公元1919年），南阳县属汝阳道；民国16年（公元1927年），道废，属河南省；民国21年（公元1932年），南阳设立河南省第六行政督察区，辖南阳、泌阳、镇平、内乡、邓县、淅川、唐河、方城、南召、新野、桐柏、舞阳、叶县13县，南阳为专员公署治（表6-1）。1948年11月南阳解放后，分县设立南阳市。

1919—1949年南阳历史沿革表 表6-1

时（朝）代	纪元	隶属	所置行政单位	何级治所
中华民国	1919—1927年	汝阳道	南阳县	
	1927—1932年	河南省	南阳县	
	1932—1948年	河南省第六行政区督察专员公署	南阳县	南阳督察专署治

来源：南阳市城乡建设委员会.南阳市城市建设志[Z]. 1987。

6.1.7 政治政策

1919—1949年期间，随着国家政治制度与政治体制的变化，南阳作为县治所在地，其政权也经历了相应变化。民国16年（公元1927年），南阳县公署改称县政府，县知事改称县长，掌全县行政事务。在民国初及军阀统治时期，南阳基层政府沿清制，后改行闾、邻制，并于民国23年（公元1934年）推行保甲制。

该时期，南阳政策体现在教育、经济、军事及城市建设等多方面。在教育方面，政府

① 南阳市地方史志编纂委员会. 南阳市志[M]. 郑州：河南人民出版社，1989：339-340。
② 南阳市地方史志编纂委员会. 南阳市志[M]. 郑州：河南人民出版社，1989：125。

采取鼓励办学的态度，教育体系逐步完善，有幼儿教育、中学教育、师范教育、专业与职业教育等，公、私立学校并存，且以私立为多。在经济方面，政府出台和实施了一系列有利于振兴实业、发展经济的政策措施，在南阳成立了劝工局、妇女职业传习所等机构。军事政策主要体现在军队在南阳城的驻扎，以及抗日战争时期机关、学校和人口的迁移两方面。在城市建设方面，南阳政策多体现在交通的发展、城防工事的建设、城墙的拆毁与修筑等方面。

1948 年南阳解放后，南阳市人民民主政府成立。至 1949 年新中国成立前，南阳政策主要包括城市秩序与公共建筑的保护、生产的恢复、市场的繁荣几方面。

6.1.8 城市规划思想

随着五四新文化运动的发展，在南阳城市空间营造中，以封建礼教、儒家思想为核心的中国古代城市规划思想的统治地位逐渐丧失；而西方工业革命后产生的新的城市规划思想及理念在中国还没有得到广泛接受与应用，此时期南阳城市空间营造呈现出无规划的状态。

6.2 1919—1949 年南阳空间营造特征分析

6.2.1 城市建设发展缓慢

在经济方面，由于南阳没有被列为开埠城市，其近代资本主义工商业发展远远滞后于开埠城市，外国资本注入较少，再加上南阳的民族资本又相对弱小，资本额度和开办规模都不能与开埠城市相提并论。南阳城市近代资本主义工商业在外部推动力和内部驱动力都不足的情况下表现出其发展的滞后性。

另一方面，南阳战争的频发进一步阻碍了城市建设的发展。北洋军阀及北伐战争时期，南阳一度成为直系军阀吴佩孚、建国豫军及冯军岳维峻部之间争夺的战场。国共十年对峙期时期，南阳又屡遭天灾人祸，除国共之间的斗争以外，还于 1931 年遭到杆首崔二旦的侵扰，城关被攻破，城关及城周围居民 3760 余人被掳走。到解放战争时期，南阳又是 1948 年宛东战役的战场。由于战争频繁，导致城市屡遭破坏，社会秩序混乱，城市建设趋于停滞。

6.2.2 城市空间的功能演替及分区

随着新学与新思想的兴起、办实业之风的兴盛，南阳城市空间的功能及用地形态也发生了相应的变化。据《南阳市志》大事记中的资料统计，以包括行政、金融、商业、医院、新式学堂及学校、新闻出版、文化娱乐、工业企业、邮电通信、宗教等在内的 10 个方面均有新的发展。同时，城市内部一些不适应社会发展的旧有功能逐渐被替代，相应地形成了新旧功能置换的现象，被替代的城市功能主要有一些旧有军事设施、祠祀庙宇，以及一些裁撤的衙署等。

根据《南阳建设志》对南阳房产情况的记录，此时期南阳工商业主要分布于南关大街、小西关东头、小东关西头、长春街中段和南头、新华街东头、东关大街、粮行街南头、察院街东头。官署建筑则突破了内城的限制，在东、南、西关均有分布。宗教建筑变化主要体现在城内旧有祠庙庵堂的减少以及教堂的出现。同时，新的用地功能开始出现，如新式学校、善堂等。另外，会馆建筑是清至民国时期南阳具有特色的建筑类型，具有联络乡谊，帮助经商的同乡，开展祭神活动，为同乡子女提供教育场所，开展行会活动及会议，提供住宿娱乐及休息场所等功能。[①] 但总的说来，机关、学校、工商企业与民居杂处，形不成功能分区。

6.2.3　城垣的拆除与重修

民国 24 年（公元 1935 年），罗震任南阳专员兼南阳县长时，在整修扩建城池街道的基础上，将四城门改名，东曰“新华”，南曰“中山”，西曰“党化”，北曰“公安”。民国 27 年（公元 1938 年），国民政府南阳专员朱久莹，又于西南隅新辟城门一座，名曰“经武”。次年，以防日军空袭，便于疏散为由，组织各区民工，自带伙食工具，限期扒完，砖石归己，把南阳城郭全部拆除。民国 35 年（公元 1946 年）秋，褚怀礼任南阳专员、赵芝庭任南阳县长时，把原来扒毁之城墙重新修筑为土城。民国 35 年至民国 37 年（公元 1947—1949 年），为“防共”，修城挖河一直没停。1948 年，蒋介石于南阳设立第十三绥靖区，为抵御人民解放军，在原土城基础上增高加固，城周长 7.2 华里强。[②]

6.2.4　城市向外扩展的萌动

1919—1949 年，南阳城基本维持清末“梅花城”格局，分内外两城，面积约 3.52km^2。内城为长方形，周长 7.2 华里强；外城分东、南、西、北四关，周长约 9km。与古代不同的是，此时期内城城墙的分隔功能基本丧失，并一度被拆毁，以前集中在内城的一些功能（如政治功能）出现向四关扩展的趋势，形成机关、学校、工商企业与居住等用地杂处的状态；另一方面，一些城市用地开始向城郭外扩展，例如，1939 年郭城外围东北角的明山顶出现了工业用地——酒精厂。

6.2.5　城市道路网络建设

民国 22 年（公元 1933 年）北门大街进行了扩宽，由白衣堂到北城门，拆毁民房数百间。民国 24 年（公元 1935 年）南阳城池街道进行了整修，将南阳城关四门改名，并展宽了部分街道。据史料记载，当时南阳城旧有马路皆系石条砌修，且年久失修凸凹不平，不利于汽车行驶，故当时政府拟一律改筑碎石马路，并于 1935 年筑成了县政府街、中山路，共长 1500 余米。

民国 28 年（公元 1939 年）为防日军空袭，便于城镇居民疏散，不但四关城门及城墙被拆毁，沿街居民也被强迫无偿扒毁临街房屋的半边。此时期扩建的街道有民主街、南门大街、奎楼街。民国 32 年（公元 1943 年）出现了抗日战争期间的畸形繁荣。由于南阳地

① 李军. 近代武汉城市空间形态的演变：1861—1949年[M]. 武汉：长江出版社，2005：63。

② 南阳市城乡建设委员会. 南阳市城市建设志[Z]. 1987：21。

处战略后方，外来人数剧增，商贾云集，驻军增多，交通拥挤。为整理市容，位于白衣堂街、中山街、新华街、县政府街的突出来的市房被拆除另建，历时一年，使街道扩宽，路面得到整修。

民国37年（公元1948年）国民党为阻止人民解放军解放南阳，高筑城墙，深挖护城河。为便于城防兵调迁行动，强行拆除中山街（东门十字口到龙亭）、东关大街（粮行街口至吉兆街口）、公安街、老盐店（即现联合街）沿街市房及其他民房四千余间，使数千人露宿街头。①

综上情况可知：民国时期，由于南阳城市发展迟缓以及城市规模基本保持不变，其道路网络也基本保持了清末格局，少有新路的开辟；为了满足车行的需要，此时期南阳道路的建设主要体现在街道的扩宽改造与路面的修葺上。

6.2.6 建筑特点

民国时期由于社会动荡不安，水旱兵匪灾荒频繁，县城建设成果甚微，重大建筑活动主要为修建城池、街道、庙宇和官宦府邸、绅士富户宅院。市民百姓一般居住简陋，多居小街背巷，筑土墙、架竹木、盖草房或瓦房。在旧城区，房屋建筑技术有其独特之处。但由于在私有制度下，绅士富户所建筑的院落住宅都是单家独户、互不相连、互不照顾、各自为政，每户之间多隔以风火墙，零散的单体建筑组成杂乱无章的群体建筑，形不成个别与整体的和谐结合，造成了街道狭窄弯曲、房屋堵塞，反映出建筑布局的封建割据性。②

6.3 1919—1949年南阳空间营造要素

6.3.1 面

1. 城市范围

1919—1949年，南阳城基本维持清末“梅花城”格局，分内外两城，整座城市面积约3.52km^2。内城仍保持比较规整的格局，呈南北向长方形，城垣周长7.2华里强，面积约0.765km^2；外城分东、南、西、北四关，形态相对自由，城垣周长约9km。

这一时期，由于战争频发以及城市建设发展缓慢，城市规模及形制与清代基本一致，城市发展处于缓慢发展甚至停滞的状态。由于城墙分隔功能的逐步丧失以及城垣的拆毁，内城与四关的联系和渗透得以加强，同时城市表现出向外扩张的态势。

2. 城市内部用地形态

1919—1949年，南阳城内部用地形态的类型主要包括工商业用地、行政用地、教育用地、宗教用地、会馆及善堂用地、对外交通用地、居住用地等。

南阳城内工商业用地主要分布于三个片区，自北向南分别为长春街—新华街—东关大街片区、察院街片区以及南关大街片区，并以长春街—新华街—东关大街片区的规模为最大（图6-2）。另有柞蚕厂与皮革厂分别分布于城北共和街与东关新城街（今新生街西夹道）。

---

① 南阳市城乡建设委员会. 南阳市城市建设志[Z]. 1987：122-123。

② 南阳市城乡建设委员会. 南阳市城市建设志[Z]. 1987：444。

南阳城内行政用地主要分布于内城，东、南、西三关有少量分布，表现出突破内城向外扩散的态势；另一方面，行政用地在内城的分布也较为分散，没有明显的分区，相对而言，沿新华路、民主街、联合街的分布较为集中，约占总数量的2/3（图6-3）。

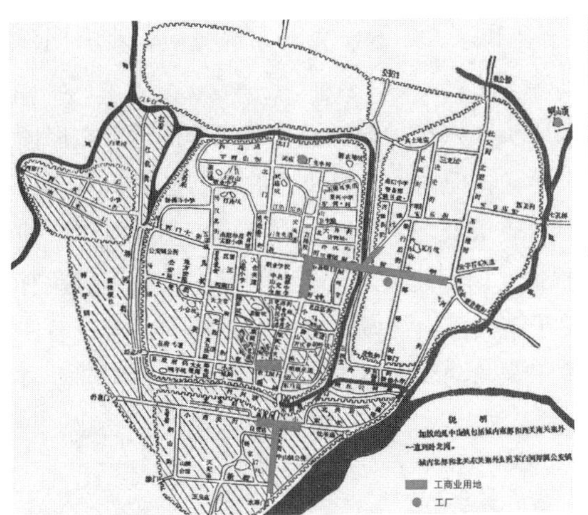

图6-2 1919—1949年南阳工商业用地分布

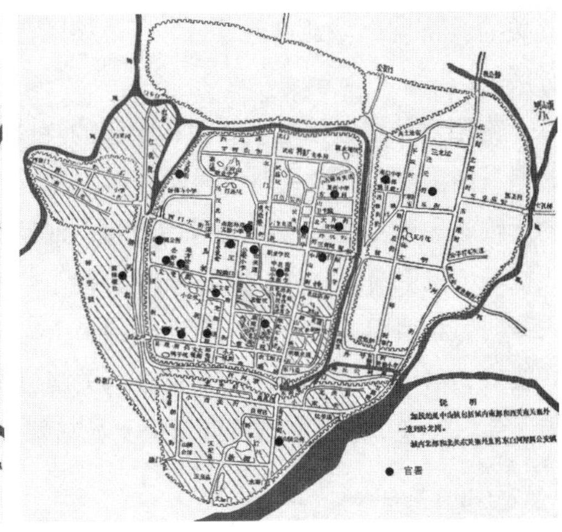

图6-3 1919—1949年南阳行政用地分布

南阳城内教育用地主要指新式学堂及学校用地，以内城的中部、西北部与东南部为最多，另外在东、西、北三关也有少量分布（图6-4）。这些教育用地较为均衡且分散的分布在城市各角落，基本满足了服务半径的需求，同时，分布的情况也间接反映出内城人口的相对集中。

南阳城内宗教用地主要包括祠庙庵堂用地、教堂用地以及清真寺用地三类。根据《南阳建设志》对南阳房产情况的记录，民国时期南阳祠庙庵堂用地较古代大为减少，且仍然呈分散状布置；教堂用地在南阳城内主要分布于内城中部四隅口附近；清真寺则位于小东关近白河处（图6-5）。

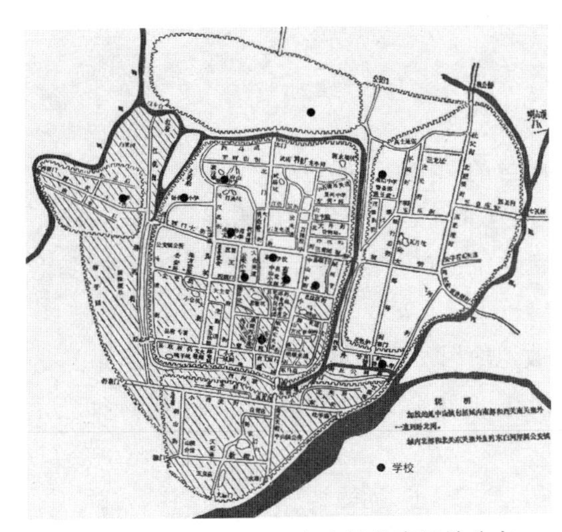

图6-4 1919—1949年南阳教育用地分布

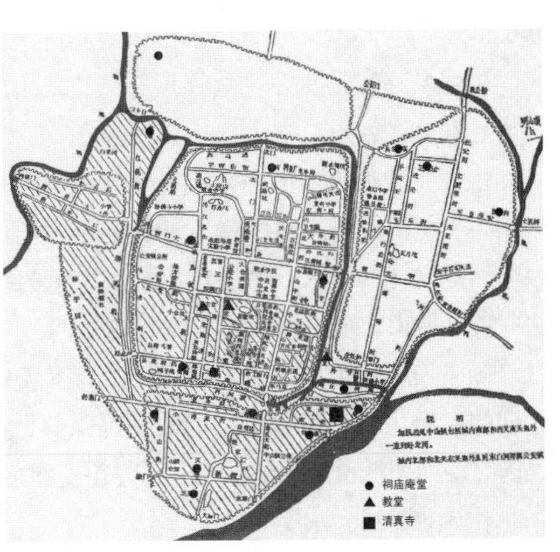

图6-5 1919—1949年南阳宗教用地分布

从清代开始，会馆用地在南阳开始出现并在民国后期开始没落（图6-6）。根据《南阳建设志》对南阳房产情况的记录，该时期南阳会馆有10座，分别为江浙会馆、江浙馆、山陕会馆、湖北会馆、泌阳公馆、邓县会馆、淅川公馆、邓州公馆、镇平公馆、唐县公馆，其中有6座会馆集中在民主街。而善堂用地是民国时期南阳比较新的用地类型，分别为北关的救济院、城北的红十字会、城南的万字会和东关的普济堂，布局分散，没有明显分区。

南阳对外交通用地主要包括水运的渡口与码头、汽车运输站及飞机场等用地。在民国时期，南阳没有开通铁路，虽然开始出现汽车运输，但由于规模小，并没有形成具有规模的运输站；其主要的对外交通用地为白河渡口、码头及建于民国24年（公元1935年）的飞机场（位于南阳北郊，紧靠今环城中路）。根据《南阳建设志》记载，该时期南阳码头有大寨门、小寨门、永庆门、琉璃桥四个，均位于南关沿白河段；渡口有白河南关渡口、校场渡口、盆窑渡口三处，其中只有南关渡口位于该时期城区范围即今大寨门处，校场渡口位于今白河大桥处，而盆窑渡口位于城东郊（图6-7）。

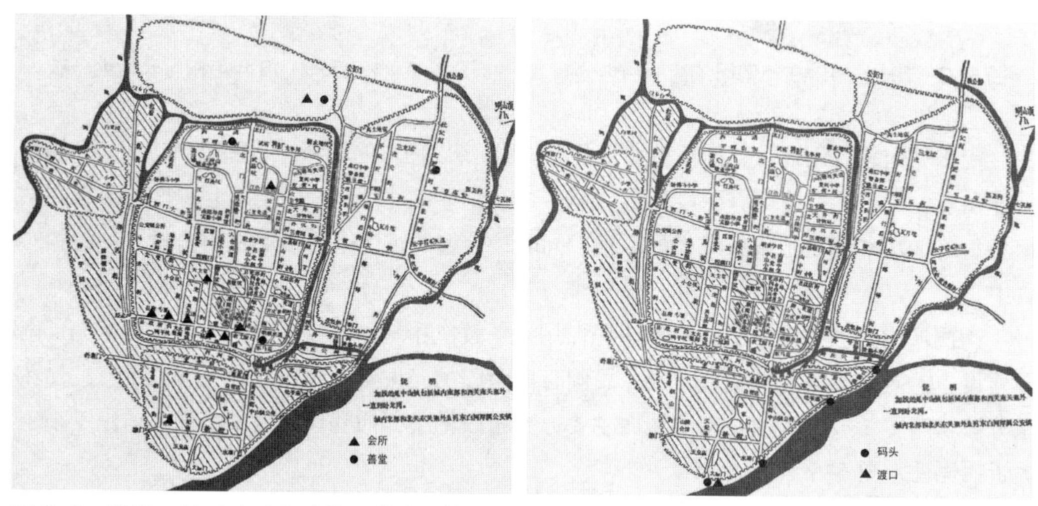

图6-6　1919—1949年南阳会馆及善堂用地分布　图6-7　1919—1949年南阳对外交通用地分布

6.3.2　线

1. 轴线关系

中国古代城市中的中轴线思想起源于原始聚邑的“择中”的观念，在封建社会得到发展，并于明清时期达到高潮，集中反映了中国的礼教制度与儒家思想。然而，从清末开始，由于西方文化的渗入，中国传统儒家思想的统治地位也在慢慢丧失，带来的城市空间变化之一就是城市传统中轴线的破坏与丧失。

随着府文庙前通淯街的改造以及府文庙的改建他用，原南阳中轴线遭到破坏。虽然此时期的王府山依然是城市空间的制高点，但改造后的和平街已经偏移了该制高点。可见，民国时期南阳城市空间的轴线关系并不明显。

2. 城市路网

根据民国时期南阳城区图（图6-8）所示，南阳城内城呈南北向长方形，城门5个，城区道路呈四纵四横网络结构。内城北面有城门1座，由北门大街直通北关主路——北关大街，并与北关大街联合组成今工农南路的一部分；南面有城门1座，由中山街直通南关主路——南关大街，并与南关大街联合组成今解放路；西面有城门2座，由西门大街直通西关主路——西关大街，另在西面偏南处有一偏门经武门，由县政府街（今民主街）通达；东面有城门1座，由新华街直通东关主路——东关大街，并与东关大街、西门大街联合组成今新华东路。

图6–8 1943年南阳城区图

总的说来，该时期南阳城区平面结构呈“棋盘”形，街巷整齐，街道通直、少折，内城主路与各城关主路相通。东、南、西、北各城关根据其规模，有2~6个城门不等，且各城关道路结构与内城相似，既与内城主要道路相接，又保持有自己的相对独立性。

3. 城墙

民国时期，南阳城垣经历了一个拆毁与重修的过程：为防日军空袭以及便于疏散，民国28年（公元1939年），南阳城郭全部被拆除。至民国35年（公元1946年）秋，原来扒毁之城墙又被重新修筑为土城；至1948年，为抵御人民解放军，国民党部队在原土城基础上增高加固，城周长7.2华里强。而该时期南阳城墙的材质也从明清时期的砖石变为土筑。

6.3.3 点

1. 建筑风格

南阳旧时官署、学宫、会馆、庙宇、富豪之家的庭院，大多是明清（特别是清代）建筑。民国时期，新建房屋逐渐由雕梁画栋的古建筑转向一般砖木混合结构的建筑物，房屋四周墙壁用青砖（有的加砖柱）砌成，梁、檩、椽、楼地板及屋架仍为木结构，外观较为时新。

民国时期，工业用房数量有限，多占用庙宇或为民房改建。商业用房俗称市房，在中山街与南关大街(今合称解放路)、新华街与东关大街(今合称新华东路)、察院街(今民主街)、小西关等主要街道，其建筑形式多为砖木结构的瓦房或两层木板楼房。营业用房为多扇铺板门，楼房下层营业，上层一般为暗阁，暗阁临街一面为多格雕花木窗。其后为天井院或二进三院落，有正室和陪房（厢房），正室为粉壁，内装隔扇，常作客厅或洽谈业务之用；陪房一般用作账房、库房。20世纪30年代，曾建造若干幢砖混结构的楼房，但数量不多。其他街道市房兼有砖混结构与草木结构。院落布局一般是小天井院或前面营业、后为民居。1948年，驻军王凌云部扩充街道，中山街、新华街等许多商业用房被拆除一半，形成极不规则状，古老街道面貌遭到破坏，其痕迹至今犹存。

新中国成立前，由于阶级对立，贫富悬殊，民居建筑差别很大，可分公馆、富户庭院，一般富户住宅，三合院和四合院，一般民居，贫民住房几种。

公馆为旧时官绅所建。一般为二进、三进或四进的深宅大院（南阳俗称“公馆”），每院有正房、对厅、厢房组成，另有偏院和花园，木主砖铺或砖木混合结构，上筑脊饰，兽头有含球兽、铁翅兽，屋瓦雪片，雕梁画栋，富丽堂皇。另有大门、二门、屏门、偏门。大门多为过厅，门内筑照壁（影壁），外以青台为阶，黑漆大门，门上安装铜环或金涂铜钉，二门一般为方框门，其后为屏门，屏门系独立过厅，两扇雕花门常闭不启（遇年节或婚丧大事始启用），行人从两侧出入，偏门一般在前院两侧。院内及屋室青砖或方砖铺地，主室粉壁，隔扇。前院对厅接待侍卫人员，二院正室为客厅，两厢为书房、账房，中院正室称堂屋，为供奉祖先之处，左右尊长居住，有的除尊长外，亦作女儿闺房，两厢住嫡庶晚辈，偏院一般用作仓房、厨房、作坊和“下人”住所，外筑高大周垣。南阳公馆有谢公馆、马公馆；还有类似公馆建筑的富户庭院，俗称“大院”，有张家大院、米家大院。

一般富户住宅仅次于公馆和富户庭院，亦多为二进或三进院落，青石台阶，黑漆大门，影壁后为二门，再后为屏门，一般正房三间，厢房三至五间，独户独居或同族共居，分布在今解放路北段、工农路南段、小西关、小东关、西关大街（今八一路东段）及故城东关一带。民国时期扩充街道，解放路、工农路段此种住宅的大门、台阶拆毁。

三合院、四合院多是中等人家居住，独户独居。一般正房三间，两侧亦各三间。中建门楼，有的与正房相对建厅房；有的院落前边还有一层小院，院外为门楼。正房一明两暗作供奉祖先之用（或兼会客），左右尊长居住，两侧厢房为下辈居住。厅房设灶、盛粮，有的前院作仓储、炊餐之用。房屋建筑多瓦房；或正室瓦房，陪房草屋；有的陪房为海青房，即草瓦覆顶各半，俗称“罗汉衫房”。

一般民居为多户共居的大宅院，草瓦房相间，草房居多，每户两三间不等，有的另有厨房，或人、灶同室。还有许多不规则院落，多草房，数户居住。

贫民则多住简易草房或搭棚栖身，建筑结构简单，较好者间壁以秫杆做成（俗称箔），抹以泥土，散布于四关、城隅及偏僻小巷。①

2. 节点

1919—1949 年南阳城节点可以概括为景观节点、人流集散点、交通枢纽几种。该时期，南阳城景观节点除作为南阳城空间制高点的王府山以外，还有位于玄妙观的宛南公园（建于 1932 年）。交通枢纽为位于南关大寨门的白河码头与渡口，以及位于南关小寨门、永庆门、琉璃桥三处的白河码头。人流集散点，除位于内城东、西、南、北及西南角的五大城门处以外，还有三大商业片区中的人流集中点，即新华街—东关大街—粮行街交会处、察院街东头、南关大街—小西关—小东关交会处。

6.3.4 结构

1919—1949 年南阳城区道路经一系列改造拓宽，从清末三经四纬的路网结构变为四纵四横的网络结构，道路格网划分更加清晰。然而由于该时期内城城墙的分隔功能基本丧

① 南阳市城乡建设委员会. 南阳市城市建设志[Z]. 1987：204-207。

失，内外城空间功能的渗透，其结构较为零乱（图 6-9）。首先，虽然王府山仍然是城市空间的制高点，但改造后的和平街已经偏移了该制高点，且原城中心府文庙已被改建他用，城市没有明确的中轴线关系。其次，城市各用地分区也不明显，仅有工商业用地和对外交通用地较为集中且存在一定的分布规律。工商业基本上集中在长春街—新华街—东关大街、察院街以及南关大街三大片区，城内对外交通用地主要分布于南关沿白河段，而行政、教育、居住等用地杂处，形不成明确的功能分区。

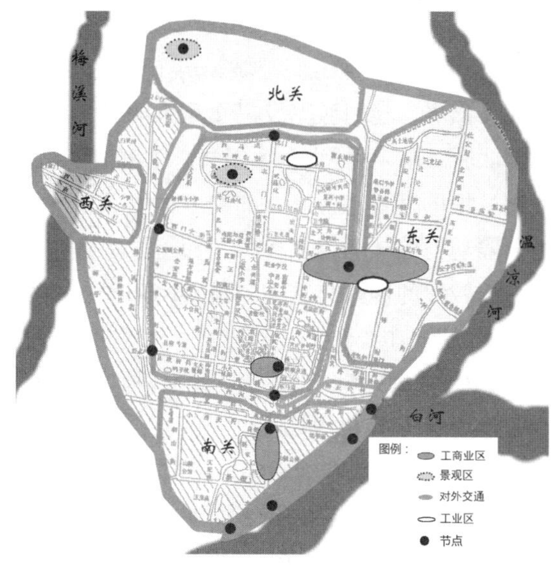

图 6-9　1919—1949 年南阳城结构图

6.4　1919—1949 年南阳城市空间营造机制

6.4.1　城市空间营造影响机制

1919—1949 年南阳地区自然环境的变迁主要表现为对该地区水路交通的影响，如唐河、白河通航里程日渐缩短，白河仅盛水季节通航，湍河只能短期通航。此时期，自然环境因素对南阳空间影响较弱，更多是通过作用于社会经济与地缘交通等因素对城市空间格局产生影响。

1919—1949 年，南阳水路交通日渐衰退，公路建设加快并承担了主要的运输任务。在城市用地形态上，水路交通的衰退使得白河码头及渡口等对外交通用地与工商业中心的联系不如明清时期那么紧密。同时，汽车运输的发展对南阳城市道路空间格局产生了较大影响，大量道路被改造拓宽，内城的网格状格局更加清晰；但道路的改造也带来城市中轴线以及老街道面貌的破坏。

1919—1949 年南阳经济经历了民国初年的平稳发展时期、抗日战争时期的畸形繁荣阶段、新中国成立前的萧条时期。总的说来，该时期经济因素的变化受到了自然条件、历史沿革、政治政策、地缘交通以及人口等多因素的影响，并对城市空间产生较大影响。在用地形态上，社会经济的发展使得柞蚕厂、皮革厂、酒精厂等工厂用地形态开始出现，并使得工商业用地的分布从明清时期分散的长春街、粮行街等商业街积聚成了规模较大的长春街—新华街—东关大街商业片区。在城市规模上，由于工业的发展及部分工厂的出现，使得南阳城在保持原规模的基础上出现向外扩张的萌动。

从民国初年至抗日战争时期，南阳城关人口一直处于上升阶段，城关人口较为密集。直到 1948 年，驻军弃城南逃，掳走青壮年居民及学生万余人，城关人口才大量减少。然而，由于战事频发、城市建设发展缓慢，人口的变化并没有带来南阳城市规模的扩张，而是城市人口的集中以及经济的繁荣。由此看来，此时期人口因素对城市空间影响较弱，主要通过社会经济间接的影响城市用地形态及空间格局。

1919—1949年，南阳城经历了一系列历史变革，包括北洋军阀及北伐战争时期直系军阀吴佩孚、建国豫军及冯军岳维峻部之间的混战、国共十年对峙及抗日战争时期国民党部队驻防南阳以及1948年共产党解放南阳。历史沿革对城市空间的影响主要体现在对南阳城垣的拆毁、重修、加固方面以及由此引起的城市用地形态及空间格局的变化。城垣分隔功能的减弱以及拆毁，使得原本集中在内城的行政功能及用地出现向外扩散的趋势；而城垣的拆毁与重建，使得南阳城一度由内外二城的结构转变成单城结构，然后又恢复到双城结构。

1919—1949年，南阳政治政策对城市空间营造的影响主要体现为以下几个方面：首先，南阳治所经历了1919—1932年的县治以及1932—1948年的南阳督察专署治两个阶段。治所的变化直接反映了南阳在该时期政治地位的变化，也在一定程度上反映了南阳经济、人口的繁荣程度，尤其是1932年河南省第六行政督察区的建立，使得南阳重新成为地区中心，辖南阳、泌阳、镇平、内乡、邓县、淅川、唐河、方城、南召、新野、桐柏、舞阳、叶县十三县。其次，该时期宗教、教育、经济、军事及城市建设等多方面的政治政策，不但对城市经济、人口，还对城市用地形态及空间格局产生较大影响。退让妥协的宗教政策、鼓励新学的教育政策以及鼓励开办实业的经济政策，使得教堂、新式学堂与学校、工厂等用地快速发展起来，而交通、城防工事、城垣的拆毁与修筑等城市建设方面的政治政策则改变了城市的空间格局。

1919—1949年，南阳社会文化的发展主要体现在新文化新思想的兴起。该因素不但使得学校、文化娱乐等用地进一步得到发展，还由于儒家思想在社会文化中统治地位的减弱，导致了城市中轴线格局的破坏。

在城市规划方面，随着五四新文化运动的发展，以封建礼教、儒家思想为核心的中国古代城市规划思想的统治地位逐渐丧失，此时期南阳城市空间营造呈现出的特点为：中轴线格局的破坏以及各类用地的杂处，城市用地形不成明确的功能分区。

总结以上城市空间营造影响因素，可以大致梳理出1919—1949年这些因素之间及其与城市空间之间的关系（图6-10、图6-11）。他组织因素主要包括历史沿革、政治政策与城市规划，自组织因素包括自然环境、地缘交通、社会经济、社会文化、社会人口。其中，他组织因素历史沿革与政治政策不但对城市空间营造具有直接影响作用，同时也通过作用于自组织因素社会文化、社会经济对城市空间营造形成间接影响；而他组织因素城市规划与自组织因素社会经济、社会文化及地缘交通既是促使城市空间发展的因素，同时也被其他因素所影响；与以往不同，自组织因素中的自然环境与社会人口在该时期对城市空间影响较弱，主要是通过作用于社会经济、地缘交通等因素对城市空间产生影响。

在南阳城市空间营造方面，由于该时期城市规模与清末相差无几，只表现出城市向外扩张的趋势，如城外明山顶酒精厂的建立，因此除经济因素与城市规模有微弱关系以外，其他因素主要表现为对城市功能与用地形态、城市格局及空间结构两方面产生影响。政治政策、历史沿革、地缘交通及社会文化因素对城市功能与用地形态、城市格局及空间结构

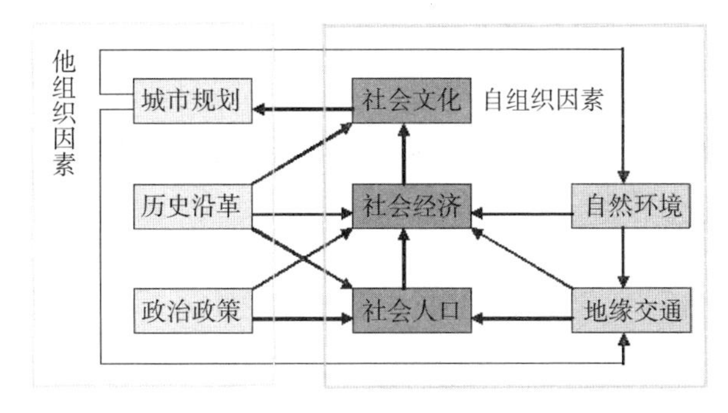

图 6-10　1919—1949 年自组织与他组织因素的互动关系

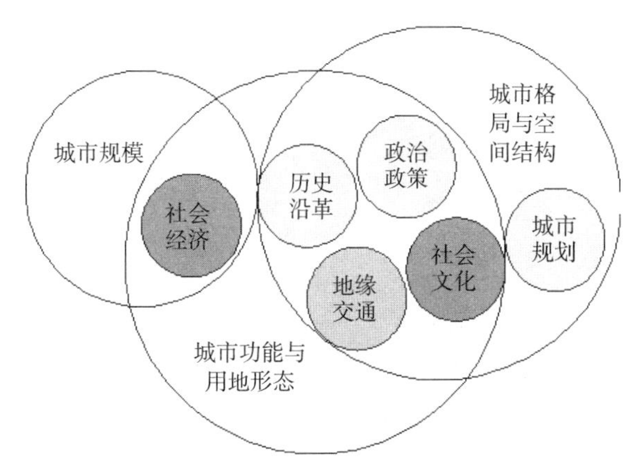

图 6-11　1919—1949 年自组织与他组织因素对城市空间的影响

两方面均产生影响，社会经济主要对城市功能与用地形态产生影响，城市规划主要对城市空间格局产生影响，而自然环境与社会人口对城市空间不产生直接影响。

6.4.2　自组织与他组织关系

通过对 1919—1949 年各空间营造影响因素的分析，可知：该时期他组织因素在各因素中占主导地位，历史沿革及政治政策对社会经济、社会文化、社会人口等自组织因素的影响进一步加强，甚至超过了自然环境与地缘交通对以上因素的影响力。例如，军队驻扎、人口迁移等军事政策直接影响了南阳城人口的繁荣度，而人口的繁荣度与开办实业、建立工厂等经济政策的实施直接影响了城市经济的发展，这与封建农业社会中经济发展更多依靠自然环境的情况有很大不同。

在城市空间营造方面，他组织中的政治政策、历史沿革因素与自组织中的社会经济、社会文化、地缘交通因素仍然具有较大的影响力，自组织中的自然环境与社会人口因素的影响力却在减弱，它们主要是通过作用于社会经济、地缘交通等因素对城市空间产生影响，而他组织因素城市规划的无作为，导致了中轴线格局的破坏以及城市功能分区的不明晰。

第7章　1949—1979年南阳城市空间营造

7.1　1949—1979年城市空间营造影响因素

7.1.1　自然环境

1. 气候条件

南阳市属北亚热带与暖温带过渡地带，季风的进退与四季的更替比较明显，光照充足，雨热同季。夏季受太平洋副高压影响，天气闷热多雨，易出现偏旱或偏涝趋势。[①] 根据1953—1984年气象资料统计：该市历年平均降水量为804.7mm，是河南省降水量比较充沛的地区之一。历年平均大风日数仅3天，特大风速概率甚小，不到0.9%，这似乎与新中国成立前多风灾的状况有所不同。

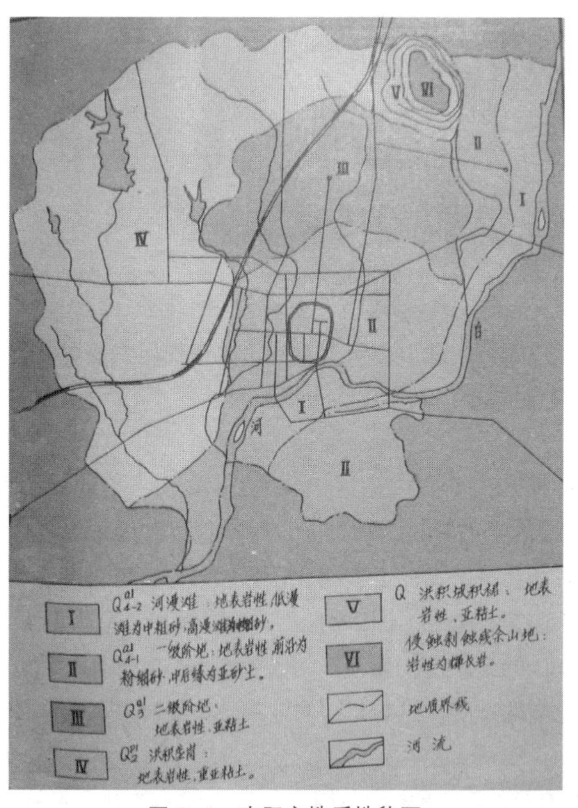

图7-1　南阳市地质地貌图

来源：南阳市城乡建设委员会.南阳市城市建设志[Z].1987

2. 地形地貌

南阳地势呈阶梯状，以河流为骨架，构成三面环山、向南开口、与江汉平原相连接的马蹄形盆地。东西长263km，南北宽168km，山地、丘陵、平原各约占1/3，海拔高度72.2~2212.5m。西北高，东南低，西部为垄状丘陵，北部为基岩残山——独山，东部为白河冲积平原。按成因可分为侵蚀剥蚀残余山地，洪积垄状丘陵，洪积坡积裙和冲积平原四种（图7-1）。根据新构造运动的不同阶段和形成时代，侵蚀堆积之白河冲积平原又分为二级阶地、一级阶地和漫滩三个亚区。[②] 一般来说，冲积平原中的一级阶地与二级阶地较适宜进行城市建设。

3. 自然资源

南阳市内地势平缓，水系发达，水资源较丰富。该市属长江流域汉江区唐白河水系，白河是这一水系的两大干流之一，以白河为主干，从西至

① 南阳市地方史志编纂委员会.南阳市志[M].郑州：河南人民出版社，1989：90。

② 南阳市城乡建设委员会.南阳市城市建设志[Z].1987：27-28。

东有十二里河、三里河、梅溪河、温凉河、溧河及邕河等多条河流，外围有南水北调引水渠、兰营水库及靳庄水库等，形成南阳依水而建的自然环境特征。如此众多的河流水体，在水源不足的北方地区并不多见。

南阳市地势较平缓，位于南阳市东北 8km 的独山是该时期南阳市区范围内唯一的一座山脉，跨越面积 2.3km^2，海拔 367.8m，为南阳市之制高点，扼宛城之咽喉，军事地位十分重要。

南阳地区矿产丰富，优势矿产在地域分布上具有集中成区、成带分布的特点：石油、天然碱集中分布于南阳盆地及盆缘地区（南阳、唐河、新野、桐柏县交界一带下部的砂岩中）；东西向绵延的伏牛山、桐柏山区为“高铝三石”——石墨高档耐火材料系列矿产集中分布区；桐柏地区为金、银、铜、铅、锌、铁多金属矿集中分布区，为河南省重要得多金属矿产地；低山——山前交通便利地区广泛分布着石灰岩、大理石等建材类矿产，便于开发利用。西部山区贵金属和有色金属矿产远景找矿潜力较大，为资源的接替勘查与开发提供了后备基地。

7.1.2　地缘交通

南阳古为南北交通枢纽。秦汉时期，是长江、汉水、淮河通向关中的孔道。明清以来，为豫、鄂、陕、川驿道要冲。清代末年，京汉铁路建成，运输干道东移，交通渐废。民国时期，修筑公路，运输工具有所改善，但一直未能改变交通落后的面貌。新中国成立以后，逐步建成放射型的公路网，20 世纪 50 年代末民航通航，70 年代初焦枝铁路通车，结束了近代交通一度闭塞的历史（图 7–2）。

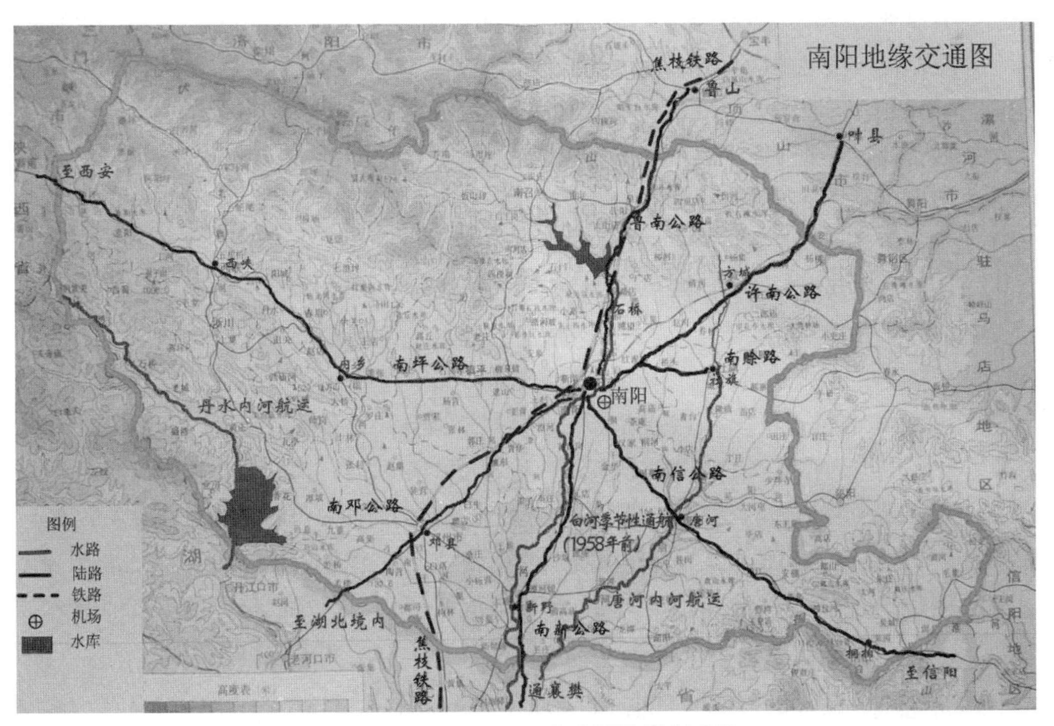

图 7–2　1949—1979 年南阳地缘交通图

在公路建设方面，由于抗日战争时期多数公路被废，从1949年修复许南、南坪两线开始，每值冬、春农闲季节，组织民工普修，各线相继通车。1956年，许南线市境段南阳至盆窑与南（阳）驻（驻马店）路改善为沙石路面。1958年，改善南（阳）南（召）路面市境段魏公桥至十王店9km。次年，又改善百里奚卧龙岗6.5km。至此，全市的主要公路全部改善。1965年，乡级道路也逐路改善。十王店至独山、老庄至十里庙、八里屯至靳岗、白河公社至达士营4条线路计长15.7km，铺成砖渣石子路。1966年，南阳汽车站（在今仲景路）至外贸仓库一段，铺筑渣油路面。至1979年，几乎所有路面全部进行了渣油表处。该时期，南阳地区的主要公路有许南公路、鲁南公路（原南南公路）、南坪公路、南邓公路、南新公路、南信公路及南赊路[①]。

在水路方面，至民国时期，南阳主要水运河道为白河。1958年以前，白河在夏秋季节可以行船，上行至石桥、白土岗，下行至襄樊、老河口，经襄樊又可达武汉等地。1958年开始，在白河上游鸭河口修筑水库，水库建成后，河水流量减少，河床流沙淤塞或有时拦河引水，不能行船。加之，公路汽车发展，南阳市白河水运已被取代。而水位的下降与1958年丹江口水库的修建使得唐河、丹水在该时期仅作为内河航运通航。

7.1.3 社会经济

新中国成立后，市人民政府大力扶持私营工业、个体手工业的恢复和发展，同时着手建立国营工业企业。在“发展生产，繁荣经济，城乡互助，内外交流”和“自产自销，面向农村”的方针指导下，生产迅速恢复并得到增长。1958年“大跃进”当中，由于“左”倾错误影响，不顾主客观实际，大炼钢铁，大办企业。同时，将集体企业直接转为或并入地方国营企业，导致工业内部结构不合理，轻重工业比例失调，经济效益下降。1961年，贯彻中央国民经济调整的方针，关停并转一批国营工业企业，盲目兴办的企业大部下马；同时，精简职工，下放人员，并先后恢复不适当的转并为国有企业的手工业生产合作社（组）；1963—1965年，工业生产又逐步增长。“文化大革命”期间，“左”倾错误再度泛滥，无政府主义严重，部分企业时而停工停产。粉碎江青反革命集团之后，工业生产得到发展，但至1977年，仍有22家企业亏损，亏损面达19%。[②]

与工业发展状况相对应，新中国成立后，市人民政府根据“公私兼顾，劳资两利，城乡互助，内外交流”的政策，采取一系列措施，扶持工商业恢复、发展。1950年以后，结合调整公私关系，政府通过国营商业逐步对私营商户采取代销、经销等形式，进行利用、限制、改造。1953年，国家对粮油实行统购统销；1954年，实行棉、布统购统销，并通过加工、订货、统购、包销，掌握了主要货源，逐步把私营商业纳入国家计划轨道，形成以国营商业为主导，合作商业、私营商业、国营资本主义商业与个体商业并存的局面。1956年，通过社会主义改造，私营商业按行业进入公私合营、合作商店（组），建立了社会主义统一市场。在此之后，由于管理体制过于集中，忽视市场的作用，市区内的地、市、县商业机构重叠，商品购销按

① 南阳市地方史志编纂委员会. 南阳市志[M]. 郑州：河南人民出版社，1989：453。
② 南阳市地方史志编纂委员会. 南阳市志[M]. 郑州：河南人民出版社，1989：340。

照规定的渠道进行，加之核算单位过大，分配上的平均主义等，限制和削弱了城市市场作用的发挥。在“大跃进”和“文化大革命”时期，“左”倾错误泛滥，曾两度将公私合营和集体商业并转为国营，取消个体商户和集贸市场，造成市场经济单一，传统的经营特色消失，物资供应长期紧张。但与新中国成立前相比，新中国成立以来，南阳商业的发展是历史上的较好时期。[①]

7.1.4 社会人口

新中国成立后，以南阳县城关为中心，分县设立南阳市，由于生产建设不断发展，市区扩大，全市人口逐年增加（表7-1）。1953年第一次人口普查，全市总人口由1949年的40778人增加到46378人，增加13.37%。1964年第二次人口普查，全市总人口136772人，比1953年增加90394人，增长1.95倍，11年间年均递增10.33%。这是因为1962—1965年国民经济调整和各项政策落实，生产得到恢复发展，人口得到补偿性增长，出现高出生率、高自然增长率的局面。此后，特别是1975年开始，全市有效地推行计划生育，人口自然增长率逐年下降，但由于一定的人口基数，南阳市人口仍呈逐年增长趋势。

1949—1976年南阳市人口统计表　　表7-1

项目 年份	总户数	总人数	其中	
			城市	农村
1949	10184	40778	39256	1522
1952	10989	46378	44747	1631
1957	12726	56944	55004	1940
1962	26748	128224	69494	58730
1965	28004	140873	77252	63621
1970	29065	164887	92067	72820
1976	46547	208774	122826	85948

数据来源：《南阳市志》及CNKI中国宏观数据挖掘分析系统。

7.1.5 社会文化

新中国成立后，不但南阳教育事业获得空前发展，音乐、舞蹈、绘画、摄影、新闻广播、戏曲电影、文学创作、图书档案以及群众性的民间文化艺术活动，也得到不断发展。“文化大革命”中，林彪、江青反革命集团推行文化专制主义，大量剧目禁演，影片禁映，书刊禁止发行，正常的文学创作与民间文艺活动被迫停止；教育事业也遭到极大破坏，学校“停课闹革命”，许多教师被批斗、下放，设备损失严重。

7.1.6 历史沿革

1949年3月，南阳市、县政府合署办公，并成立南阳行政专员公署，11月市、县正式

① 南阳市地方史志编纂委员会. 南阳市志[M]. 郑州：河南人民出版社，1989：489。

分设；1952年6月，中南军政委员会决定撤销南阳市，改为南阳县辖镇，11月并入南阳县；1953年复设南阳市；1960年6月南阳县并入南阳市；1961年7月恢复南阳县，南阳市、县分别建制；1968年5月成立南阳地区革命委员会（表7–2）。

1949—1979年南阳历史沿革表　　表7–2

时（朝）代	纪元	隶属	所置行政单位	何级治所
中华人民共和国	1949—1968年	河南省南阳专员公署	南阳市	南阳专署治
	1968—1979年	河南省南阳地区革命委员会	南阳市	南阳地区革命委员会驻地

来源：南阳市城乡建设委员会.南阳市城市建设志[Z]. 1987。

7.1.7　政治政策

中华人民共和国成立后，南阳建立起人民政权，从根本上改变了旧政权的性质，劳动人民参政议政，不断加强政权建设。人民代表大会是地方国家权力机关，人民政府是国家权力机关的执行机关，对人民代表大会负责并报告工作。人民政治协商会议是爱国统一战线组织，对全市重大问题和实施大计进行政治协商和民主监督。

中华人民共和国成立以来，南阳政策主要体现在城市建设、教育文化、经济及宗教等多方面。在城市建设方面，其政策包括交通的发展、基础设施及公建的建设等。如，道路与桥梁的新建与改造，水厂、火力发电厂、管线等基础设施的建设，戏院、体育馆、公园等公建的新建，水库的修筑，以及居民村的建成等。

在教育方面，中华人民共和国成立以后，南阳对旧学校进行了根本改造，根据党的教育方针，培养德、智、体全面发展的有社会主义觉悟、有文化的劳动者，并采取积极措施，发展教育事业，大力吸收工农子女入学。同时，发展工农教育，开展扫除文盲运动。然而，1958年“大跃进”中，在“左”的思潮影响下，盲目办起一批大、中专学校。1961年后，贯彻中央“调整、巩固、充实、提高”的方针，逐步加以纠正。“文化大革命”中，教育事业遭到极大破坏。

中华人民共和国成立后，政府文化行政部门主管全市文化事业，贯彻执行党的方针、政策和国家法令，对文化事业单位、文艺团体进行业务指导和监督，负责人事调配、经费以及举办大型文化活动。该时期，不但文化事业得到不断发展，考古与文物保护工作也得到有效开展，1959年南阳成立了历史博物馆（后改称市博物馆）。而1966年开始的“文化大革命”对文化事业造成了极大的破坏，其中的“破四旧”运动还破坏了许多文物古迹。

在经济方面，中华人民共和国成立后，南阳市召开首届各界人民代表会议，以恢复、发展生产为中心议题；并合理调整工商业，帮助私营工商业者克服困难，恢复、发展生产。1956年的社会主义改造，由于管理体制过于集中，忽视市场的作用，市区内的地、市、县商业机构重叠，商品购销按照规定的渠道进行，加之核算单位过大，分配上的平均主义等，限制和削弱了城市市场作用的发挥。1958年的“大跃进”，不顾主客观实际，大炼钢铁，大办企业。“文化大革命”期间，无政府主义严重，部分企业时而停工停产；加之取消个体商户和集贸市场，造成市场经济单一，传统的经营特色消失，物资供应长期紧张。由于“大跃进”和“文化大革命”时期，“左”倾错误泛滥，致使城市经济遭受重创。

发生于1966—1976年的“文化大革命”，对宗教造成了灾难性的影响，大量宗教建筑被封闭甚至被破坏，宗教团体被解散，宗教一度衰落。

7.1.8 城市规划

1949—1979年间，南阳市先后大致进行过三次总体规划，分别为1958年总体规划、1960年城市规划、1963年近期控制规划。

1958年总体规划是在“大跃进”和“十五年赶超英国”的口号下，以城市人民公社为主要内容的规划。从城市发展规模上看，近期（1958—1960）14万人左右，远期（5年以后）1965年发展到30万人左右。建成区面积达到25km^2，市中心设在北寨外。该规划配合了当时的高指标、“浮夸风”，是夸张的规划，所作测绘及普查均很粗糙，已失去使用价值。

1960年城市规划在1958年总体规划的基础上，以城建为主，组织工业、交通、邮电、商业、财贸、农林、水利等部门，组成规划办公机构，一年时间完成。主要内容有：①对城市道路布局提出了环形加放射式、棋盘式、混合式等三个总体规划修正方案。②城市发展规模，按用地核算为60万~70万人；并计划在城周围的蒲山、鸭河、镇平、瓦店、赊旗建立5个卫星镇，卫星镇的规模在10万~20万人左右。③根据总体规划的布置提出了近期河北区30万人区域内的详细规划。④按照建设新型社会主义新农村和人民公社“一大二公”的要求，提出了11个中心居民点规划，保证每个公社有1个1万~2万人口的中心居民点，并作出各个公社的一般居民点和耕作站布置。1960年的城市规划，是在自然和人为灾害已经给国民经济造成困难，但仍在继续“反右倾”的政治形势下，出现的极“左”产物，规划主要指标严重脱离实际，经不住时间和实践的考验。

1963年近期控制规划在总结前两次规划经验教训的基础上，按照以近期为主、远近期结合的原则，实事求是地进行调查修改，指出前两次规划存在的问题：①城市布局分散。②道路注意骨架，忽视支路。③公共设施与人口发展不相适应。④城市河流排水不畅，暴雨造成很大损失。该规划本着城市建设集中紧凑、由内向外发展、节约用地的精神，划出近期（1963—1972年）建设范围为“北面至环城公路，东面至面粉厂，西面至八一厂”。规划人口到1972年约为10万~12万人。该规划比较切合实际，规划人口数与1972年实际城市人口数10.9万人相符合，对指导南阳城市建设和管理，发挥了应有的作用。

7.2 1949—1979年南阳空间营造特征分析

7.2.1 城市性质的转变

从历史上看，自秦建郡以来，南阳基本为郡、府、专署所在地，有着三千余年的悠久历史，出现了许多历史文化名人，留下了大量的文物古迹，一直是全国生产技术、科学研究先进的地区之一。新中国成立后，南阳市又一直是豫西南地区党、政、军领导机关所在地。因此，从区位上看，南阳市一直是豫西南地区的政治、经济、文化、科研中心。

新中国成立后，南阳交通状况有所好转，但从全国全省的交通地理位置来看，南阳市并不处于大的交通干线地位。再从全区资源条件、工农业生产和周围地区的经济联系来看，尚不能形成一个全国和全省性的大的物资集散中心，因此，该时期南阳在交通地位和物资集散上只是一个地区性的中心。

在产业方面，南阳市工业自新中国成立以来有了突飞猛进的发展。三十多年来，南阳市的工业基本是由无到有，由小到大，由弱到强，并成为豫西南地区的工业中心。在这三十年的工业发展过程中，为人民生产生活服务的轻工、纺织、机械工业得到了迅速的发展，南阳摆脱了以前农业经济为主的局面，成为以发展轻纺、机械工业为主的中等城市。

综上所述，除保持地域性中心城市地位不变以外，南阳城市性质出现了较大变化，从最初的农业经济主导型城市，发展为基础工业主导型城市。

7.2.2 城市用地的扩张

新中国成立后，随着城市的发展以及城垣的消失，南阳市用地呈现以旧城为中心并向四周扩张的格局（图 7-3）。新中国成立初期，城市用地向外扩张比较缓慢，主要表现为少量工业、仓储、教育等用地的外延，城垣周边仍以大量农业用地为主。1956—1979 年，南阳城市用地主要侧重于向西与向北的发展，向西延伸至铁路西侧（今百里奚路），向北延伸至机场南端（今光武路）。相比新中国成立前，此时期南阳城区面积扩展较快，城市用地较为集中，但仍然有部分农村用地混杂其中；在形态上受东南面白河与西面焦枝铁路的限制，呈现沿白河与焦枝铁路线发展的态势。

图 7-3　1949—1979 年南阳中心城区用地扩张图

7.2.3 城市功能分区的变化

1. 中心区格局的变化

新中国成立前，南阳城的行政及商业用地集中在内城及其四关。随着新中国成立后城市用地向西扩张，南阳城市中心也向西发生偏移。到 1979 年，其城市中心转移至人民路中段，新旧城区的结合部。然而，由于受西面焦枝铁路以及东南面白河的限制，该时期南阳城市仍然保持着单中心的格局。

2. 工业区初具形态

自新中国成立以来，南阳市的工业基本是由无到有，由小到大，由弱到强。新中国成立初，南阳只有一个小小的棉纺厂、一个卷烟厂和一个铁轮大车厂。至1979年，南阳中心城区工矿企总数达到185个，用地359hm^2，占城市建设总用地的24.0%，并大致分为旧城区东北、旧城区西北、旧城区西南、铁路以西四个片区。其中，旧城东北片区有酒精、石油化工、卷烟、面粉、防爆电机、塑料等工业；旧城西北片区有丝织、内衣、电厂、肉联、制药、柴油机、汽车制造、齿轮、橡胶等工业；旧城西南片区有化肥、造纸、制革、工艺、玉雕、化纤、电池等工业；铁路以西有石油二机厂、坦克发动机大修厂等；另外，旧城区与铁路之间有电子工业，旧城内有棉织、印染、化工、机绣等工业以及其他社办企业。然而，该时期，工业用地没有形成一定的功能分区，布局混乱，不但不同性质企业混合设置，甚至一些污染性、危险性工厂及仓库用地与生活区间杂布置，危害极大。

3. 居住建设

1949年，南阳市实有住宅建筑面积24万m^2。三年恢复时期，基本上没有进行住宅建设。其后，“一五”时期建成住宅面积3万m^2；“二五”时期建成住宅面积6万m^2；三年调整时期建成住宅面积6.4万m^2；“文革”时期和1977年建成住宅面积8.4万m^2。新中国成立28年来，共建住宅23.8万m^2。

1949—1979年，尽管南阳住宅建设的面积在增加，居民居住水平却并未得到提高。1949年，城市常住人口4万余人，居住面积20万m^2，人均居住面积4.9m^2。1978年，城市常住人口增加到12.8万人，居住面积34.5万m^2，人均居住面积下降到2.7m^2。主要原因是住宅建设赶不上人口增长的速度。

4. 绿化建设

自新中国成立后到十一届三中全会召开前，在党和政府领导下，南阳历届建设科、局，坚持植树造林，大搞绿化，先后营造了合作林、道路林，并于1964年正式建成市人民公园，在城市绿化建设方面取得了一定成绩。但是，1958年“大炼钢铁”“大办食堂”活动以及1966—1976年“文化大革命”中的“以粮为纲”思想使得大量树木被砍伐，城市园林艺术遭到批判，对城市绿化建设造成了持久的、严重的破坏。①

7.2.4 城市道路网络的建设

新中国成立后，城市建设部门对旧城区道路维修改造十分重视，以改善主要路面为主，先后将各道路改善成沙土、煤碴、砖碴、白灰三合土、碎石等级配路面，基本使全市达到雨天无泥泞；对部分狭窄弯曲、凸凹路面进行拓宽、铲平、取直；并对部分道路进行扩建，以增加内城的通达性。由于城市经济建设的发展，原有低、中级路面对交通已不适应，随着1963年新华街、解放路沥青路面的建成，南阳市区干道开始向高级层次发展。

在改造旧区道路的同时，新区道路也得到相应发展。新中国成立初期，由于城市发展相对缓慢，新区道路建设也相对较少。随着20世纪70年代城市经济的发展以及城市用地

① 南阳市城乡建设委员会. 南阳市城市建设志[Z]. 1987：262-263。

的扩张，南阳新区道路建设才开始出现较快的发展势头。到 1979 年，南阳城市路网主要侧重于向西与向北的发展，向西延伸至铁路西侧（今百里奚路），向北延伸至机场南端（今光武路）。新修南北向主路有车站南路、工业路、文化路、仲景路等，东西向主路有建设路、新华西路、中州路、七一路、卧龙路等。城市道路结构为棋盘式方格网状，基本上保持南北与东西向关系，仅在白河和焦枝铁路边发生弯曲或偏折，这是受用地限制的结果。

7.3 1949—1979 年南阳空间营造要素

7.3.1 面

1. 中心城市建成区范围

新中国成立以来，由于区划的原因，南阳市域范围及市区总面积多有变化。考虑到本书主要是针对南阳市中心建成区进行城市空间形态研究，因此本小节侧重的是 1949—1979 年南阳中心建成区范围变化的研究。

新中国成立初期，由于城垣的限制，南阳中心城区范围仍以内城及四关为主，只有少量工业、仓储、教育等用地向外延伸。1955 年及以前，南阳中心城区基本维持清末及民国时期“梅花城”格局，城市建成区面积约 3.52km^2（图 7–4）。

随着土城基址的平毁以及城市建设的加快，特别是 1958 年后，市区逐渐由老城区向西扩展，老城区北部、东部亦有发展。到 1979 年，南阳市中心建成区面积 14.94km^2，约为新中国成立初期的 4.2 倍，范围西至铁路西侧（今百里奚路），北至机场南端（今光武路），东至今独山大道（图 7–5）。

2. 居住用地

新中国成立初期，南阳城市居住用地集中于旧城与四关之内，周边散落部分村落用地及农田。随着城市用地的扩张，南阳城市居住用地也在向外扩展，但最初扩展速度较慢。到 1979 年，南阳的居住用地除旧城以外，还分布于旧城的北边与西边一部分，面积为 3.13km^2，占城市建设用地的 21.0%。从形态上看，该时期居住用地分布较为集中。

3. 公共设施用地

新中国成立前，南阳城的公共设施用地集中在内城及其四关。随着新中国成立后城市

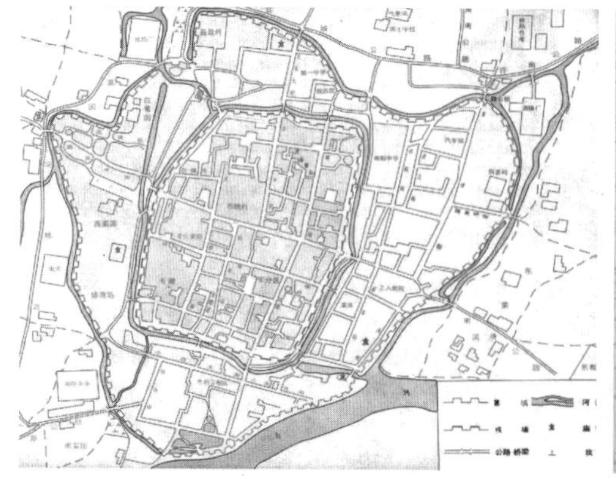

图 7–4 1955 年南阳中心城区示意图

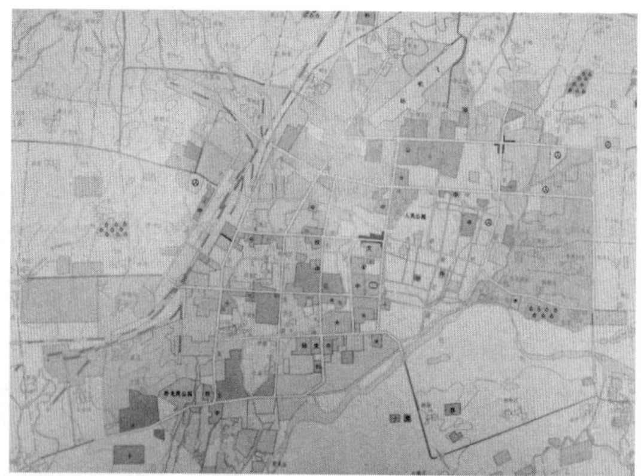

图 7–5 1983 年南阳中心城区现状图

用地向西扩张，南阳公共设施用地呈现出新的格局，即大量公共设施用地的西移。到1979年，南阳城市公共设施用地主要集中分布于人民路、新旧城区结合部一带；其中，南阳行政用地由原来内城西迁至该区域南端，文教科卫等用地也相对集中于该区域。

4. 工业及仓储用地

新中国成立初，南阳工业用地极少，只有一个小小的棉纺厂、一个卷烟厂和一个铁轮大车厂。随着城市用地的扩张，南阳中心城区工业用地也逐渐增加。到1979年，南阳工业用地为359hm^2，占城市建设总用地的24.0%。在空间形态上，该时期南阳工业用地出现了向旧城区东北、旧城区西北、旧城区西南、铁路以西四个片区聚集的态势，但总体上布局较为散乱，没有形成一定的功能分区。1979年，南阳仓储用地198hm^2，占城市建设用地的13.3%，较为集中的仓储用地主要分布在建设路西段——百里奚北段以西（中转仓库）、车站路北段和七一路西段（工业仓库和民用储备仓库），而一些无污染、运输量小的仓储用地则分散于相应的工业区和生活居住区内。

5. 城市绿地

新中国成立初，南阳城市绿地很少，绿化建设多为植树造林活动，如合作林、道路林等。直到1964年市人民公园正式建成，南阳市才算有了较为集中的城市绿地。

7.3.2 线

1. 轴线关系

新中国成立后，由于旧城改造以及城市用地的扩张，原和平街、府文庙及制高点王府山所形成的城市中轴线关系逐渐消失。加上在相当长一段时期内，南阳城市建设缺乏有效规划的引导，城市用地的扩张基本处于较为混乱的状态，城市空间缺乏一定的轴线关系。

2. 城市路网

新中国成立初期，南阳城市路网仍然保持民国时期的四纵四横棋盘式结构，主要道路呈南北、东西走向，通直、少折。随着20世纪70年代城市经济的发展以及城市用地的扩张，南阳新区道路建设出现较快的发展势头。该时期南阳路网总体表现为自旧城区向四周延伸，然而主要侧重于向西与向北的发展（图7–6），向西延伸至铁路西侧（今百里奚路），向北延伸至机场南端（今光武路）。另外，随着1965年白河大桥的通车，南阳城市路网呈现出跨河向南发展的趋势。

与新中国成立前相比，汽车的出现增大了人们的出行距离，在城市空间上最直接地体现为路网的延伸与尺度的扩大。新区主要道路格网跨度基本上保持在500m左右，与旧城100~200m边长的小格网比较起来，网格的尺度大大增加。由于通车的需要，城市路网尺度的扩大还突出体现在主要道路长度与宽度的变化上。至1979年，南阳市城市道路主干道宽度

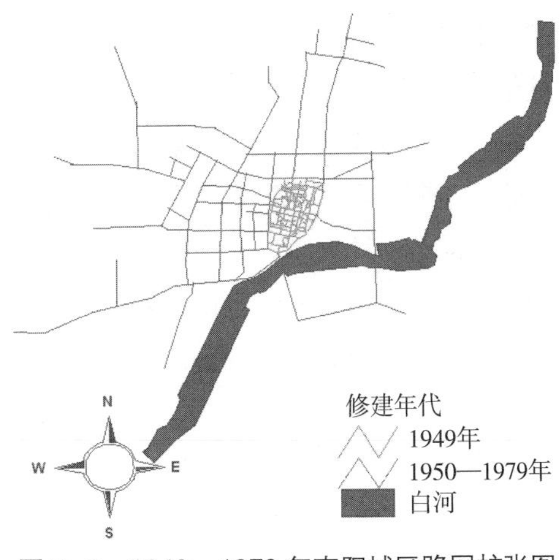

图7–6 1949—1979年南阳城区路网扩张图

为28~40m，次干道为15~24m，支路为10~13m。路网尺度的扩大，一方面促使商业中心、行政文化中心以及各片区中心规模随之扩大，另一方面也给人们带来了全新的城市空间体验——笔直宽阔的马路、高大的建筑、远景视线的延伸、开阔的天空以及两侧空间的疏离。

7.3.3 点

1. 标志物

1949—1979年，南阳市先后出现了一批在人们心目中占有重要地位的标志性建筑物与构筑物。通过归纳，这些标志物大致可分为以下几类：第一类为有历史特色的古建筑标志物。这类标志物以南阳府衙、医圣祠、武侯祠、汉画馆等建筑为代表，虽然建于新中国成立以前，但保存良好，且经过一定维护与翻新，在城市居民心目中占有重要地位，是城市历史与文化的象征。第二类为制高点型标志物，由于其在空间上具有其他建构筑物无法比拟的高度，城市中大部分地区的视线都能到达，从而形成城市的地标，如早期的王府山。第三类为构筑物型标志物。这些构筑物或代表了城市的文化内涵，或可以看作是某一时期城市发展的重要建设，如老白河大桥。第四类为公建型标志物，如南阳宾馆（已拆）、南阳商场、南阳五商店（即今大统百货，俗称五层楼）等。这类建筑大都已经没落，或被拆除，或改头换面，但作为某个时期城市经济繁荣程度或城市精神面貌的象征，它们在人们心目中仍然占有重要的地位。

2. 节点

1949—1979年南阳城市节点可以概括为景观节点、人流集散点、交通枢纽几种。新中国成立初期，南阳城市景观节点较少，主要为该时期城市空间制高点——王府山。而原民国时期所建宛南公园已不存在，直到1964年人民公园的建成，南阳公共开放性景观节点才得以恢复。随着建筑高度的增加，原王府山作为城市空间制高点的景观节点功能逐渐丧失，到1979年，南阳景观节点主要为旧城内的人民公园。

城市人流集散点主要包括商业服务中心、大型文化娱乐中心及体育中心等聚集人流的公共建筑。自新中国成立以来，南阳的主要商业服务中心有南阳一商店（即今新华商城，建于20世纪50年代中期，位于工业路与新华西路交叉口）、南阳二商店（建于20世纪50年代后期，20世纪90年代拆除，位于新华路菜市街口以东）、南阳三商店（建于20世纪50年代末，20世纪90年代结业，位于解放路南段）、南阳四商店（即今梅溪商厦，建于20世纪50年代末60年代初，位于梅溪路与中州路交叉口）、南阳六商店（即今明珠商场，建于20世纪60年代，位于工农路与建设路交叉口西南角）、南阳商场（建于1964年，1979年改称南阳商场，位于人民路与新华西路交叉口）。此后还有建于20世纪70年代的南阳五商店（即今大统百货，人民路与中州路交叉处）。从这些商业服务中心所处位置看，大部分都集中在“新华路—中州路、人民路—工业路”商业区。

新中国成立初期，南阳的大型文化娱乐中心及体育中心较少。根据1955年南阳城市地图显示，该时期主要文化娱乐中心应为位于新华东路东端的工人剧院，体育中心为位于西关的体育场。随着城市的发展，到1979年，除原体育场以外，南阳还拥有人民电影院、南关剧院以及工人文化宫1座。

新中国成立初期，南阳城市交通枢纽有汽车站、白河码头以及飞机场。根据1955年南阳城市地图显示，该时期汽车站位于东关北端魏公桥附近；水运交通枢纽为位于南关大寨门的白河码头与渡口，以及位于南关小寨门、永庆门、琉璃桥三处的白河码头，然而随着1958年鸭河口水库的建立以及白河的绝航，这些渡口与码头失去了其交通枢纽的作用与地位；而南阳民用飞机场则位于北郊（今环城中路处），其所在地在当时还不属于城市建成区范围。随着城市用地的扩大，北郊的南阳民用机场逐渐纳入到城市建成区范围。到1979年，南阳城市交通枢纽除环城中路处的飞机场外，还增加了城市西边的焦枝铁路南阳火车站；另外，汽运场站也由原来旧城东北角的1个，增加到5个。这些汽运场站主要位于城市边缘地区，除保留了原旧城东北角汽运场站以外，还在铁路西增加1个，在城市新建区东北角（今光武路与独山大道交会处）增加3个。

7.3.4 结构

新中国成立初期，南阳中心城区范围仍以内城及四关为主，只有少量工业、仓储、教育等用地向外延伸（图7–7）。城市居住、商业、行政等各类用地主要集中于城内，且各类用地杂处，形不成明确的功能分区。用地分配也不够合理，居住、商业、行政、教育等用地所占比例较高，而工业及绿化用地很少。城市路网仍然保持民国时期的四纵四横棋盘式结构，主要道路呈南北、东西走向，通直、少折。由于旧城改造以及城市用地的扩张，原和平街、府文庙及制高点王府山所形成的城市中轴线关系逐渐消失。加上在相当长一段时期内，南阳城市建设缺乏有效规划的引导，城市用地的扩张基本处于较为混乱的状态，城市空间缺乏一定的轴线关系。城市标志物有以南阳府衙为代表的古建筑标志物，以王府山为代表的制高点型标志物，以南阳一商店、第二商店、第三商店、第四商店以及南阳宾馆等为代表的公建型标志物。该时期，南阳城市节点有以王府山为代表的景观节点，以南阳一商店、第二商店、第三商店、第四商店等商业服务设施及工人剧院、西关体育场为代表的主要人流集散点，以及汽车站、白河码头以及飞机场等交通枢纽。

随着城市建设的加快，南阳城市用地自古城向四周扩散，尤其是向西扩展明显。到1979年，南阳市中心建成区面积14.94km^2，约为新中国成立初期的4.2倍。此时期，南阳仍然保持着单中心的格局，只不过其中心区的位置发生了偏移，向西迁至人民路中段，新旧城区的结合部。从用地分布及用地形态来看，居住用地集中分布于旧城及其北边与西边；公共设施用地主要集中分布于人民路城市中心区域；工业用地相对集中分布于旧城区东北、旧城区西北、旧城区西南、铁路以西四个片区，但总体布局较为散乱，没有形成一定的功能分区，且与生活区间杂布置；城市绿地依然较少，只拥有人民公园一处城市开放绿地空间。城市路网侧重向西延伸，其次向北、向东也有发展，且仍然保持棋盘状格局。其中，独山大道的修建使南阳初步形成以独山大道为独山视线通廊、以白河为滨水视线通廊的十字形景观轴线关系。该时期，城市标志物有以南阳府衙、医圣祠、武侯祠、汉画馆等为代表的古建筑标志物，早期以王府山为代表的制高点型标志物，以老白河大桥为代表的构筑物型标志物，以南阳宾馆、南阳商场、南阳五商店（即今大统百货，俗称五层楼）等为代表的公建型标志物。城市节点有人民公园为代表的景观节点，以南阳商场、南阳五商店、人民电影院、南关剧院、工人文化宫、西关体育场等公共服务设施为代表的主要人流集散点，以及汽运场站、火车站以及飞机场等交通枢纽（图7–8）。

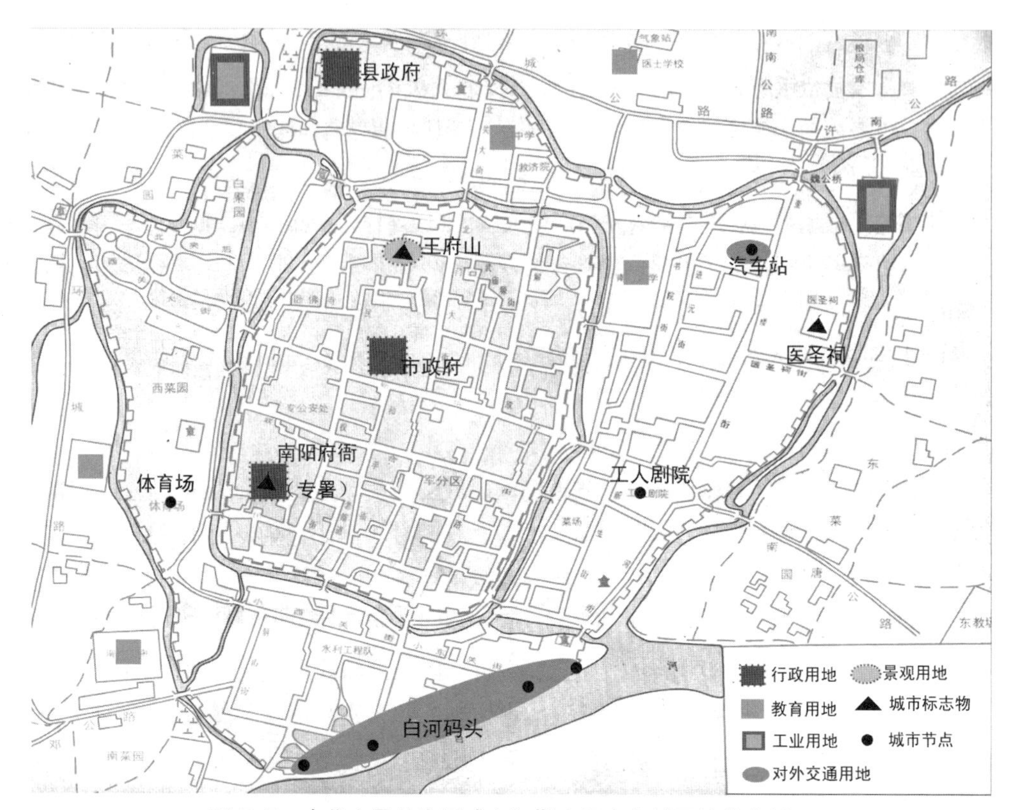

图 7-7　中华人民共和国成立初期南阳中心城区结构分析图

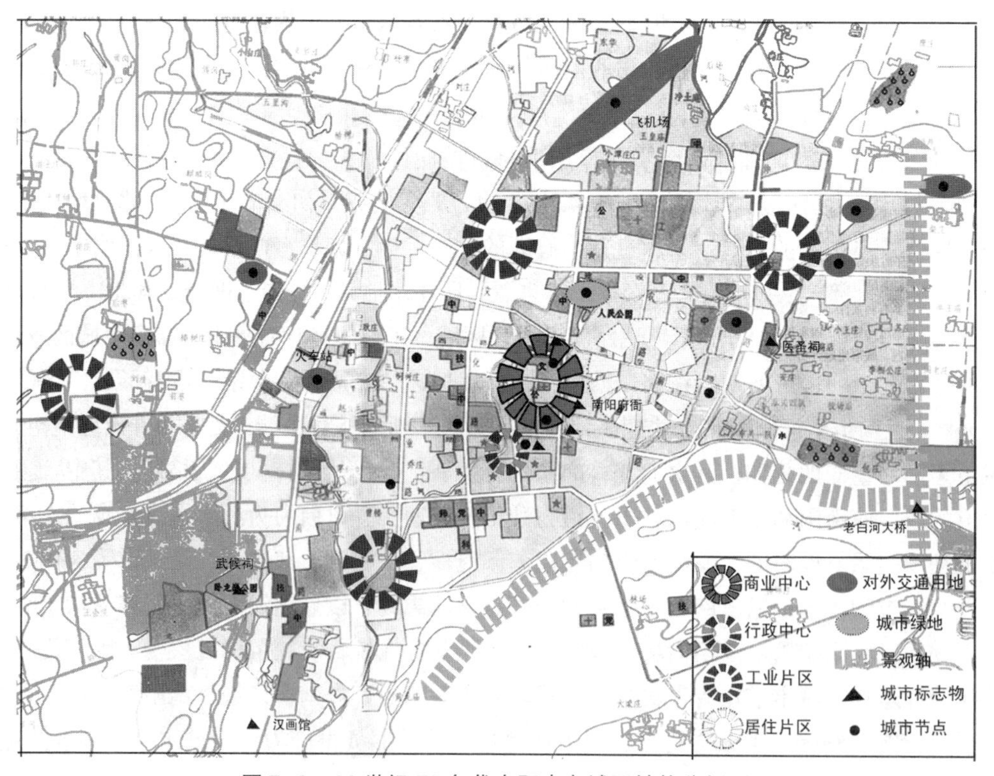

图 7-8　20 世纪 70 年代南阳中心城区结构分析图

7.4 1949—1979 年南阳城市空间营造机制

7.4.1 城市空间营造影响机制

1949—1979 年南阳地区自然环境的变迁主要表现为对南阳水路交通、城市空间发展方向以及景观轴线的影响：①白河水运功能的丧失引起了南阳对外交通用地布局与形态的变化。②南阳东南面临白河的自然条件限制，使得早期城市主要在白河以北发展，1965 年老白河大桥的修通，南阳城市空间才开始出现跨河向南发展的趋势。③白河及城市北郊具有的独山景观资源，使南阳在空间上形成了独山视线通廊及白河滨水视线通廊的十字形景观轴线关系。总的说来，此时期自然环境对城市空间格局及用地形态产生了一定影响，然而，随着社会经济及技术的发展，部分来自于自然环境的影响，如河流的阻隔，可以被消除或克服。可见，随着社会的发展，自然环境在影响城市空间营造的同时，人类空间营造活动改变自然环境的能力也在增强。

新中国成立以后，由于公路、航空、铁路的发展，南阳结束了近代交通一度闭塞的历史，但从全国全省的交通地理位置来看，南阳市还不处于大的交通干线地位，在交通地位和物资集散上只是一个地区性的中心。此时期，南阳地缘交通的发展对城市用地形态、空间格局及城市规模都产生了一定影响。在城市用地形态方面，火车站用地的出现，不但使南阳对外交通用地类型及分布发生了改变，还使得城市工业用地及仓储用地形态出现沿铁路线发展与分布的格局。由于城西焦枝铁路线及城北飞机场（20 世纪 80 年代及以前）的限制，此时期南阳城市空间主要在白河以北、铁路以东、机场以南区域发展，并维持着单中心格局；然而，1965 年老白河大桥的通车又使得南阳用地呈现出跨河向南发展的态势。

1949—1979 年南阳经济发展经历了新中国成立初期的经济复苏、“大跃进”及“文化大革命”时期经济萎缩两个阶段，对该时期城市用地形态、空间结构及城市规模都产生一定影响。新中国成立初期，南阳工业用地“由无到有”的发展，使南阳城市各类用地的布局形态发生了变化。而“大跃进”时期“大炼钢铁，大办企业”等政策的实施，使得南阳工业内部结构不合理，轻重工业比例失调；此时期，工业用地的布局形态虽然呈现向旧城区东北、旧城区西北、旧城区西南、铁路以西四个片区聚集的态势，但总体上看仍处于无序状态，没有形成一定的功能分区，且对城市居住环境造成不利影响。不过，总的说来，1949—1979 年南阳城市经济仍然处于发展时期，原古城商业等服务设施已不能满足城市发展的需要，城市公共服务设施用地向西发展，集中于人民路、新旧城区结合部一带，形成新的城市中心。另外，由城市经济发展引起的城市各类用地的向外扩张，也是促使城市规模扩大的原因之一。

1949—1979 年，南阳城市人口一直呈增长趋势，这主要是因为 1975 年计划生育实施以前的高人口出生率及高自然增长率。在城市空间发展方面，该时期城市人口的增长主要带来了南阳城市规模的扩大，具体体现在城市建设用地及道路自旧城向四周延伸。另外，城市人口的积聚也从某一方面促使了建筑物的竖向发展，从而改变了城市的天际线，并导致原和平街、府文庙及制高点王府山所形成的城市中轴线关系的消失。

1949—1979 年，南阳处于和平建设时期，城市历史沿革的变化主要体现在对行政区划的调整方面。区划变革对城市空间产生的直接影响是由治所用地引起的城市用地形态的改变。另外，由于和平建设以及城市扩张的需要，原南阳土城垣在新中国成立后逐渐消失殆尽。

在社会文化方面，新中国成立后教育文化事业的发展以及“文化大革命”时期教育文化事业的破坏，对南阳教育、文化娱乐等公共服务设施用地的面积及分布都产生了一定影响。

1949—1979 年，南阳城市的政治政策涉及城市建设、教育文化及社会经济等多个领域。在城市建设方面，南阳政策包括城市交通及道路的发展、基础设施及公建的建设等，对城市规模的扩大、城市路网格局的变化，以及各类公建及基础设施用地的分布都产生直接影响。而教育文化、社会经济等政策的实施，则通过作用于文化、经济等因素，从而达到影响城市各类用地分布形态的目的。

1949—1979 年，南阳先后大致进行过三次总体规划，分别为 1958 年总体规划、1960 年城市规划、1963 年近期控制规划。1958 年和 1960 年两次规划分别是在高指标、“浮夸风”盛行时期以及“左”倾政治形式下产生的，不但规划主要指标严重脱离实际，经不住时间和实践的考验，而且使得早期城市发展缺乏合理规划的指导，在工业、居住等用地布局形态上处于无序且混乱的状态。

总结以上城市空间营造影响因素，可以大致梳理出 1949—1979 年这些因素之间及其与城市空间之间的关系（图 7-9、图 7-10）。他组织因素主要包括历史沿革、政治政策与城市规划，自组织因素包括自然环境、地缘交通、社会经济、社会文化、社会人口。其中，他组织因素历史沿革与政治政策不但对城市空间营造具有直接影响作用，同时也通过作用于自组织因素社会文化、社会经济对城市空间营造造成间接影响；而自组织因素社会经济、社会人口、社会文化、地缘交通与自然环境既是促使城市空间发展的因素，同时也被其他因素所影响。该时期，他组织因素城市规划受政治政策制约，对自组织因素自然环境与地缘交通发生作用，并对城市空间营造具有重要影响。然而，受“浮夸风”以及“左”倾政策的影响，前两次规划严重脱离实际，不但没有对城市空间的发展产生积极影响，反而造成了城市空间的混乱；直到建立在实际调查基础上的 1963 年近期控制规划的提出，南阳城市发展建设才有了有效的指导与依据。

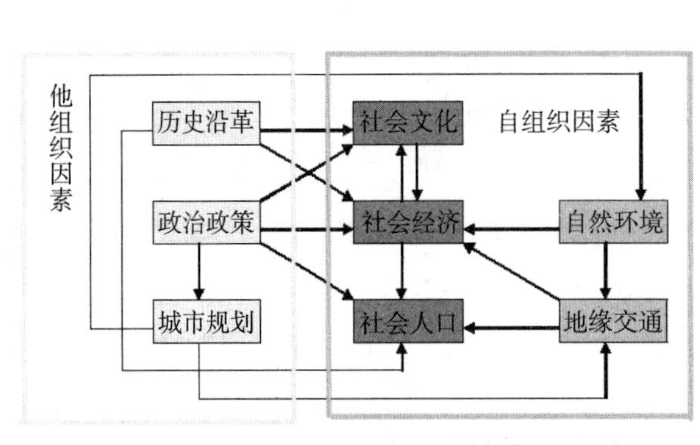

图 7-9 1949—1979 年自组织与他组织因素的互动关系

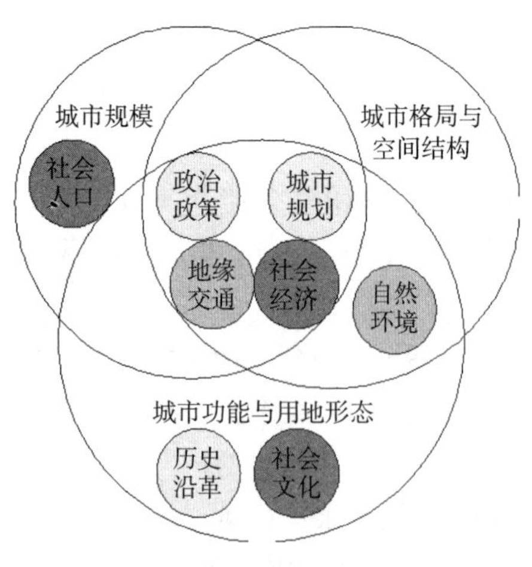

图 7-10 1949—1979 年自组织与他组织因素对城市空间的影响

在南阳城市空间营造方面，政治政策、城市规划、社会经济、地缘交通及社会人口因素对城市规模产生了一定影响；政治政策、城市规划、社会经济、地缘交通及自然环境因素影响了城市格局及空间结构的变化；而城市功能与用地形态方面则受政治政策、城市规划、社会经济、地缘交通、自然环境、社会文化及历史沿革等因素的影响及作用。

7.4.2 自组织与他组织关系

通过对 1949—1979 年各空间营造影响因素的分析，可知：该时期他组织因素在各因素中仍然占主导地位，历史沿革及政治政策对社会经济、社会文化、社会人口等自组织因素的影响仍然很强大，如政治政策中的经济、文化、人口等政策直接影响了城市经济、文化及人口的发展。而他组织因素城市规划对自组织因素自然环境与地缘交通更是产生直接影响，不但是人们改造自然环境的指导，还决定了城市交通以及其对外关系的发展方向。

在城市空间营造方面，他组织中的政治政策因素与自组织中的社会经济、地缘交通因素仍然具有较大影响力，他组织因素城市规划对城市空间营造更是具有直接影响；自组织中的社会文化与他组织中的历史沿革因素的作用相对民国时期有所减弱，而自组织中的自然环境与社会人口因素的影响力却又得到一定恢复。

第 8 章　1979—2016 年南阳城市空间营造

8.1　1979—2016 年城市空间营造影响因素

8.1.1　自然环境

1979—2016 年南阳自然环境大体上与 1979 年以前状况相似。由于水资源较为丰富，其西南部的丹江口水库为南水北调中线工程水源地，并在中心城区以北分布有兰营水库、靳庄水库与南水北调渠。与主城区紧密相关的自然景观资源主要有市区南面的白河和市区以北的独山，对市区城市空间的发展产生一定影响。

8.1.2　地缘交通

党的十一届三中全会以后，随着经济体制的改革和运输市场的开放，南阳地域交通呈现快速发展的局面。到 1985 年，南阳公路干线直通武汉、西安、郑州、开封、洛阳，铁路运输经郑州中转连接全国干线，民航直达郑州贯通全国航路。到 1994 年，焦枝铁路纵贯南阳市南北，北连山西、河南，南通湖北、四川、湖南；而 1992 年完成迁建工作的南阳飞机场，虽打通了通往全国 14 个大中城市的空中航道，但投入营运的只有广州、北京两条航线，通达能力差，航站设施差，效益不好。到 2011 年，焦柳铁路纵贯南北，宁西铁路横穿东西，在南阳市形成十字交会，并在城区设有站点；而位于城区的南阳飞机场经 2008 年扩建 2009 年交付启用后，跃升为全省第二大机场，可起降波音 737 客机，开通了至北京、上海、广州、深圳、天津、成都、杭州、厦门、大连、昆明、兰州、南宁、海口、郑州、重庆等十余条国内航线（图 8-1）。

在公路建设方面，1985 年 4 月，环东（许南段）、南信、鲁南、南邓 4 条公路市境段 16.8km 路基加宽工程开工，环东、南信线加宽为 24m，鲁南、南邓线加宽为 15m，5 月底基本完工。到 1994 年，南阳市通车里程达 5695km，包括国道、省道、县乡公路；以公路等级划分，有二级、三级、四级及等外公路。南阳中心城区至各县市的公路等级均在三级以上，并铺筑了沥青或水泥路面。共有 G312、G207、G209、G311 国道 4 条，省道 16 条，县乡公路 169 条。到 2007 年，过境的 G312、G207、G209、G311 等国道和豫 01、豫 02 等省道路面改造升级，新修的 103 省道郑新线、231 省道金孟线分别从全市纵横穿过。交会于南阳城区的国家高速公路沪陕高速和二广高速分别于 2012 年和 2016 年全线贯通。南阳中心城区已形成铁路、公路、航空纵横交织，四通八达的立体交通网路，成为中国中部地区新的交通枢纽。

在水路方面，随着近年来白河季节性水量的萎缩，中心城区白河航道不再承担城市航运的功能，主要作为城市生态景观河道，但市域范围内仍有丹江、唐河等河流担负着一定的内河航运功能。

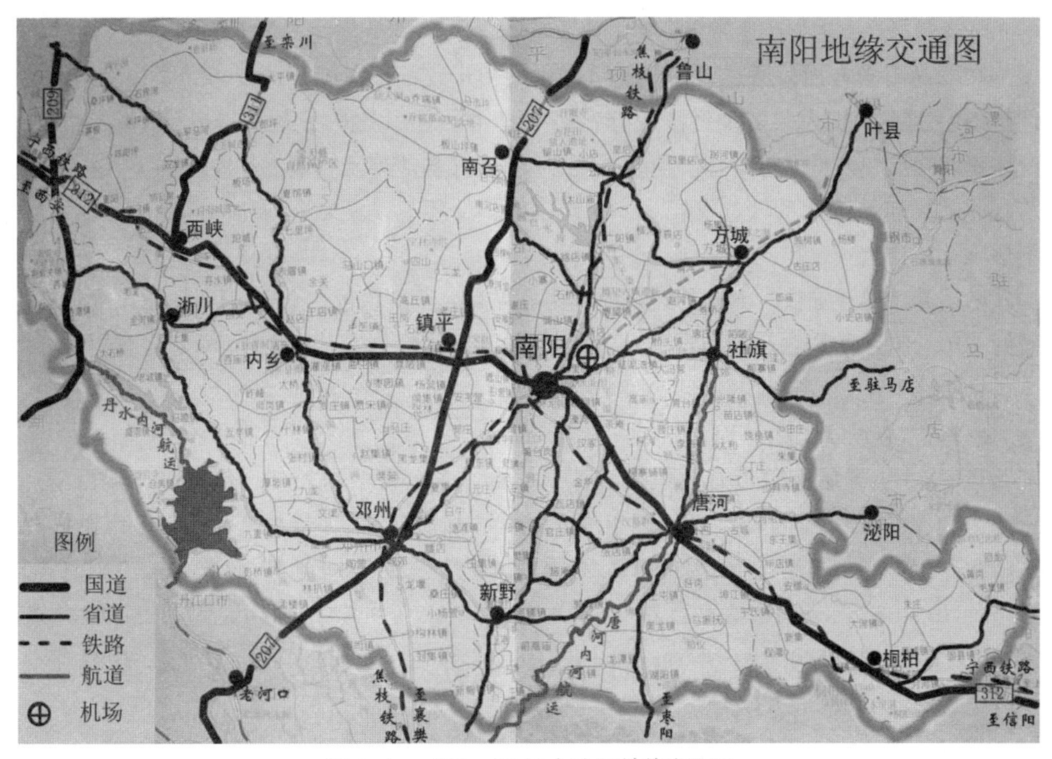

图 8-1 1979—2016 年南阳地缘交通图

8.1.3 社会经济

改革开放以来，南阳实行了一系列政策，使得经济实现了跨越式发展。1978 年，全市经济总量仅有 18.43 亿元，30 年间连续跨越几个大台阶，1986 年突破 50 亿元，1992 年突破 100 亿元，2000 年突破 500 亿元，2005 年突破 1000 亿元，2007 年突破 1400 亿元，到 2015 年南阳经济总量已达到 2522.32 亿元。①

在近 40 年的发展进程中，全市的经济结构发生了巨大变化。全市三大产业结构从 1978 年的 56.3 ∶ 32.0 ∶ 11.7 调整为 2007 年的 23.9 ∶ 50.8 ∶ 25.3，产业结构调整经历了由“一二三”到“二一三”，再到“二三一”的转变升级。第一产业比重逐年下降，二、三产业比重逐年上升。1992 年，第二产业增加值首次超过第一产业，实现了“二一三”格局转变；继 2007 年第三产业增加值超过第一产业后，2010 年南阳市三大产业结构为 20.5 ∶ 52.0 ∶ 27.5，实现了“二三一”的结构转型，产业结构实现了向较高层次的跨越。

在工业化进程方面，南阳工业规模迅速扩大，骨干企业成长较快。2007 年全市工业企业单位数达到 11.61 万家，是 1978 年（1299 家）的 89.4 倍。门类涉及 39 个大类，产品达 3000 多种，初步形成了纺织、医药、机电、油碱化工、冶金建材、汽车配件、光电、电力、生物能源等支柱产业为主导的工业产业体系。到 2011 年，南阳已经培育形成了光电、生物能源、超硬材料等一批优势产业，南阳先后被授予新能源产业国家高技术产业基地、河南

① 2015年南阳市GDP增速高于全国全省平均水平[EB/OL]. 2016-2-3. http：//henan. sina. com. cn/nanyang/m/2016-02-03/095742744. html。

省光电产业基地、生物产业省级高技术产业基地。

在商品市场方面，通过对商业经济体制的初步改革，在国家计划指导下，南阳市场调节的范围不断扩大，多种经济成分、多条流通渠道、多种经营方式进入市场，集体、个体商业网点和人员大量增加。同时，开放和建立了各类专业市场，各种跨地区、跨系统、跨行业的横向经济联系日益发展。一个开放型、少环节、多渠道的新的商品流通网络逐渐形成。

随着经济建设加快，南阳的经济地位明显提高，经济总量在全省稳居第三位，约占全省的1/10，作为全省经济发展“一体两翼”中的重要一翼，在河南占据了举足轻重位置。

8.1.4 社会人口

自1975年开始南阳市有效地推行计划生育，人口自然增长率逐年下降，但由于一定的人口基数，南阳市人口仍呈逐年增长趋势。1982年第三次人口普查，全市总人口271872人，比1953年增加225494人，增长4.9倍，29年间年均递增6.3%，比1964年增加135100人，增长98.8%，18年间平均递增3.9%。其中，城市人口由1949年的39256人增加到165400人，增加3.21倍。1982年以后，全市人口继续增长，1993年总人口达39.77万人（表8-1）。

1980—1993年南阳市人口统计表　　表8-1

项目/年份	总户数	总人数	其中	
			城市	农村
1980	57242	241014	148268	92746
1983	77941	276966	170449	106517
1984		28.23万		
1985	81904	294837	199395	95442
1986		30.4万		
1987		31.22万		
1988		32.56万		
1989	11.32万	34.40万		
1990	11.35万	35.41万		
1991	11.71万	36.50万		
1992		38.47万		
1993		39.77万		

数据来源：《南阳市志》及CNKI中国宏观数据挖掘分析系统。

1994年，国务院批准撤销南阳地区、县级南阳市、南阳县，设立地级南阳市，南阳市辖原南阳地区的桐柏县、方城县、淅川县、镇平县、唐河县、南召县、内乡县、新野县、旗社县、西峡县和新设的宛城区、卧龙区，而原南阳地区的邓州市由省直辖。由于区划的变革，从1994年起，南阳市人口急剧增加，原南阳市人口只相当于此时的中心城区人口。

虽然对于南阳市域范围来说，1994—2006年，人口呈现较均匀的增长趋势，然而随着城市化进程的加快，南阳市中心城区人口增长迅速。2005年，南阳市中心城区人口从1994年的40万人增加到80万人，翻了一番，其中城市人口与暂住人口增加较快，而农业人口大幅度减少。到2010年，南阳中心城区人口已达100万人，迈入大城市[①]行列（表8-2）。

1994—2013年南阳市人口统计表 表8-2

项目/年份	南阳市总人数	南阳市辖区总人口数	中心城区			
			总人数	城市	暂住	农村
1994	1020万	152.44万	403825	290754		113071
1995	1027.77万		449344	297420	42000	109924
1996	1032.77万					
1997	1037.88万					
1998	1041.95万					
1999	1037.32万	162.7万				
2001	1041.40万	166.4万				
2002	1047.76万	167.57万				
2003	1054.38万	168.45万				
2004	1065.58万	168.38万				
2005	1069.48万		80万	57万	19.8万	2.5万
2006	1101.78万	176.42万				
2007	1085.48万	179.66万				
2008	1091.00万	182.22万				
2009	1096.22万	185.32万				
2010	1158.00万	188.51万	100万			
2011	1163.80万	191.00万				
2012	1166.00万	194.20万				
2013	1171.00万	186.00万				

数据来源：《1996年南阳市中心城区总体规划》、《2006年南阳市城市总体规划》、CNKI中国宏观数据挖掘分析系统、中国经济与社会发展统计数据库。

8.1.5 社会文化

“文化大革命”期间，南阳文化事业遭到极大破坏。十一届三中全会以后，南阳恢复教学秩序，进行教学改革，并通过调整学校布局和教育结构，高等教育、职业教育、技工教育、中小学教育逐步发展，人民的文化素质得到很大改善；同时，贯彻执行党的文艺方针政策，加强社会主义精神文明建设，文化艺术事业出现新的繁荣，队伍壮大，设施增多，社会文化活动活跃，涌现出许多优秀作品。随着1986年被国务院颁布为国家历史文化名城后，南阳历史文化保护工作也得到重视与发展。

① 参考《国务院关于调整城市规模划分标准的通知》（国发[2014]51号）。

8.1.6 历史沿革

1979年11月，国务院批准南阳地区革命委员会改为南阳地区行政公署。1994年11月，撤销南阳地区、县级南阳市、南阳县，设立地级南阳市，更名为南阳市人民政府（表8-3）；同时设立宛城区、卧龙区。至此，南阳市共辖宛城区、卧龙区、方城县、南召县、镇平县、内乡县、西峡县、淅川县、唐河县、邓县（1988年11月更名为邓州市）、新野县、桐柏县、社旗县13个县市区。自2014年1月，邓州市划归为省直管县（市），南阳改辖剩下的12个县区。

1979—2016年南阳历史沿革表　　表8-3

时（朝）代	纪元	隶属	所置行政单位	何级治所
中华人民共和国	1979—1994年	河南省南阳地区行政公署	南阳市	南阳行政公署治
	1994年以来	河南省	南阳市	南阳市人民政府治

来源：南阳市城乡建设委员会.南阳市城市建设志[Z]. 1987。

8.1.7 政治政策

1979年以来，南阳依然贯彻的是人民民主制度。人民代表大会是地方国家权力机关，人民政府是国家权力机关的执行机关，对人民代表大会负责并报告工作。人民政治协商会议是爱国统一战线组织，对全市重大问题和实施大计进行政治协商和民主监督。

1979—2016年期间，南阳政策体现在城市建设、教育文化、经济及宗教等多方面。在城市建设方面，南阳政策包括交通的发展、基础设施及公建的建设等。1978—1994年的16年间，先后修建了北京大道、工业路、梅溪路、文化路、百里溪路、东环路等十余条城市主次干道，建成了南阳大桥、卧龙大桥，强化了城市公交、园林、供水、供气事业，奠定了城市发展的基础。1994年“撤地设市”又为南阳城市建设提供了新的发展机遇。1994年以来，按照“拉大框架、完善功能、丰富内涵、提升品位”的要求，每年投入1亿元以上的资金用于中心城区基础设施建设，特别是建设的拥有水面万余亩的白河游览区，解放广场、中心广场、火车站广场等大型公共活动空间，滨河路、卧龙路、白河大道、独山大道等数十条高标准城市道路，市污水处理厂、垃圾处理厂、煤制气厂、市第四水厂等重点市政工程，新修建了南阳大桥，修缮了卧龙大桥和城市主要干道，进行了“城中村”改造，先后投资2900万元，对中心城区86条背街小巷进行了改造，使城市整体功能日趋完善。

“文化大革命”时期，南阳教育及文化事业遭到极大破坏。直到党的十一届三中全会以后，恢复教学秩序，进行教学改革，并调整了学校布局和教育结构。同时，南阳还贯彻执行党的文艺方针、政策，加强社会主义精神文明建设，文化艺术事业出现新的繁荣。

在经济方面，改革开放以来，在中国特色社会主义理论的指导下，南阳坚持从内陆传统农业大市这一基本市情出发，紧紧围绕“富民强市”，“财政增收、城乡居民增收”，“全面建设小康社会”的目标，先后确定并实施了“科技兴宛、教育为本”，“中心突破、南联北靠、周边开放”，“27字经济发展战略——农业奠基、工业立市、科教兴宛、开放带动、城乡一体、富县富民奔小康”，“农业产业化”，“持续高效农业发展行动计划”，“张仲景医药创新工程和绿色城镇体系”，“建设人文南阳、数字南阳、信用南阳、绿色南阳”，“建设中国中部地区交通枢纽、河南新的经济隆起带和区域性中心城市"，"打造经济强市、文化名市、生态大市"，"实施工业强市、开放带动和创新推动战略，强力推进传统农区工业化、新农村建设、中心城市建设、文化旅游产业发展四大突破"等一系列总体战略规划及措施，并坚持以结构调整为主线，以改革开放和科技创新为动力，以加快工业化、城镇化和农业现代化为途径，突出抓好经济工作和重大项目建设。特别是近几年来，南阳高新技术产业开发区（国家级）、南阳新区、南阳官庄工区、南阳鸭河工区四个经济功能区的建设，使全市经济实现了跨越式发展。

发生于1966—1976年的"文化大革命"，对宗教造成了灾难性的影响，大量宗教建筑被封闭甚至被破坏，宗教团体被解散，宗教一度衰落。直到1978年以后，对"左"倾错误的纠正，使得宗教信仰自由开始恢复。1979年，南阳恢复了"文化大革命"中被封闭的清真寺。1981年，天主教爱国会第三届代表会开幕，进一步贯彻独立自主、自办教会的方针，会议还通过了《南阳市天主教会章程（草案）》。1983年，南阳地区道教协会成立。据统计显示，截至2011年10月南阳市具有一定规模的宗教有佛教、道教、伊斯兰教、天主教和基督教五种，宗教活动场所共计981处，宗教教职人员共计1571人，信徒共计664830人。[①]

8.1.8　城市规划

自1979年以来，南阳先后大致进行过四次总体规划，分别为1983年南阳市总体规划、1996年南阳市中心城区总体规划、2006年南阳市城市总体规划、2011年南阳市城市总体规划。

1983年的总体规划（图8-2），总结新中国成立30年来的城市建设经验教训，在

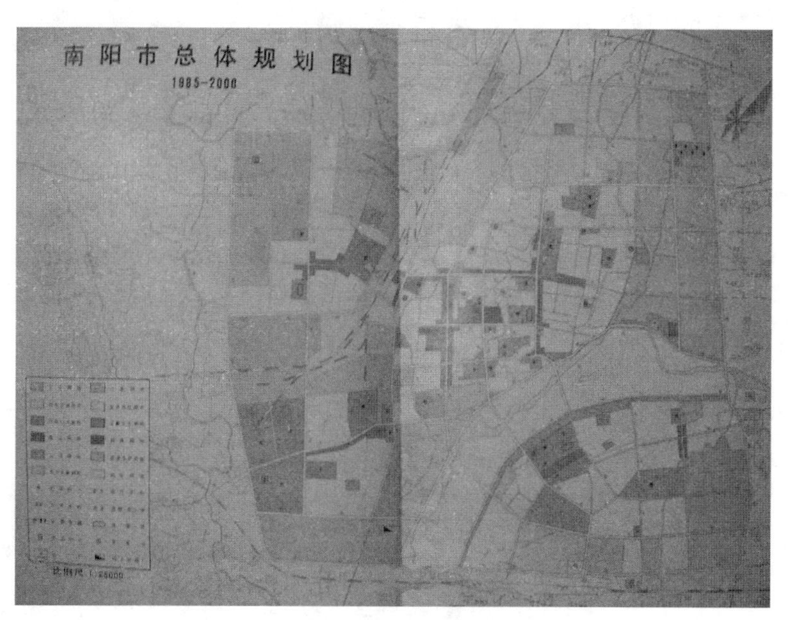

图8-2　1983年南阳中心城区总体规划图

① 李华伟. 南阳地区宗教生态报告[R]//金泽，邱永辉. 宗教蓝皮书：中国宗教报告（2013）. 北京：社会科学文献出版社，2013：295-326。

过去规划的基础上调整修订，把各项指标建立在实事求是、科学分析的基础上。该规划确定南阳城市性质为历史古城，豫西南地区政治、经济、文化、科研中心，以发展轻纺、机械工业为主的中等城市。在城市的发展方向上，1985 年前城市基本在东起仲景路，西到百里奚路，北起飞机场，南到白河边之范围内合理补齐、由内向外集中紧凑地调整发展；1985—2000 年城市重点向南发展。近期规划（至 1985 年），城市人口发展到 18 万人左右，用地面积 17.5km^2，工农业总产值 5.5 亿元；远期规划（至 2000 年），城市人口发展到 28 万人左右，用地面积 24.58km^2，工农业产值 25.8 亿元。该规划还对城市布局中的工业，仓库，生活居住，道路与对外交通，市中心、公共建筑与农贸市场等用地进行了详细布置。

1996 年南阳市中心城区总体规划（图 8-3），在对南阳市实际情况进行详细调研的基础上，确定南阳城市性质为国家历史文化名城，豫西南地区的政治、文化和经济中心，重要交通枢纽。近期规划（至 2000 年），城市人口发展到 35.7 万人，城市用地面积控制在 55~60km^2；远期规划（至 2010 年），城市人口发展到 56.9 万人，城市用地面积控制在 75km^2 以内。中心城区用地采用组团式布局，规划将城市用地划分为四个组团，在组团间有一定的绿色隔离空间，各个组团设有公共活动中心，是工作与生活区相配套、具有一定功能特点的城市结构单元，彼此间既有分隔又通过城市道路紧密相连，构成一个有机的整体。

1996 年所制定的《中心城区总体规划》实施 10 年来，对指导中心城市的发展与建设

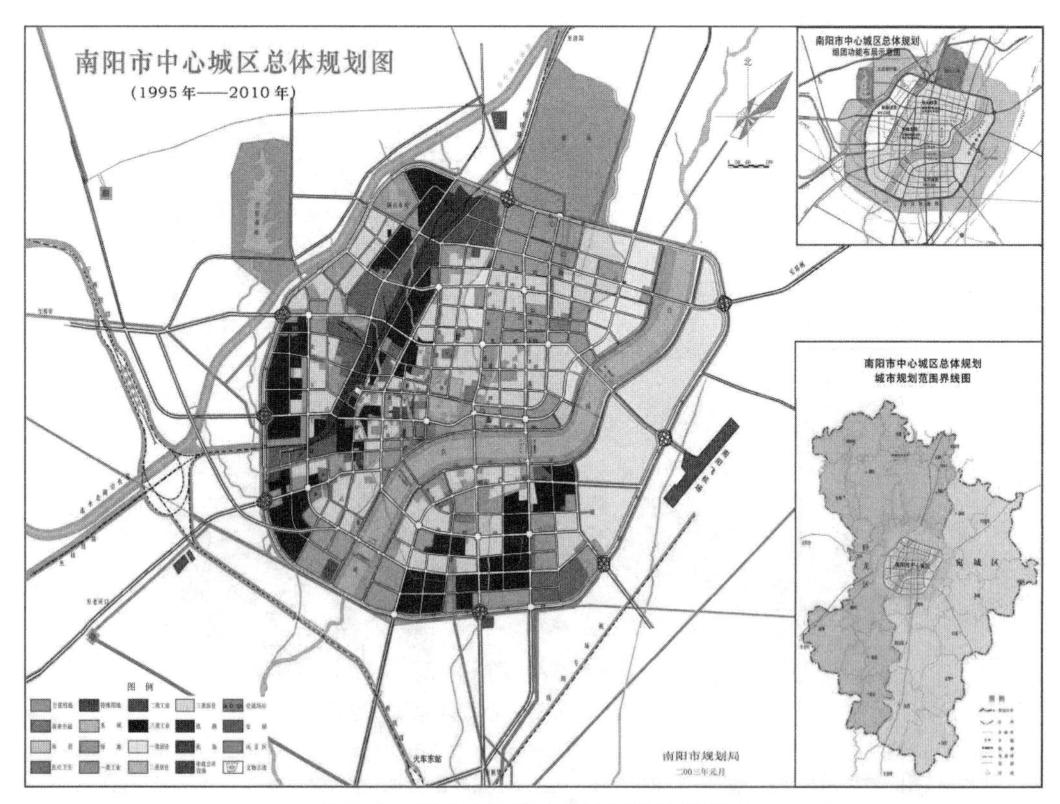

图 8–3　1996 年南阳中心城区总体规划图

发挥了重要作用。但这个总体规划是在国家限制城市发展的特定历史背景下编制完成的，所核定的城市规模仅为 56km^2、56 万人。随着许平南、信南、岭南、宛坪等高速公路及宁西铁路、南水北调中线工程等一大批国家级重点工程围城或穿城而过，为城市快速发展带来了新的历史机遇，该中心城区总体规划已远远不能适应城市发展的需要，调整和修编新的南阳城市总体规划成为当务之急。

2006 年南阳市城市总体规划（图 8-4）就是在以上背景下产生的。该规划确定，南阳市城市性质为国家历史文化名城，是以医药、光机电、农副产品深加工和生物质燃料等工业为主导的，豫、鄂、陕三省交界地区重要的交通枢纽和区域性中心城市。中心城区范围为东至许南襄高速公路，南到上武高速公路以南，包括宁西铁路南阳南站两侧用地，西至二广高速公路，北到二广高速公路连接线，总面积 441.6km^2。近期规划（至 2010 年），城市人口 110 万人，城市建设用地规模 110km^2；远期规划（至 2020 年），城市人口 160 万人，城市建设用地规模 159km^2。中心城市空间结构为“一河、两岸、三城”，生态格局为“山环水绕，绿色贯穿”。

2011 年南阳市城市总体规划在 2006 年版的基础上进行了修编：①在对南阳市城市定位方面，将 2006 年版规划中的“豫、鄂、陕三省交界地区重要的交通枢纽”提升至“中部地区重要的交通枢纽”。②注重产业升级，将南阳定位为“以医药、光机电等高新技术产业和先进适用技术产业为先导，以食品、农副产品深加工和清洁能源等为主的新型工业基地”。③在城市规模上，新版规划预测，2020 年中心城区常住人口控制在 180 万人以内，城市建

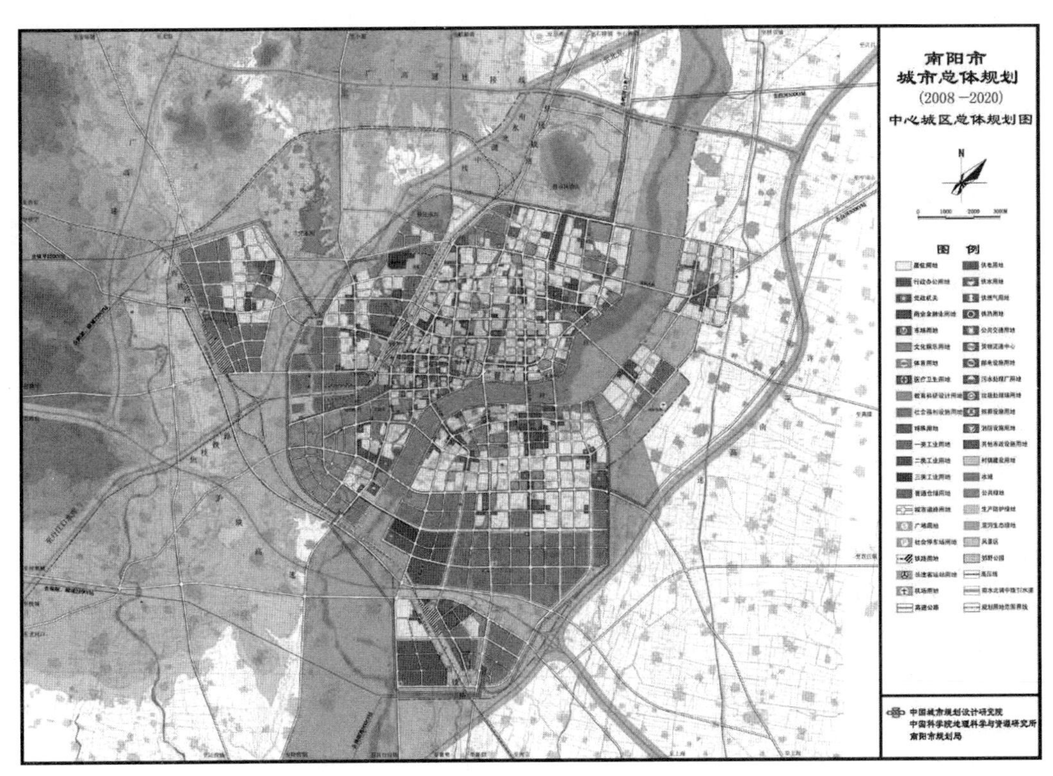

图 8-4 2006 年南阳中心城区总体规划图

设用地控制在 165km^2 以内。④ 2011 年版规划充分体现了城市生态文明建设与可持续发展的理念，提出“要按照绿色循环低碳的理念规划建设城市基础设施”，“建设资源节约型和环境友好型城市”，“创造以人为本、人与自然相和谐的人居环境”，“重视历史文化和风貌特色保护，要统筹协调发展与保护的关系”等要求。①

8.2 1979—2016 年南阳空间营造特征分析

8.2.1 城市性质的转变

1979 年以来，南阳市仍然保持着豫西南地区政治、经济、文化、科研中心的地位。且随着焦枝铁路以及 312、207 等国道的建成，20 世纪 90 年代南阳的交通地位较 1979 年以前有了较大提高，具备了成为区域交通枢纽的基本条件。而近年来，宁西铁路南阳段的通车、公路以及航空运输业的进一步发展，进一步确立了南阳在豫、鄂、陕三省交界地区的交通枢纽地位。在《2011 年南阳市城市总体规划》中，南阳被定性为中部地区重要的交通枢纽。

在产业方面，改革开放以后的南阳工业产业得到了进一步发展，1996 年南阳被定性为以机电、轻纺、医药、食品工业为主的城市；到 2006 年则被定性为以医药、光机电、农副产品深加工和生物质燃料等工业为主导的城市。近年来，南阳的第三产业特别是高新技术产业及旅游服务业得到了重视并呈现较快的发展势头。

综上所述，南阳城市性质在保持豫西南地区政治、经济、文化中心地位不变的基础上，其交通地位较 1979 年以前有了较大提高，成了中部地区重要的交通枢纽。从产业方面来看，南阳从 1979 年以前的基础工业主导型城市，进一步发展为高新技术产业及地方资源加工业为主导的城市；近年来，旅游型城市也逐渐成为南阳城市职能之一。

8.2.2 城市用地的扩张

1979—1996 年，南阳城市用地总体上依然呈现自旧城向四周扩展的格局，且西边突破了焦枝铁路的限制，但更突出地表现为跨白河向东、向南发展。城市用地向西发展至北京路，向北发展至北环路，跨河向南发展至长江路，向东发展至 312 国道。此时期，原有城内农业用地已基本上全部被城市化，而在新的城市边缘又出现新的跨越式扩散的城市用地。这些扩散的用地相对集中于新修主要城市干道附近，如北京路、北环路及长江路等。

1997—2011 年南阳城市用地在白河南岸依然有所延伸，发展至黄河路；在其他几个方向也有一定扩展，特别是一部分城市用地沿仲景路向北延伸至独山脚下；然而，此时期南阳城市用地基本保持在 1996 年城市路网框架以内，更主要表现为对城市内部用地的填充以及城市用地容积率的提高（图 8–5）。

---

① 参考《国务院办公厅关于批准南阳市城市总体规划的通知》（国办函〔2017〕14号）

图 8–5 中华人民共和国成立后南阳中心城区用地扩张图

8.2.3 城市功能分区的变化

1. 中心区格局的变化

1979 年以前，南阳城市中心已西迁至人民路中段，新旧城区的结合部。然而，由于受西面焦枝铁路以及东南面白河的限制，该时期南阳城市仍然保持着单中心的格局。

随着城市用地向西跨铁路以及向南跨白河的发展，到 1996 年，南阳中心城区初步形成三片既分隔又相连相依的格局。但因该时期铁西和白河南建设规模不大，商业服务等设施较少，公共设施仍相对集中于原城市中心，因此，该时期南阳中心城区正处于由单中心向多中心转变的过程。

到 2006 年，南阳市已呈现多中心格局，铁西和白河南已具有一定规模，并形成区级中心。然而，市级中心区仍位于历史城区西侧人民路一带，商业、文化、行政等公共服务功能比较集中，随着城市规模的不断增加，该地区已经出现了用地不足、交通拥堵、景观无序等诸多问题。同时，过于集中的功能造成了周边土地升值，使东侧的历史城区面临着极大的房地产开发压力，对古城保护极为不利。

《2011 年南阳市城市总体规划》对现状城市中心职能进行疏解、优化，作为市级商业中心（副中心）；在独山大道以东新建市级行政文化中心、体育中心，作为市级综合服务中心（主中心）；在白河南岸建设市级商业综合中心（副中心），从而形成“一主两副”的三城市中心结构。在此基础上，规划还提出设置高新片区、麒麟综合片区、王村片区等七个片区级中心，以完善城市公共服务中心的等级结构。

2. 工业区的形成及发展

1979 年以前，南阳工业用地虽然出现了向旧城区东北、旧城区西北、旧城区西南、铁路以西四个片区聚集的态势，但其布局较为散乱，没有形成一定的功能分区。

至 1996 年，南阳中心城区工业用地 735hm^2，占城市建设总用地的 22.31%，并以旧城为中心，相对集中的形成东北工业区（酒精厂、石化厂、防爆电机厂）、西北工业区（汽车厂、柴油机厂、齿轮厂、西药厂）、铁西工业区（石油二机厂、中原机械厂、川光机械厂）、西南工业区（制药厂、制革厂、电池厂、油漆化工厂）和河南工业区（南阳棉纺厂、制药厂、浆粕厂）。另外，旧城区及城市外围零散分布有工业点。该时期，南阳工业区基本按照《1983年南阳市总体规划》中工业规划的思路进行发展及调整：旧城东北片设无害的轻工、食品企业，旧城西北片设置机造企业，旧城西南片设置化工等有害企业，铁路以西设置大中型机械企业，白河南片远期规划为纺织基地。相比 20 世纪 80 年代初，南阳工业分布有了较大改善，开始出现不同类型的工业分区，并在白河南岸有了较大发展。但总的来看，仍存在以下不足：①由于建设初期缺乏统一规划，加上条块分割分散建设体制，导致工业布局分散零乱，以旧城区为中心四面八方都有工业区，调整改造均有一定难度。②仍然有部分污染工业，如酒精厂、石油化工厂、火电厂等，在城市的中心和上风上游，污染城市环境。③随着城市不断扩展，有些工厂已位于城市中心，如制药厂、造纸厂等，需要调整外迁；同时，城市外围零散分布的工业点需要适当给予引导，以避免由于未来城市扩张引起的工业对城市中心的污染。

至 2006 年，南阳中心城区工业用地 977hm^2，占城市建设总用地的 12.99%，主要分布在焦枝铁路两侧以及北部高新区内，另外在城市东北部和白河南岸也有少量分布。其中，铁西工业区、焦枝铁路东侧与工业路附近以大中型重化工、机械工业为主，属于三类工业用地；旧城西南片区分布有化工、制药及冶金等二、三类工业用地；旧城以东、东北片区分布有南阳卷烟厂、氯碱化工厂、防爆电机厂等企业，既包括一类工业用地，也包括二、三类工业用地；白河南岸工业区分布有天冠啤酒厂、变压器厂等三类工业用地；随着包括已建成即将投产的天冠乙醇厂、已初步选址的宛丰纸业等大型企业的陆续入驻，该工业区将被打造成中心城区南部的生态工业园。相比 20 世纪 90 年代，该时期南阳工业分布呈现出新的特点：①虽然工业占地面积有所扩大，但在建成区中所占比例大幅度减小，说明工业在向集约化、特色化发展。②总体上看，工业用地的发展为自旧城区向城市四周边缘扩散，尤其突出表现为中心城区的跨铁路向西与跨白河向南发展。③新的工业区类型——北部高新技术开发区以及白河南部生态工业园开始出现。至 2016 年，位于南阳中心城区北部的高新技术产业开发区、白河以南的南阳新区以及位于城郊的官庄工区和鸭河工区已初具规模。

3. 居住建设

1978 年全国第一次城市住宅建设工作会议以后，南阳认真贯彻执行发挥中央、地方、企业、个人四个积极性的方针，住宅建设进度大大加快。1978—1985 年，全市建成住宅 280.5 万 m^2。1995 年《城市房地产管理法》正式实施，标志着住宅与房地产业进入了一个新的发展阶段。到 2008 年，南阳市商品房年开发量达到 300 万 m^2，并成为南阳市国民经济增长的重要支撑。

随着住宅建设的加快，居住水平也相应得到提高。1979 年以前，由于住宅建设赶不上人口增长的速度，人均居住面积一度下降到 2.7m^2。党的十一届三中全会以来，党中央、国务院非常关心城镇居民住房问题，对加速住宅建设做过多次重要提示，提出到 1985 年城市人均居住面积要达到 5m^2 的要求。随着 1978—1985 年住宅建设进度的大大加快，到 1985 年南阳人均居住面积达到 7.14m^2，居住水平超过全国平均值，跨入先进行列。至 2008 年，南阳人均居住面积达到 27.57m^2。

在解决居民住房问题方面，南阳采取了“民建公助”“公建民助”“集资统建”“旧房改造”“商品住宅”等一系列形式。其中，“民建公助”形式在1980—1985年间先后解决了大部分缺房户的住房问题，成为该时期南阳市解决居民住房问题的主要形式；同时，该形式也被证明是解决中小城市住房问题的有效途径。“公建民助”是在国家和单位建房资金不足，而个人又无力自建的情况下采用的一种形式，试行以后深受群众欢迎，但因涉及资金来源问题，未能广泛实行。“房屋统建”与“旧房改造”的方法既解决了一些单位小、资金少、自建有困难的住房问题，又改善了原有住户的居住条件。自20世纪80年代推行住宅商品化改革以来，“商品住宅”形式成了南阳城市住宅建设的主要渠道。[①] 至2012年，南阳市中心城区居住用地为33.26km^2，占城市建设用地的29.0%，比2000年南阳市中心城区居住用地面积增长了5倍多，占城市建设用地比值翻了一番。[②]

4. 绿化建设

十一届三中全会以后，南阳城市园林绿化事业摆上各级党政议事日程。《1983年南阳市总体规划》中提出：“再新建百里奚公园、溧河公园、梅溪小游园、街头小绿地、车站广场绿地，并结合白河大桥的兴建，修桥头公园，形成点、线、面结合的园林绿化系统。”

到1996年，南阳绿化建设实现了与城市建设的同步发展，取得了明显成绩。城市绿化覆盖率22.28%，公共绿地150hm^2，人均公共绿地5m^2，初步形成点、线、面结合的园林绿化系统。中心城区先后被评为“全国绿化先进城市”和“省园林绿化先进城市”。《1996年南阳市中心城区总体规划》中提出：“中心城区园林绿地，以白河为生态轴，以十二里河、三里河、梅溪河、温凉河、邕河、溧河为副轴与南水北调引水渠沿岸绿化带、兰营水库、独山风景区及主要道路绿化共同构成绿地系统的骨架。”

然而，由于城市化进程的加快、城市人口的急剧膨胀，此后南阳绿化建设远不及城市发展的需要。到2005年，南阳市中心城区总绿地面积321.83hm^2，其中公共绿地174.96hm^2（生产防护绿地146.87hm^2），人均公共绿地面积2.19m^2，其指标远低于国家标准。南阳中心城区拥有综合性公园1处（人民公园）、纪念性公园2处（武侯祠、医圣祠）、广场绿地3处、小游园十余处，但布局零散，不成系统，难以发挥绿地在城市中应有的作用，同时与文物遗址结合较少，未突出南阳历史文化名城的特点。《2006年南阳市城市总体规划》规划近期人均公共绿地指标为10m^2，远期为12m^2，并提出了“绿岗环抱、人字通廊、六脉贯穿、绿点均布”的城市绿地系统规划结构；旨在结合南阳山水格局与总体规划布局结构，努力打造南阳绿地空间与特色，完善城区外部与内部绿地空间结构，人工绿地与自然绿地相结合，使城市公园与滨水绿地共同形成南阳的生态网络，为城市居民提供游憩空间。在2006版规划的指导下，城市绿化建设加快，到2012年，南阳市中心城区公园绿地（含水域）面积达到2651hm^2，人均公园绿地（含水域）面积为17.76m^2。

8.2.4 城市道路网络的建设

1979年以后，随着城市经济的快速发展以及城市用地的急剧扩张，南阳新区道路建设

① 参见：南阳市城乡建设委员会. 南阳市城市建设志[Z]. 1987：358-362。

② 参见：南阳市统计局. 南阳统计年鉴2013[M]. 北京：中国统计出版社，2013：284。

出现较快的发展势头。1979—1996 年间，南阳城市路网依然向西、向北都有扩展，但更突出地表现为跨河向东、向南发展。此时期，城市路网向西发展至北京路，向北发展至北环路，跨河向南发展至长江路，向东发展至 312 国道。新修南北向主路有北京路、百里奚路、独山大道等；东西向主路有北环路、光武路、滨河中路，以及跨河的白河大道、长江路等。除此之外，部分内城已有道路，如人民路、仲景路等，向北延伸，与北环路相交。自此，南阳城市道路结构在保持内部方格网状的同时，初显外环格局。

1997—2008 年间，南阳城市路网在白河南岸依然有所延伸，发展至黄河路；而其他几个方向上没有大的扩张，更多地表现为对内部路网结构的完善。此时期，新修南北向主路较少，主要是白河南岸的南新路，而白河以北的主城区主要进行了南北向的道路延伸建设，如工农路、百里奚路都进行了北部的扩建工程，与北环路相交；东西向新修主路有高新路、张衡路、滨河西路、滨河东路，以及白河南岸的黄河路等。道路总体结构方面，方格网加环状道路的格局日渐明显。

至 2016 年，以 G312 沪霍线、信臣西路、信臣东路为环，以北京路、车站路、工业路、人民路、仲景路、独山大道为“六纵”，以张衡路、建设路、中州——孔明路、滨河路、长江路为“五横”的“六纵五横”方格网加环状主干道系统已经形成。

8.2.5 旧城改造及历史保护

新中国成立以后，随着城市用地的向外扩张，城市内部用地也在不断更新。特别是 20 世纪 70 年代以来，随着城市化速度的提高，南阳旧城改造建设的进程也在加快。然而，由于历史保护规划的相对滞后，直接导致了南阳旧城历史建筑、历史空间格局及文脉的破坏。直到 1986 年南阳经国务院颁布为国家历史文化名城后，其历史保护工作才开始得到重视。

1992 年，南阳市制定了《南阳市旧城区保护与控制性详细规划》，不但对文物古迹的保护等级与范围进行了划分，确定了绝对保护区、建设控制区、环境协调区，还划分出 8 个古城特色风貌区，分别为宛城遗址休闲区、王府山明代市井风貌区、宗教文化特色区、府衙行政文化展示区、南门清代商市风貌区、名人宅第展示区、水寨遗址休闲区、穆斯林聚居区，并提出了地块的控制性规划以及主要历史街道的修建性详细规划。

随后的《1996 年南阳市中心城区总体规划》《2006 年南阳市城市总体规划》和《2011 年南阳市城市总体规划》都对南阳制定了历史文化名城保护规划，对保护区的高度进行了控制。尤其是后二者，更将保护规划与旧城更新改造规划相结合；并对该规划确定的四个旧城片区——古城片区、古城以东片区、古城以西片区和白河南岸滨水区，分别提出改造的目标及措施。

8.2.6 规划空间结构

自新中国成立以来，南阳先后大致进行过七次总体规划，分别为 1958 年总体规划、1960 年城市规划、1963 年近期控制规划、1983 年南阳市总体规划、1996 年南阳市中心城区总体规划、2006 年南阳市城市总体规划和 2011 年南阳市城市总体规划。由于 20 世纪五六十年代“大跃进”及“左”倾思想的干扰，规划主要指标严重脱离实际，经不住时间和实践的考验，对后期城市建设的指导作用不强。

直到《1983年南阳市总体规划》的提出，南阳城市空间发展才有了切合实际的管理及指导依据。该规划在实事求是、科学分析的基础上，对未来南阳城市空间结构进行了规划：城市中心规划，在原人民路中段老城区中心的基础上增加两个副中心，分别设在工业路中段和河南区溧河公园北部，使城市由一个单元结构发展成多个单元结构。工业区规划为老城区东北片、老城区西北片、老城区西南片、铁路以西片区以及白河南片，老城区东北片设无害的轻工、食品企业，老城区西北片设置机造企业，老城区西南片设置化工等有害企业，铁路以西设置大中型机械企业，白河南片远期规划为纺织基地。规划大型仓库区主要结合焦枝铁路布置，工业仓库集中在车站路北段，民用储备仓库集中于七一路西端。规划居住区仍以旧城区为主，向西、北、南发展，基本连片。

《1996年南阳市中心城区总体规划》中，南阳城区用地采用组团式布局，规划将城市用地划分为四个组团，在组团间有一定的绿色隔离空间，各个组团设有公共活动中心兼商业中心，是工作与生活区相配套、具有一定功能特点的城市结构单元，彼此间既有分隔又通过城市道路紧密相连，构成一个有机的整体（图8-6）。在轴线设计上，将通过城市中心的十字交叉干道（纵轴为仲景路、横轴为光武路）规划为城市轴线，沿白河设有生态轴，并结合城市公建、绿化、雕塑、名胜古迹，在中心城区设立纵横两条交会于白河河湾的经济文化轴。城市道路网采取的是方格网加环状道路的总体结构，将城市最外围的外环路设为快速路，城内一般干道通过多条放射型道路与快速环路相连。工业区在原规划基础上，将旧城西北工业区的北部以及铁路西北部工业区规划为高新技术产业开发区。仓储区则在原规划基础上新辟城市东南部的集散中心。

《2006年南阳市城市总体规划》和《2011年南阳市城市总体规划》中，规划中心城区的生态格局与远景空间结构分别可以概括为“山环水绕，绿色贯穿”以及“一河三城”。“一河”指贯穿城市的白河景观生态带和公共休闲带，“三城”指被“人”字形生态廊道分割而成的，功能各具特色、配套完善、相对独立的中心组团、河南组团与河东组团。其中，中心组团为规划期内发展重点，分为老城中心片区、文教片区、高新片区、麒麟综合片区、核心片区、王村片区六个片区。规划在东部新建市级综合服务中心，包括行政、文化、体育、商务、旅游等多功能，为城市主中心，将老城城市中心行政办公、文化等部分职能向外疏解，

图8-6 1996年南阳中心城区结构规划图

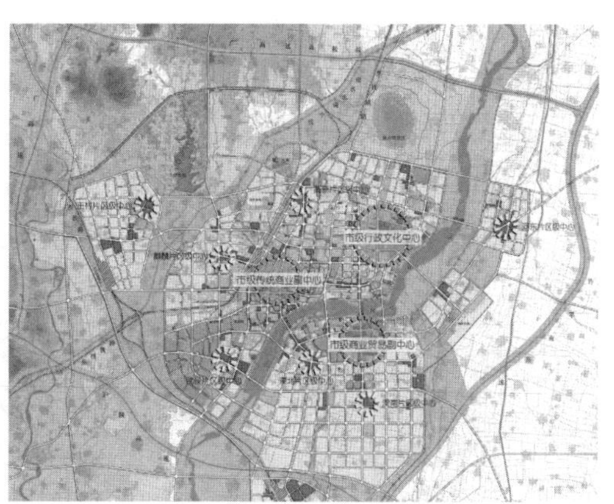

图8-7 2006年南阳中心城区结构规划图

作为市级商业中心，并新建河南商业综合中心，从而形成“一主两副”的城市中心格局（图8-7）。规划将原方格网加环状道路的规划思路进行了调整，中心城区采用的是方格网为主的道路总体结构，原快速外环路调整为一般主路，并在原外环路的更外围设一圈城郊高速路。规划调整工业用地布局，形成相对集中的河南工业园区、高新技术开发区、麒麟工业区和王村工业区。仓储区则主要结合铁路及编组站布置，包括南站物流园区、焦枝铁路仓储区、王村仓储加工区和河南工业园仓储区，并将现有危险品仓库从城区迁出，保证城市安全。

8.3 1979—2016年南阳空间营造要素

8.3.1 面

1. 中心城市建成区范围

1979年以来，南阳中心城区向铁路西与白河南扩建。到1996年，城市建成区面积为31km^2，相比1979年翻了一番，范围为北至北环路，南至白河南岸的长江路，东至312国道，西至北京路（图8-8）；到2006年，城市建成区面积为75.24km^2，分别是1979年与1996年的5.0倍和2.4倍，范围为北至北环路，南至白河南岸的黄河路，东至312国道，西至规划西环路（图8-9）。

2. 居住用地

1979年以来，随着城市建设的加快，南阳居住用地呈现出从旧城向四面扩散的格局。到1996年，南阳居住用地面积为10.21km^2，占城市建设用地的31.0%。从形态上看，此时期南阳居住用地除旧城处较为集中外，其余各地块呈分散状布置。

随着城市化进程的进一步加快，南阳居住用地面积快速增长。到2006年，南阳居住用地面积为4331.52hm^2，占全部城市建成区面积的57.57%。其中，除二、三类城市居住用地外，另有大量村镇用地，由于分布于中心城区内，且其中大部分居民已是城市居民的一部分，不再从事农业生产活动，且享受城市的各种公共服务，故而也纳入到了城市居住用地面积的统计中，面积约为993.52hm^2，占整个城市居住用地的22.9%。从分布上看，二类居住用地主要集中于城市中心地区及新建道路两侧，三类居住用地主要分布于历史城区内部及其

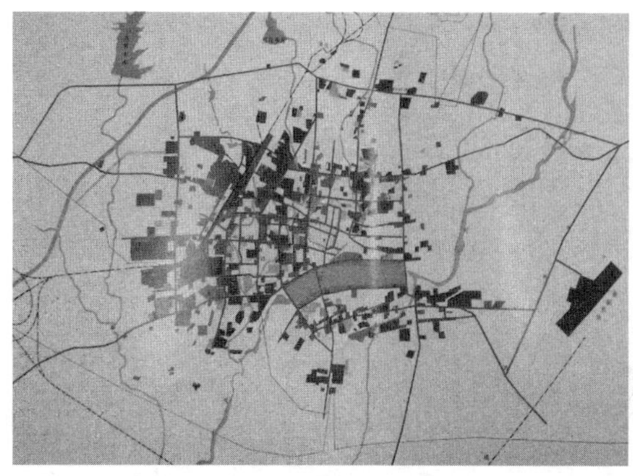

图8-8 1996年南阳中心城区现状图

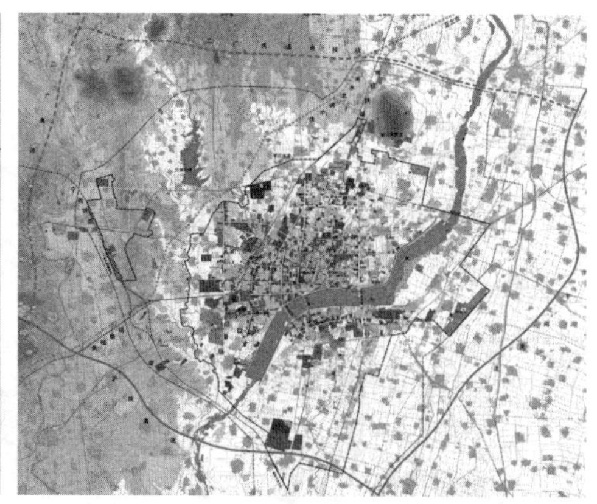

图8-9 2006年南阳中心城区现状图

周边地区、焦枝铁路两侧和白河南岸，城中村用地主要分布于城市边缘地区。形态上，此时期南阳居住用地，除城市中心区及旧城处较为集中以外，其余地块仍然分布零散，且与其他用地（特别是与大量工业用地）相互混杂。

3. 公共设施用地

1979 年以前，南阳公共设施用地自古城西迁至人民路、新旧城区结合部一带。南阳行政用地由原来内城西迁至该区域南端，文教科卫等用地也相对集中于该区域。

1979 年以来，随着城市用地的扩张，公共设施用地也相应得到发展。至 1996 年，南阳中心城区公共设施用地为 482hm^2，占城市建设用地的 15.5%。由于受城市发展的影响，公共设施用地主要集中于旧城与火车站之间的人民路—新华路、工业路—中州路等主要街道上，其余部分则分布比较分散。总的说来，该时期公共设施用地发展不平衡，分布不太合理，大都集中在宛城附近，而在白河南及铁路西新建区则分布过少，不能满足居民的生活需要；另外，体育设施用地过少，仅有一处公共体育场，远不能适应社会发展和人民生活的需要。

至 2006 年，南阳中心城区公共设施用地 893.79hm^2，占全部城市建设用地的 11.88%，主要分布在铁路以东、白河以北，在白河南岸及焦枝铁路以西地区分布较为零散。其中，行政办公用地、商业金融业用地、文化娱乐用地及体育用地等具有不同分布特征。行政办公用地较为分散，南阳市委、市政府位于七一路，市人大、政协位于人民路与天山路交叉口，宛城区政府位于人民公园以北，卧龙区政府位于滨河路。由于各级政府部门分散布局在旧城区内且与商业、居住用地相互混杂，因此，造成了办公用地的紧张，加重了旧城区的交通压力，也影响了各政府部门行政管理职能的发挥。商业金融业用地较为集中的分布于新华西路、中州路与人民路交叉口处，与梅溪路、广场南街、工农路等商业街及周边商业设施共同构成了城市商业中心区；此外，在城市内部及周边还有几处专业市场，分布较为零散。总的说来，城市商业用地结构仍不完善，缺乏区级商业中心，既加重了市级商业中心区的负担，也使马路市场现象大量出现，对城市交通及环境品质产生了极为不良的影响。文化娱乐用地不足，且主要集中分布在历史城区西侧的城市中心区，区级及以下级别文化设施缺乏。南阳市体育中心位于白河北岸、独山大道东侧，规模较大，但其他体育设施建设相对滞后，尤其是居住区、小区体育场地极为缺乏，难以满足市民日常健身锻炼的需要。

基于以上问题，《2006 年南阳市城市总体规划》和《2011 年南阳市城市总体规划》对现状城市中心职能进行疏解、优化，作为市级商业中心（副中心）；在独山大道以东新建市级行政文化中心、体育中心，作为市级综合服务中心（主中心）；在白河南岸建设市级商业综合中心（副中心），从而形成“一主两副”的三城市中心结构。在此基础上，规划还提出设置高新片区、麒麟综合片区、王村片区等片区级中心，配备有商业、文化娱乐及体育等功能，以完善城市公共服务中心的等级结构。

4. 工业及仓储用地

1979 年以来，南阳工业用地基本按照《1983 年南阳市总体规划》中工业规划的思路进行发展及调整。至 1996 年，南阳中心城区工业用地 735hm^2，占城市建设总用地的 22.31%，并以旧城为中心，相对集中的形成东北工业区、西北工业区、铁西工业区、西南工业区和河南工业区。另外，旧城区及城市外围零散分布有工业点。相比 1979 年，该时期南阳工业用地分布有了较大改善，开始出现不同类型的工业分区，并在白河南岸有了较大发展；但总体来看，其布局仍然分散零乱，以旧城区为中心四面八方都有工业区，调整改造均有一定难度。1996 年，南阳仓储用地 227hm^2，占城市建设用地的 6.9%，集中分布在焦枝铁路两侧、南阳车站的两端（且以北端为主）。其中，焦枝铁路西侧集中，东侧比较零乱，存在一定的安全隐患问题。

至 2006 年，南阳中心城区工业用地 977hm^2，占城市建设总用地的 12.99%，主要分布在焦枝铁路两侧以及北部高新区内，另外在城市东北部和白河南岸也有少量分布。其中，铁西工业区、焦枝铁路东侧与工业路附近以大中型重化工、机械工业为主，属于三类工业用地；旧城西南片区分布有化工、制药及冶金等二、三类工业用地；旧城以东、东北片区分布有南阳卷烟厂、氯碱化工厂、防爆电机厂等企业，既包括一类工业用地，也包括二、三类工业用地；白河南岸工业区分布有天冠啤酒厂、变压器厂等三类工业用地；随着包括已建成即将投产的天冠乙醇厂、已初步选址的宛丰纸业等大型企业的陆续入驻，该工业区将被打造成中心城区南部的生态工业园。2006 年，南阳仓储用地 188.42hm^2，占城市建设用地的 2.5%，主要分布于焦枝铁路两侧以及南阳车站两端。焦枝铁路两侧主要为铁路仓库、棉花仓库、外贸仓库等普通仓库用地；南阳车站南段主要为石油仓库、公路物资仓库、木材仓库等危险品仓库；此外，宁西铁路西编组站南侧有一处大型储气库，属于危险品仓库。

5. 城市绿地

随着十一届三中全会以后，各级党政对南阳城市园林绿化建设的重视。到 1996 年，南阳绿化建设实现了与城市建设的同步发展，取得了明显成绩。城市公共绿地 150hm^2，占城市建设用地的 4.55%，初步形成点、线、面结合的园林绿化系统。其中，较有规模的公共绿地主要为人民公园、卧龙公园，以及位于今解放广场的滨河绿地。

到 2006 年，南阳市总绿地面积 321.83hm^2，占城市建设用地的 4.28%，其中公共绿地 174.96hm^2，生产防护绿地 146.87hm^2。南阳中心城区拥有综合性公园 1 处（人民公园）、纪念性公园 2 处（武侯祠、医圣祠）、广场绿地 3 处（解放广场、中心广场、文化宫广场）、小游园十余处，但布局零散、不成系统，且主要分布于旧城区及其周边，离旧城区较远的地方（特别是铁路西与白河南岸区域）则缺少公共绿地，不能为居民提供就近游憩活动场所。同时，南阳防护绿地也不完善，主要在对外交通设施两侧，而居住区与热电厂、工厂间则缺少防护隔离绿地，不利于南阳生态环境、城市小气候以及居民生活质量的提高。

针对以上问题，《2006 年南阳市城市总体规划》和《2011 年南阳市城市总体规划》提出了“绿岗环抱、人字通廊、六脉贯穿、绿点均布”的城市绿地系统规划结构。该结构包括“山水环绕，绿林屏障”的城外绿地、由白河与沿 312 国道设置的防护绿地组成的“人”字形绿色通廊、六条内河形成的贯穿城区的滨河绿廊、由沿对外交通所设防护绿地形成的两个绿化圈层式的城市外围绿地，以及点状分布的带有古城与滨水特色的城市公园、小游园、街头绿地等。

6. 历史保护区、特色风貌区以及旧城改造区

1986 年南阳经国务院颁布为国家历史文化名城后，其历史保护工作开始得到重视。1992 年，南阳市制定了《南阳市旧城区保护与控制性详细规划》，不但对文物古迹的保护等

级与范围进行了划分，确定了绝对保护区、建设控制区、环境协调区；还划分出8个古城特色风貌区，分别为宛城遗址休闲区、王府山明代市井风貌区、宗教文化特色区、府衙行政文化展示区、南门清代商市风貌区、名人宅第展示区、水寨遗址休闲区、穆斯林聚居区（图8-10），并规定了绝对保护区、建设控制区、环境协调区的保护内容与措施，以及8个特色风貌区的保护与规划内容。

《2006年南阳市城市总体规划》和《2011年南阳市城市总体规划》更进一步将保护规划与旧城更新改造规划相结合，并对该规划确定的4个旧城片区——古城片区、古城以东片区、古城以西片区和白河南岸滨水区（图8-11），分别提出改造的目标及措施。

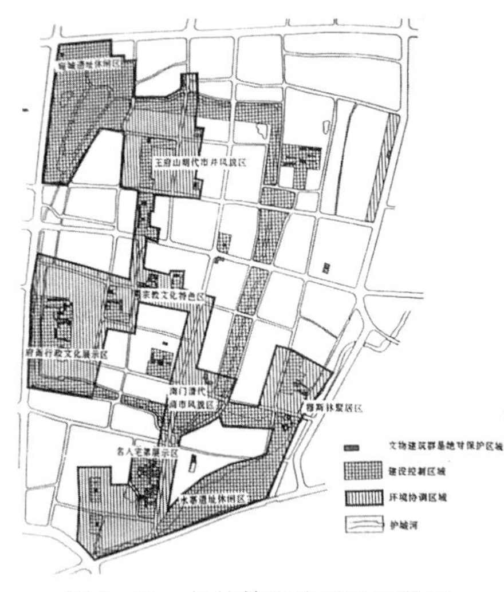

图8-10 保护等级分区及风貌区

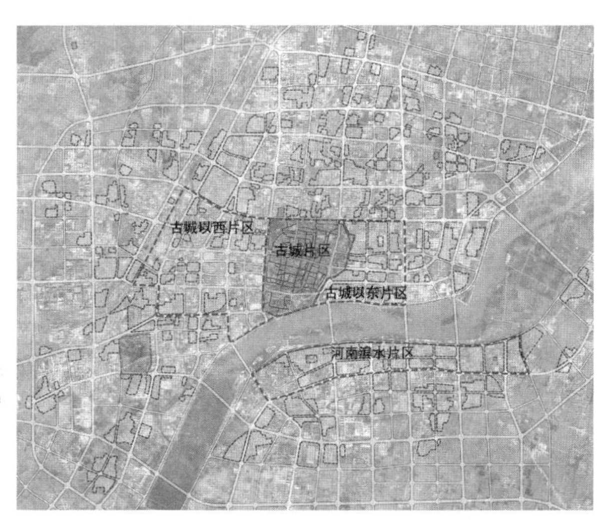

图8-11 2006年总体规划之旧城片区分布图

8.3.2 线

1. 轴线关系

新中国成立后，由于旧城改造以及城市用地的扩张，原和平街、府文庙及制高点王府山所形成的城市中轴线关系逐渐消失。加上在相当长一段时期内，南阳城市建设缺乏有效规划的引导，城市用地的扩张基本处于较为混乱的状态，城市空间缺乏一定的轴线关系。直到20世纪80年代以后，独山大道的修建使南阳初步形成以独山大道为独山视线通廊、以白河为滨水视线通廊的十字形景观轴线关系。近年来，卧龙路因连接白河游览区、玉雕工艺市场、武侯祠、三顾桥、汉画馆等景点，成为与白河浑然一体的景观轴和发展轴。

《2006年南阳市城市总体规划》和《2011年南阳市城市总体规划》拟沿312国道两侧设防护绿地，届时该楔形绿化带将成为南阳市一条新的生态景观轴，并与现有白河生态景观轴共同组成"人"字形结构。同时，该规划还拟恢复卧龙岗、南阳古城历史风貌，建设体育中心、市级行政文化中心、独山风景区，形成自西向东贯穿白河北岸的历史文化景观脉络。

2. 城市路网

总的说来，自新中国成立到现在，南阳路网表现为自旧城区向四周延伸，然而不同时期，其路网的延伸具有不同的倾向性（图8-12）。1979—1996年间，南阳城市路网依

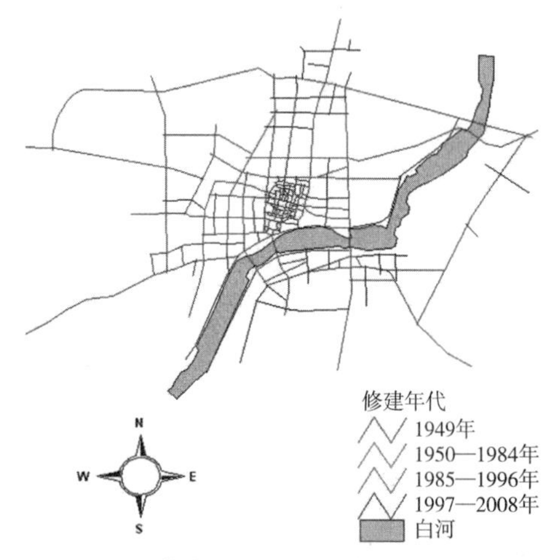

图 8-12　中华人民共和国成立后南阳中心城区路网扩张图

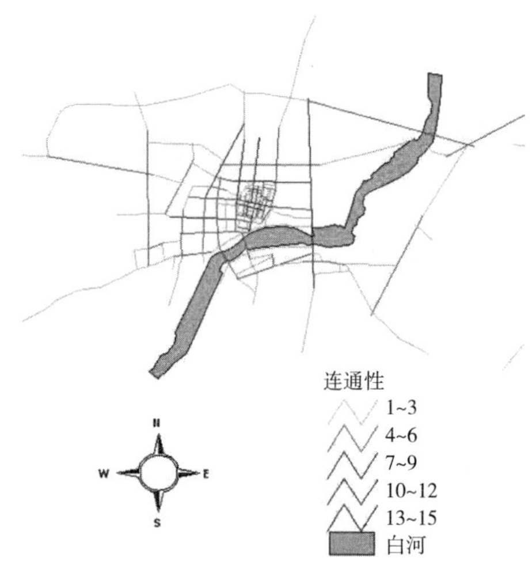

图 8-13　1996 年南阳中心城区路网

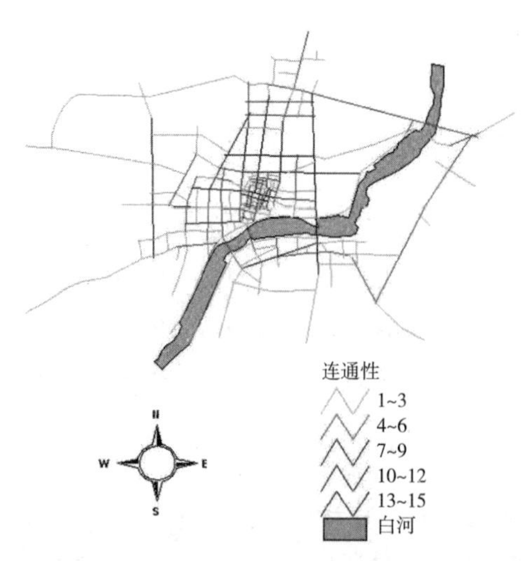

图 8-14　2008 年南阳中心城区路网

然向西、向北都有扩展，但更突出地表现为跨河向东、向南发展。此时期，城市路网向西发展至北京路，向北发展至北环路，跨河向南发展至长江路，向东发展至 312 国道。自此，南阳城市道路结构在保持内部方格网状的同时，初显外环格局（图 8-13）。1997—2008 年间，南阳城市路网在白河南岸依然有所延伸，发展至黄河路；而其他几个方向上没有大的扩张，更多地表现为对内部路网结构的完善。道路总体结构方面，方格网加环状道路的格局日渐明显（图 8-14）。

该时期，南阳城市道路空间呈现出新的发展特征：

（1）城市道路的尺度进一步扩大。据 2008 年数据统计，中心城区现状主干路红线平均宽度为 40.8m，次干路红线平均宽度为 29.9m，支路道路红线平均宽度为 12.0m，而城北的北环路长度甚至达到 6650m，红线宽度达到 60m。

（2）与传统城市严格遵循礼制、讲求“天圆地方”的做法不同，现代南阳城市路网更注重与地形环境的结合。例如，沿白河两岸的滨河路与白河大道就完全顺应河道的走向，形成两条东北至西南走向的曲线型景观路；城西靠近铁路的车站路与工业路由于受铁路线的制约，形成两条南北向的折线型道路。

（3）由于历史建筑的相继拆除以及城市建筑高度的不断增加，作为古代城市街道对景的文庙及王府山在现代南阳城中已失去其中心地位。然而，将道路作为景观轴线、以标志性建筑物作为街道对景的做法延续了下来。紧邻白河的滨河路成了城市中心的滨水景观轴，而卧龙路因连接白河游览区、玉雕工艺市场、武侯祠、三顾桥、汉画馆等景点，成为与白河浑然一体的景观轴和发展轴。现代南阳城中最具有代表性的街道对景应属建于 1998 年的解放广场纪念碑。该纪念碑位于旧城东南角临河处，并位于仲景路、中州路、滨河中路等多个道路的交叉地带，因其高大雄伟，成了该区域突出的标志物与街道对景。

（4）随着城市道路越来越宽阔，道路作为城市线性空间的一种，其封闭性也在相应减弱，取而代之的是逐渐增加的空间疏离感。另一方面，现代城市街道空间的界面已不再局限于古代的墙体，而加入了玻璃、植物、通透的构筑物等各类元素。这些材质与元素大大提高了景观视线的通透性，使得以前封闭的线性空间逐渐开敞起来。南阳临河景观路——滨河路，以其开阔且通透的滨河风景，成为这类线性空间的代表。

3. 历史街巷

自新中国成立后，南阳道路进行了不断的建设及改造，然而其古城区内大部分街巷仍保持着历史街巷的格局，一些老街仍然得以保留，如和平街、解放路、民主街等。这些街巷长度大致控制在 200~700m 之间，宽度多为 3~6m，两旁建筑多为 4 层以下的低层建筑，尺度亲切宜人；连续的沿街建筑立面在限定街巷线性空间的同时，也为其赋予了更强的封闭性与围合感；再加上小巷空间的曲折变化，在为街道线性空间带来变化的同时，也增加了空间的趣味性与归属感。不同的是，原道路两旁的历史建筑基本消失殆尽，取而代之的是近现代公寓及私房（图 8-15~ 图 8-18）；同时，以和平街、府文庙及制高点王府山为中轴线的古代空间结构也不复存在，其街道对景——府文庙及王府山，分别隐匿于饭店建筑与民宅区内，失去了其原本具有的对景作用（图 8-19~ 图 8-24）。

图 8-15　旧城区解放路近照

图 8-16　旧城区巷道 1

图 8-17　旧城区巷道 2

图 8-18　旧城区巷道 3

图 8-19　掩藏在王府饭店中的府文庙遗存

图 8-20　湮没在居民区中的王府山

图 8-21　湮没在居民区中的杨家大院

图 8-22　掩藏在学校中的宛南书院遗存

图 8-23　掩藏于石油化工厂内的三皇庙

图 8-24　掩藏在政府大院中的玄妙观遗存

4. 轮廓线

南阳轮廓线主要为白河两岸。北岸从西至东的天际线呈现出从历史城区到新城中心的城市变迁过程，从古城区的低层建筑到新城区的多层建筑，间或分布有少量高层建筑，并以独山为其背景山。而白河通廊南岸，由于建筑相对较少，呈现的是自然滨水生态景观，形成与北岸建设风貌迥异的生态水岸天际线。

在最近的规划中，南阳市以“独山孤峰独立、白河生态开敞、北部平缓有序、南部标识突出”作为城市轮廓线的控制原则。将独山作为城市制高点，加强生态保护与培育，严格控制周边建设，适当建设纪念碑、瞭望塔等标志性景观设施，强化独山的景观主体地位。白河两侧将以公共绿地、生态绿地为主，合理布置多层、高层建筑，控制建筑密度，以形成开敞宽阔的景观特征。白河以北结合市级行政文化中心、各片区中心集中布置高层建筑，严格控制独山、卧龙岗、古城、文物古迹周边的建筑高度，形成整体平缓、局部适当突出的城市轮廓线。白河以南重点结合市级商业贸易副中心的建设，适当集中布置高层建筑，作为白河滨水区与城市最重要的景观标识区，与北部的独山遥相呼应，形成对比突出、标识强烈的城市轮廓线。

8.3.3　点

1. 标志物

1979 年以来，南阳城市标志物大致可分为以下几类：第一类为有历史特色的古建筑标志物。这类标志物以南阳府衙、医圣祠、武侯祠、汉画馆等建筑为代表，虽然建于新中国成立以前，但保存良好，且经过一定维护与翻新，在城市居民心目中占有重要地位，是城市历史与文化的象征。第二类为制高点型标志物，如 1985 年建成的南阳电视塔、1998 年建成的解放广场纪念碑等。这类标志物由于其在空间上具有其他建构筑物无法比拟的高度，城市中大部分地区的视线都能到达，从而形成城市的地标。第三类为构筑物型标志物。这些构筑物或代表了城市的文化内涵，或可以看作是某一时期城市发展的重要建设，如原位于卧龙大桥北头的凤凰雕塑、淯阳桥、新白河大桥等。第四类为公建型标志物，如南阳商场、大统百货、亚细亚商场、梅溪宾馆（原南阳饭店）、金凯悦东方酒店、老东方红影院、南阳体育中心等。这类建筑有些已经没落，但作为某个时期城市经济繁荣程度或城市精神面貌的象征，它们在人们心目中仍然占有重要的地位。

2. 节点

1979—2016年，南阳城市节点可以概括为景观节点、人流集散点、交通枢纽几种。随着建筑高度的增加，原王府山作为城市空间制高点的景观节点功能逐渐丧失，取而代之的是1985年建成的南阳电视塔与1998年建成的解放广场纪念碑。十一届三中全会以后，南阳的绿化事业得到较大发展，到1996年，南阳景观节点除原有人民公园以外，还有卧龙公园以及位于今解放广场的滨河绿地。随着城市绿化建设的加快，到2016年，南阳城市景观节点包括人民公园、梅城公园、白河湿地公园、武侯祠、医圣祠、解放广场、中心广场、文化宫广场，以及各类小游园，且主要分布于白河沿岸、旧城区及其周边。

城市人流集散点主要包括商业服务中心、大型文化娱乐中心及体育中心等聚集人流的公共建筑。1979年以来，南阳的主要商业服务中心有建于20世纪80年代的南阳商场和金汉丰商厦（均位于人民路与新华路口）、1989年的亚细亚商场（中州路与工业路交叉处）、1998年的红都百货公司（人民路）、2007年的鸿德购物公园（人民路与中州路交会处）等。从这些商业服务中心所处位置看，大部分都集中在“新华路—中州路、人民路—工业路”商业区。近年来，随着中达天润城市广场的建设，白河以南片区的商业也逐渐发展起来，但相比白河以北片区，南片区的商业发展速度仍显缓慢。

与此同时，南阳的大型文化娱乐中心及体育中心建设也有了一定发展。到1996年，南阳中心城区有影剧院8座，即南阳影剧院、大众影剧院、新西电影院、南关人民剧院、宛城影剧院、东方红电影院、人民电影院、河南电影院；对外开放的俱乐部3座，即工人文化宫、宛运礼堂、铁路俱乐部；文化馆3座，即南阳市群众艺术馆、卧龙区文化馆、宛城区文化馆；体育场有位于人民路与中州路交叉处的市体育场和位于白河南的体校运动场。此后，由于经营不善，许多电影院、剧院、俱乐部已经全部或部分改作服装市场、超级市场等商业零售场所。到2009年，南关影院、人民会场、文化宫电影院已踪迹全无，新华影院成了一家量贩，南阳只有奥斯卡新华影城（建于2009年）、南阳电影城（建于2000年）、东方红电影院、南阳影剧院、新西电影院等为数不多的电影院，还有市体育中心1座（白河北岸独山大道以东）。近年来，随着文化事业的发展，南阳文化娱乐和体育场馆建设又逐步兴盛。至2016年，仅南阳中心城区电影院就有十余家；面积达到1万m^2以上的大型体育场馆5处，分别为南阳体育中心、南阳市体育场、李宁体育园、南阳师院体育馆、南阳理工学院体育馆。

1979年以来，南阳城市交通枢纽有汽车站、火车站以及飞机场。早期，焦枝铁路南阳火车站位于旧城以西；飞机场位于城北（今环城中路处）；汽运站共5处，分别位于旧城东北角、光武路与独山大道交会处以及铁路以西。到1996年，南阳城市交通枢纽除原火车站保持不变以外，由于城市发展的需要，南阳机场由城北跨白河迁至河东312国道处；而汽运站场则得到快速发展，新增火车站附近及新华东路东端2处长途汽车站，还设有货运场站10处，另有中集公司南阳站（货运）一处。到2006年，南阳中心城区内规模较大的客运站包括南阳汽车站（一级客运站，位于车站南路）、汽车东站（二级客运站，位于仲景路魏公桥处）、建西客运站（三级客运站，位于建设西路）、商城汽车站（位于工业路）4座；货运站场共计3处，分别为南阳货运中心站（建设西路）、宛城区货运站（建设西路）、宛运集团货运站（光武东路）；随着宁西铁路从南阳中心城区南部经过，南阳中心城区的铁路站场增加为 3 处，分别为南阳站（一等甲级客、货运）、南阳南站（三等客、货运）、南阳西站（编组站）；而航空枢纽仍保持原白河东位置不变。至 2016 年，南阳中心城区汽车客运站在原来基础上又增加了卧龙汽车站（白河以北）、大庄汽车站（白河以北）、南阳汽车站（白河以南）等。

8.3.4 结构

1949—1979 年间，南阳城市用地自古城向四周扩散，向西扩展尤为明显，城市中心也向西迁移且维持着单中心的格局，居住用地集中分布于旧城及其北边与西边；工业用地具有向旧城区东北、旧城区西北、旧城区西南、铁路以西四个片区集中的趋势，但总体布局较为分散、混乱，没有形成一定的功能分区且与生活区间杂布置。

随着城市用地向西跨铁路以及向南跨白河的发展，到 1996 年，南阳中心城区初步形成三片既分隔又相连相依的格局（图 8-25）。但因该时期铁西和白河南建设规模不大，商业服务等设施较少，公共设施仍依靠老城区生活中心，因此，该时期南阳中心城区正处于由单中心向多中心转变的过程。从用地分布及用地形态来看，此时期南阳居住用地除旧城处较为集中外，其余各地块呈分散状布置，功能混杂；公共设施用地主要集中于旧城与火车站之间的人民路—新华路、工业路—中州路等主要街道上，其余部分则比较分散；城市工业用地以旧城为中心，相对集中的形成东北工业区、西北工业区、铁西工业区、西南工业区和河南工业区，并在旧城区及城市外围零散分布有工业点，但总体布局仍显分散零乱，以旧城区为中心四面八方都有工业区；城市绿地初步形成点、线、面结合的格局，较有规

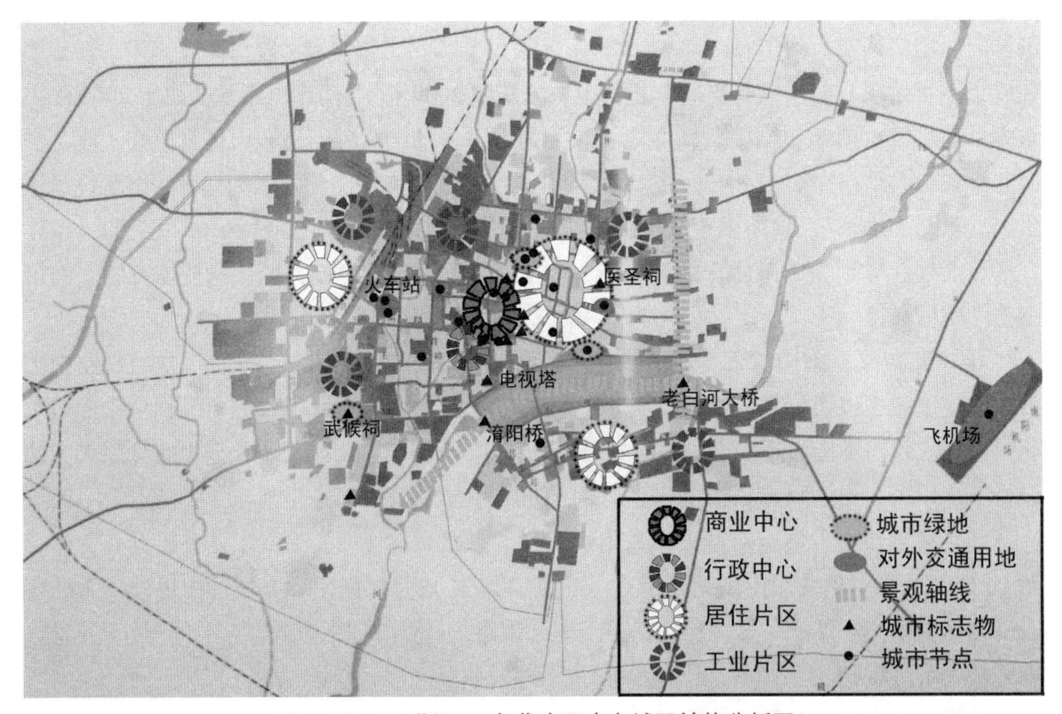

图 8-25　20 世纪 90 年代南阳中心城区结构分析图

模的公共绿地主要为人民公园、卧龙公园，以及位于今解放广场的滨河绿地。南阳城市道路在向西、向北扩展的同时，跨白河向东、向南发展，其路网结构在保持内部方格网状的同时，初显外环格局。城市仍然保持以独山大道为独山视线通廊、以白河为滨水视线通廊的十字形景观轴线关系。城市标志物有以南阳府衙、医圣祠、武侯祠、汉画馆等为代表的古建筑标志物，以南阳电视塔为代表的制高点型标志物，以淯阳桥、老白河大桥为代表的构筑物型标志物，以南阳商场、大统百货、亚细亚商场、梅溪宾馆（原南阳饭店）等为代表的公建型标志物。城市节点有人民公园、卧龙公园、位于今解放广场的滨河绿地等景观节点，以大统百货、南阳商场、金汉丰商厦、亚细亚商场等商业服务设施及影剧院、开放俱乐部、文化馆、体育场为代表的主要人流集散点，以及汽运场站、火车站以及飞机场等交通枢纽。

到2008年，南阳市已呈现多中心格局，铁西和白河南已具有一定规模，并形成区级中心，但市级中心区仍位于历史城区西侧人民路一带，商业、文化、行政等公共服务功能比较集中（图8-26）。从用地分布及用地形态来看，此时期南阳居住用地，除城市中心区及旧城处较为集中以外，其余地块仍然分布零散，且与其他用地（特别是与大量工业用地）相互混杂；公共服务设施用地主要分布在铁路以东、白河以北，在白河南岸及焦枝铁路以西地区分布较为零散；工业用地主要分布在焦枝铁路两侧以及北部高新区内，另外在城市东北

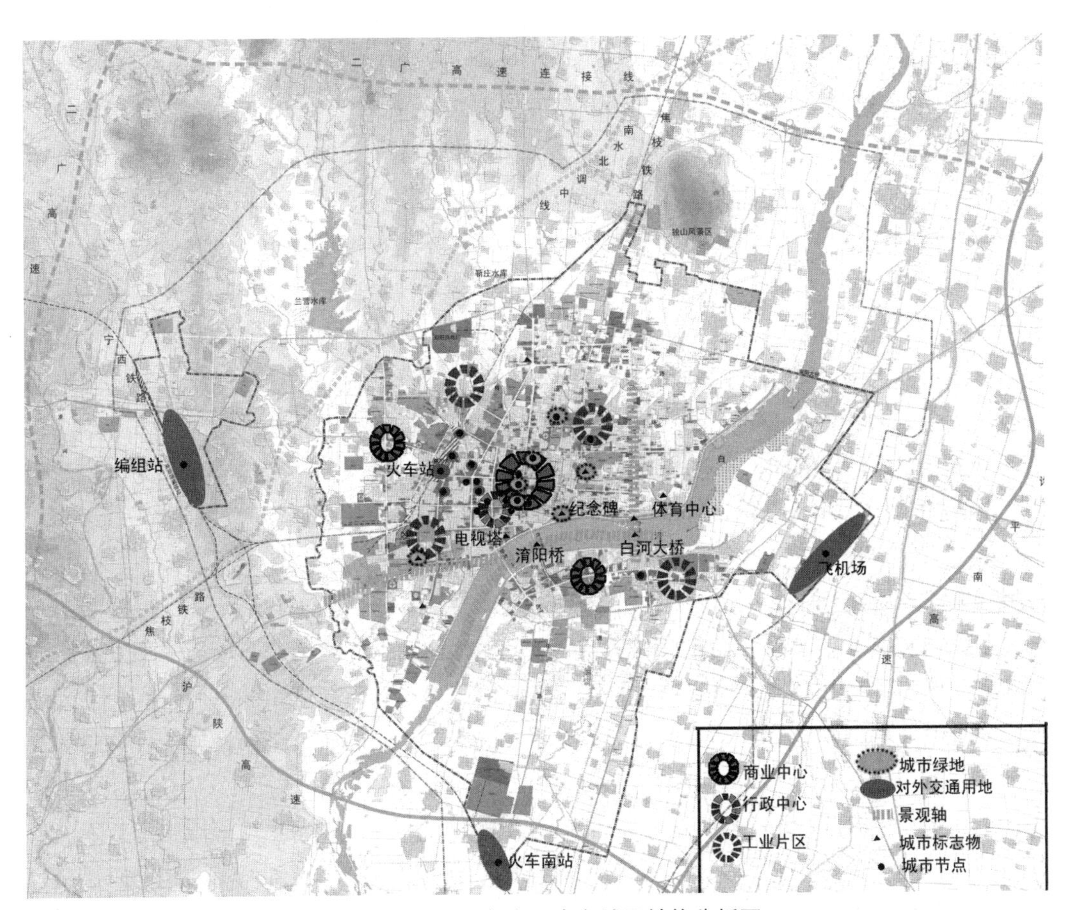

图8-26　2008年南阳中心城区结构分析图

部和白河南岸也有少量分布，并大致分为铁西工业区、旧城西南片区、旧城以东及东北片区、白河南岸工业区；城市绿地得到了较大发展，公共绿地有人民公园、武侯祠、医圣祠、解放广场、中心广场、文化宫广场以及小游园十余处，但布局零散，不成系统，且主要分布于旧城区及其周边。城市路网在向四周扩张的同时，更多地表现为对内部路网结构的完善，且方格网加环状道路的格局日渐明显。城市保持了独山视线通廊及白河滨水视线通廊的十字形景观轴线关系，并新增卧龙路至白河景观轴。此时期，南阳城市标志物有以南阳府衙、医圣祠、武侯祠、汉画馆等为代表的古建筑标志物，以南阳电视塔、解放广场纪念碑为代表的制高点型标志物，以凤凰雕塑、淯阳桥、白河大桥为代表的构筑物型标志物，以金凯悦东方酒店、南阳体育中心等为代表的公建型标志物。城市节点有人民公园、武侯祠、医圣祠、解放广场、中心广场、文化宫广场与小游园等景观节点，以大统百货、南阳商场、亚细亚商场等商业服务设施及电影城、大型体育中心为代表的主要人流集散点，以及客货汽运场站、火车站、飞机场等交通枢纽。

8.4 1979—2016 年南阳城市空间营造机制

8.4.1 城市空间营造影响机制

1979 年以来南阳地区的自然环境状况对城市空间营造的影响，主要体现在城市空间格局、城市空间发展方向以及景观轴线几个方面。在城市空间格局方面，随着跨河交通的发展，原城市空间发展的限制因素之一——白河，起到了分割城市用地空间的作用，使得原单中心城市逐步发展为多中心的城市格局。而北面的独山、南水北调渠以及靳庄和兰营两座水库则限制了南阳城市空间向北的扩张，加上跨河交通的快速发展，南阳城市空间的发展方向呈现跨白河向南扩张的趋势。在景观轴线方面，随着城市规划者与建设者对自然环境重视程度的日益增加，在保持原独山视线通廊及白河滨水视线通廊的十字形景观轴线的基础上，《2006 年南阳市城市总体规划》还拟沿 312 国道两侧设防护绿地，届时该楔形绿化带将成为南阳市一条新的生态景观轴。总的说来，此时期自然环境对城市空间格局及用地形态产生了一定影响，但随着社会的发展，自然环境在影响城市空间营造的同时，人类空间营造活动改变自然环境的能力也在增强。

1979 年以来，由于公路、航空、铁路的发展，南阳的交通地位有了较大提高，成为豫、鄂、陕三省交界地区的交通枢纽。此时期，南阳地缘交通的发展对城市用地形态、空间格局及城市规模都产生了较大影响。在城市用地形态方面，宁西铁路的通车，不但使南阳对外交通用地分布发生了改变，还影响了城市工业用地及仓储用地的分布形态。随着城市的扩张以及跨河交通的发展，原城市空间发展的限制因素——焦枝铁路及白河，起到了分割城市用地空间的作用，使得原单中心城市逐步发展为多中心的城市格局。另外，交通的发展使得城市用地及路网得以大幅度向城外延伸，城市规模也随之扩大。

1979 以来，南阳经济得到了振兴。随着经济的发展，公共设施用地呈现出多功能、多等级分布的格局。原集中于人民路、新旧城区结合部一带的城市中心，由于用地的限制，已不能满足城市人民生活水平发展的需要，因此《2006 年南阳市城市总体规划》拟对现状城市中心职能进行疏解、优化，并适当增加新的城市中心，从而形成“一主两副”的三城市中心结构。在此基础上，该规划还提出设置高新片区、麒麟综合片区、王村片区等片区级中心，以完善城市公共服务中心的等级结构。而工业的发展，特别是高新技术等第三产业的发展，使得新的工业区类型——北部高新技术开发区以及白河南部生态工业园开始出现。另外，由城市经济发展引起的城市各类用地的向外扩张，也是促使城市规模扩大的原因之一。

1979以来，随着城市化进程的加快，南阳城市人口一直呈高速增长趋势。在城市空间发展方面，该时期城市人口的增长主要带来了南阳城市规模的扩大，具体体现在城市建设用地及道路自旧城向四周延伸，并呈现跨白河向南快速发展的趋势。另外，城市人口的积聚促使了建筑物的竖向发展；新的城市空间制高点，如南阳电视塔、解放广场纪念碑相继出现。

1979—2016年，南阳处于快速发展时期，城市历史沿革的变化仍然体现在对行政区划的调整方面。区划变革对城市空间产生的直接影响是由治所用地引起的城市用地形态的改变。

十一届三中全会以来，教育文化事业的发展对南阳教育、文化娱乐等公共服务设施用地的面积及分布都产生了一定影响。1986年南阳经国务院颁布为国家历史文化名城后，其历史文化保护工作开始得到重视，相继出台了一系列保护政策及规划，如1992年南阳市制定的《南阳市旧城区保护与控制性详细规划》《1996年南阳市中心城区总体规划》《2006年南阳市城市总体规划》《2011年南阳市城市总体规划》中的“历史文化名城保护规划”“紫线规划”等。这些政策与规划都对南阳历史空间的保护与延续起到了重要的指导作用。另外，20世纪80年代以后，反映城市文化精神的纪念性、象征性构筑物的建立使南阳城市空间的点状标志物出现了新的分布状态。

1979—2016年，南阳城市的政治政策涉及城市建设、教育文化及社会经济等多个领域。在城市建设方面，南阳政策包括城市交通及道路的发展、基础设施及公建的建设等，对城市规模的扩大、城市路网格局的变化，以及各类公建及基础设施用地的分布都产生直接影响。而教育文化、社会经济等政策的实施，则通过作用于文化、经济等因素，从而达到影响城市各类用地分布形态的目的。

1979年以来，南阳先后大致进行过四次总体规划，分别为《1983年南阳市总体规划》、《1996年南阳市中心城区总体规划》、《2006年南阳市城市总体规划》、《2011年南阳市城市总体规划》。这几次规划均建立在实事求是、合理布局的原则上，明确了城市的性质及发展方向，提出了城市空间的发展构想，对城市规模、用地形态及空间格局都产生了深远的影响。

总结以上城市空间营造影响因素，可以大致梳理出1979—2016年这些因素之间及其与城市空间之间的关系（图8-27、图8-28）。他组织因素主要包括历史沿革、政治政策与城市规划，自组织因素包括自然环境、地缘交通、社会经济、社会文化、社会人口。其中，他组织因素历史沿革与政治政策不但对城市空间营造具有直接影响作用，同时也通过作用于自组织因素社会文化、社会经济对城市空间营造造成间接影响；而自组织因素社会经济、社会人口、社会文化、地缘交通与自然环境既是促使城市空间发展的因素，同时也被其他

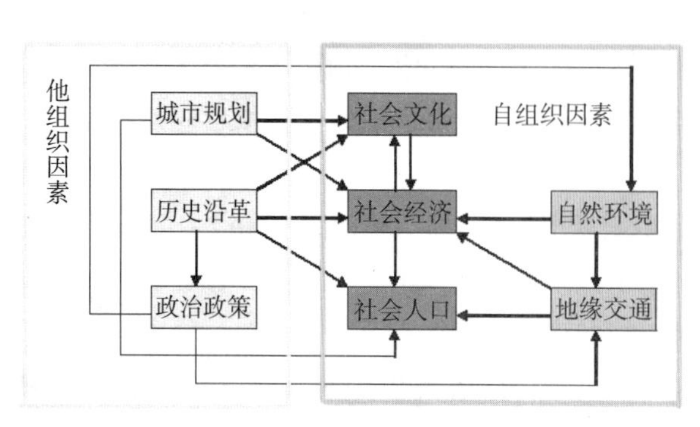

图 8-27 1979—2016 年自组织与他组织因素的互动关系

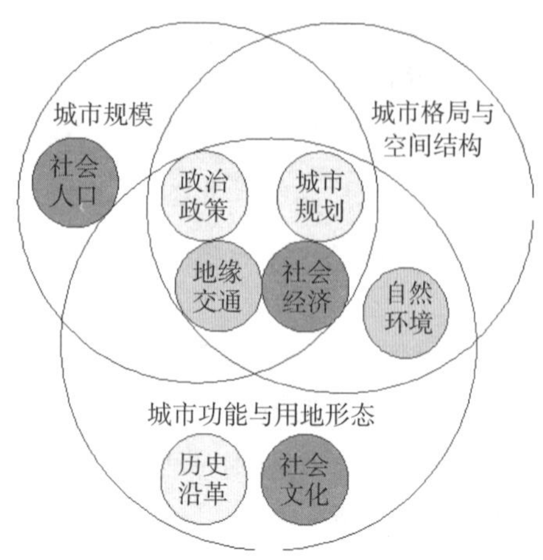

图 8-28 1979—2016 年自组织与他组织因素对城市空间的影响

因素所影响。该时期，他组织因素城市规划依然受相关政治政策的制约，对自组织因素自然环境与地缘交通发生作用；与新中国成立初期不同，这几次规划均总结了以往城市建设的经验教训，并把各项指标建立在实事求是、科学分析的基础上，对南阳城市空间营造产生了积极的影响。

在城市空间营造方面，该时期的政治政策、城市规划、社会经济、地缘交通及社会人口因素对城市规模、城市格局及空间结构的变化，以及城市功能与用地形态等方面均产生了一定的影响。其中，又以政治政策与城市规划影响最为深远。

8.4.2 自组织与他组织关系

通过对 1979—2016 年各空间营造影响因素的分析，可知：该时期他组织因素在各因素中仍然占主导地位，历史沿革及政治政策对社会经济、社会文化、社会人口等自组织因素的影响仍然很强大，如政治政策中的经济、文化、人口等政策直接影响了城市经济、文化及人口的发展。而他组织因素城市规划对自组织因素自然环境与地缘交通更是产生直接影响，不但是人们改造自然环境的指导，还决定了城市交通及其对外关系的发展方向。

在城市空间营造方面，他组织中的政治政策、城市规划因素与自组织中的社会经济、地缘交通因素仍然具有绝对影响力。相对而言，自组织中的社会文化、自然环境、社会人口因素与他组织中的历史沿革因素对该时期南阳城市空间营造的影响较弱。一方面，随着人类改造自然能力的增强，自然环境因素不再像历史时期那样对城市空间营造活动产生绝对的影响；另一方面，在和平建设时期，较为稳定的历史沿革与社会文化因素对城市空间营造的影响会相对减弱。

第 9 章 南阳城市空间营造机制总结性研究

9.1 自然环境

9.1.1 自然环境影响了古代南阳城的产生

就早期聚落分布而言，地势、地形地貌、水资源、气候、土壤等因素对聚落产生及分布具有重要影响。就南阳城的产生而言，自然环境因素的影响主要体现在城址的选择上：南阳城位于白河中游，相对于流经山区的上游和河谷平原的下游，此段河流有河道宽、河床较稳定的优点。另外，城池地势如倾斜的簸箕，西北高东南低，河水不易倒灌入城，即使遭淹，水退得也快。

9.1.2 自然环境对南阳地缘交通、社会经济及社会人口因素影响较大

在社会经济及人口方面，早在秦汉时期，由于所处地域的温和气候、充沛雨量、疏松肥沃的土地以及充足的水源，使得南阳农业发达，并且是当时人口密度高的地区之一。而 3 世纪以后，气候寒冷，雨量减少，汉水水位降低，江汉平原湖泊不断退缩，南阳盆地经济呈衰退趋势，逐渐由两汉时期的流域核心区，沦为隋唐北宋时期的次核心区，以及元明清时期的边缘区。另外，丰富的矿产资源对近现代南阳工业经济的发展也起到一定的促进作用。

在地缘交通方面，平均降雨的减少、水土流失及河床淤积，导致宋元明清时期南阳地区的水路交通在航程上表现出逐渐缩短乃至绝航的趋势。到民国时期主要通航河道为白河。随后，由于白河水位的下降加上抗日战争时期泥沙的淤积，使得白河通航里程日渐缩短，仅盛水季节通航。随着 1958 年白河上游鸭河口水库的建成，白河水流量减少，河床流沙淤塞或有时拦河引水，至此，白河彻底绝航。

9.1.3 自然环境对南阳城市空间格局与用地形态具有重要影响

（1）南阳盆地平坦的地势有助于其城邑形制与道路网结构的方正、规整。

（2）“有雨则洪涝，无雨则干旱”的地形地貌使得明宛城将唐王府城建在了地势较高的地方并采用“棋盘”形路网结构，既防水患又利于城内积水的排泄。清南阳则采用“寨垣相互隔断，自成一堡，外围郭城”的“梅花城”格局，形成了两道防洪堤坝及顺应地势的排水系统，既达到排洪泄涝的目的，又保持了城市的清洁卫生。

（3）南阳盆地典型的季风性气候对南阳城的格局也具有一定影响。为了阻挡北风进入城内，清代南阳“梅花城”采用了曲折的轮廓，城垣北宽南窄，以增大北部的受风面，从而达到减缓风速的目的；城内则利用相叠的寨垣形成多层防风屏障。

（4）南阳东南面临白河的自然条件限制，使得早期的南阳城市主要在白河以北发展，

直到20世纪80年代淯阳桥及老白河大桥的修建，南阳城市空间才得以跨河向南向东发展。

（5）白河及城市北郊独山等景观资源，使得现代南阳城市在空间上形成了独山视线通廊及白河滨水视线通廊的十字形景观轴线关系。

（6）自然环境通过对地缘交通及社会经济等因素的作用，引起了南阳城对外交通用地及商业用地的布局与形态的变化。

9.1.4 自然环境对南阳城市空间营造的影响经历了“强—弱”的过程

先秦时期，由于技术落后，经济单一，人们更多的是对自然环境的依赖，自然环境因素对聚落乃至城市的产生具有决定性的作用。秦汉至明清时期，自然环境的变迁直接影响了城市交通、经济与人口的兴衰，从而对城市空间的发展也产生一定影响；同时，人类改造自然的能力在增强，通过城市空间营造以达到趋利避害的目的。至民国时期，城市发展受战乱、人为因素影响较多。由于此时期城市建设处于缓慢发展甚至停滞的状态，在城市空间营造方面，自然环境因素的影响力相对较弱，更多是通过作用于社会经济与地缘交通等因素对城市空间格局产生间接影响。至新中国成立后，随着技术的发展，人类改造自然、利用自然的能力在增强，自然环境的传统制约条件，如河流、地势等条件的限制，对城市空间的影响在减弱。此时期自然环境对城市空间营造的影响力主要表现为人们在进行城市建设时充分考虑环境的因素，以达到城市空间资源的优化配置。

9.2 地缘交通

9.2.1 地缘交通决定了古代南阳城的产生

先秦时期，随着人类迁徙能力的增强，地缘关系（包括河流等交通条件）不但影响聚落分布的密集程度，还决定了城址的产生。南阳城由于地处南北之交，北靠伏牛山、东扶桐柏山、西依秦岭余脉武当山、南临汉江，不但是南北交通的必经之路，且具有“易守难攻”的重要战略意义。最初，南阳城作为“军事堡垒”而建立，具有防御楚国的功能；后被楚占领，成为楚问鼎中原的前哨阵地。

9.2.2 地缘交通对南阳社会经济及社会人口因素影响较大

自古以来，南阳所处的交通地位就十分重要。到了战国秦汉时期，交通更为发达，形成了“西通武关郧关，东南受汉江淮”，“推淮引湍，三方是通”的水陆并臻的辐射型交通网。唐代驿传制度完备，这里又是国家重要驿道经过之地，“控二都之浩穰，道百越之繁会”，号称“天下启闼，两者同蔽”。便利的交通使得古代南阳城商贾云集、工商业呈现出一派繁荣景象，人口也随之快速增加。宋元明清时期，则仍然保持着南北交通枢纽的地位。可到了清代晚期，由于京汉铁路的通车，使北京和川、滇、黔等省之间的大路不再经过南阳，致使其交通地位日渐衰退。抗日战争时期，省城开封与武汉相继沦陷，陇海、平汉路阻塞，汉口至宛水路断绝，山西、陕西、湖北、四川、甘肃、青海、宁夏等地商人，多以黄金在宛成交。南阳一时成为西北、西南诸省与上海联系的枢纽和货物集散中心；加之河南省会机关、学校迁宛，人口骤增，商业出现畸形繁荣。随着1948年邻县及广大农村大部的解放，南阳城乡隔绝，商业渐趋萧条，再加上由战乱导致的人口流失，南阳城关人口数量骤减。新中国成立以后，由于公路、航空、铁路的发展，南阳结束了近代交通一度闭塞的历史，逐步建成放射型的公路网，并被定性为豫、鄂、陕三省交界地区重要的交通枢纽，经济与人口呈现快速增加的趋势。

9.2.3　地缘交通对南阳城市空间格局、用地形态及规模具有重要影响

秦汉至五代时期，南阳城特殊的交通枢纽地位，不但促进了城市人口、经济的发展，还使得两汉时期的南阳城规模空前壮大，对南阳城用地形态也产生了一定的影响，如对外交通用地——驿站的出现。

宋元明清时期南阳交通的发达，使得明清时期南阳城发展突破了城郭的限制，东、南二关规模空前壮大，同时对明清南阳城用地形态也产生了一定的影响，如利用驿站、码头等交通优势形成了东关官驿街商业区、南关新街工商业区等。

民国时期，在城市用地形态上，水路交通的衰退使得白河码头及渡口等对外交通用地与工商业中心的联系不如明清时期那么紧密。同时，汽车运输的发展对南阳城市道路空间格局产生了较大影响，大量道路被改造拓宽，内城的网格状格局更加清晰，但道路的改造也带来城市中轴线以及老街道面貌的破坏。

新中国成立以后，南阳地缘交通的发展对城市用地形态、空间格局及城市规模都产生了较大影响。在城市用地形态方面，火车站用地的出现，不但使南阳城对外交通用地类型及分布发生了改变，还使得城市工业用地及仓储用地形态出现沿铁路线发展与分布的格局。由于城西焦枝铁路线及城北飞机场（20世纪80年代及以前）的限制，早期南阳城市空间主要在白河以北、铁路以东、机场以南区域发展，并维持着单中心格局。直到20世纪80年代以后，由于城市进一步扩展的需要，南阳出现跨铁路向西发展的状态，并逐步形成多中心的城市格局。另外，交通的发展使得城市用地及路网得以大幅度向城外延伸，城市规模也随之扩大。

9.2.4　地缘交通对南阳城市空间营造的影响呈逐步增强的趋势

古代，由于交通方式及交通技术的相对落后，地缘交通因素对城市空间营造影响相对较弱，主要表现在驿站、码头等对外交通用地的出现及布局上，并通过作用于城市经济及人口因素对城市空间产生间接影响。近现代，随着人类技术的发展，地缘交通因素对城市经济、人口以及空间发展产生重要影响，不但影响了对外交通用地的形态，还导致城市规模的快速扩展以及城市空间格局的变迁。

9.3　社会经济

9.3.1　南阳经济产业的转变以及经济发展的周期性变化

先秦时期，南阳经济主要依靠农业，直到春秋战国时期，冶铁业开始成为南阳又一大

经济支柱。秦汉时期，南阳城农业发达、工商业繁荣、商贾云集，手工业有冶铁、制陶等。宋元明清时期，南阳的手工业与农业又有了一定程度的发展。民国时期，柞蚕厂、皮革厂、酒精厂等工厂用地形态开始出现；但由于战乱的影响，其工业用地并没有得到快速发展。直到新中国成立后，特别是十一届三中全会以后，南阳经济有了突飞猛进的发展。从产业方面来看，南阳从最初的农业经济主导型城市，发展为基础工业主导型城市，进一步发展为高新技术产业及地方资源加工业为主导的城市。

从整个历史发展脉络来看，南阳城市经济兴衰呈周期性变化。秦统一中国后，南阳成为秦时大郡之一，经济相当繁荣；两汉时代，更是达到了巅峰。但是，自三国以迄于隋统一，在300多年的时间内，南阳盆地的农业经济在整体上呈现出下降趋势；再加上三国时期的诸侯纷争，使得南阳工商诸业萧条，失去了往日的风采。唐代初期，南阳经济得到一定恢复,但不久发生的“安史之乱”又使南阳仅有的元气丧失殆尽。在商业方面，魏晋以后，宛市逐渐失去全国中心商市地位，成为区域性的货物集散中心。宋元明清时期，水利工程的修复、移民的增加以及“南船北马”的交通优势，使得南阳经济得到迅速恢复，并呈现勃勃生机。清末京汉铁路的开通，使南阳失去水陆交通枢纽的优势，加上民国时期的战乱，以至于其经济长期处于停滞不前的状态。新中国成立后，南阳经济整体上呈上升趋势，经历了新中国成立初期的经济复苏、“大跃进”及“文化大革命”时期经济萎缩、十一届三中全会以后经济振兴几个阶段。由以上分析可以发现：城市经济的发展除受自然环境与地缘交通等自组织因素影响以外，受他组织因素历史沿革以及政治政策的影响更为深刻。

9.3.2 南阳社会经济与社会文化、社会人口因素互相影响

社会经济是社会文化的物质基础，是文化兴衰的土壤，两汉时期繁荣的经济造就了南阳不朽的汉代文化。同时，社会文化又反过来推动经济的发展，受周人重农思想的影响，古代南阳重视农业生产，农业经济相对发达；南阳素有的重商风俗，使得古代南阳经济保持比较发达的程度；而清末兴起的办实业之风又促使南阳工业得到一定发展。

社会经济与社会人口相互影响，社会经济的兴衰往往伴随着城市人口的增减。一方面，经济的繁荣会通过吸引人流引起城市人口的增加，如两汉时期繁荣的经济使得宛城人口近200万，并呈现高度集中的状态;另一方面，人口的迁移也会影响经济的发展，例如宋代“招徕垦殖”政策下的移民迁入使得该时期南阳农业经济发展迅速，而抗日战争时期河南省会机关、学校及人口的迁入使得南阳商业一度畸形繁荣。

9.3.3 社会经济对南阳城市空间格局、用地形态及规模具有重要影响

秦汉时期，南阳城农业发达、工商业繁荣、商贾云集，并成为与京城洛阳并列的全国两大中心城市之一。因此，汉代宛城规模宏大，功能齐全，不但有内、外城之分，而且城市用地形态分政治中心用地、工商业用地、居住用地、对外交通用地及景观用地等，体现了“官民分区”“四民分居”的格局。但是，随着南阳经济的衰退，隋唐宛城无论从城市规模还是功能上看，都远不及汉代宛城：其规模只有汉宛城内城大小，用地形态除中轴线北

部的政治中心用地以外，其余基本为居住用地与大片农田。

明清时期，由于政局相对稳定、唐王的封藩，以及“南船北马”的交通优势，南阳城的经济又得到迅速恢复。在城市规模上，明清宛城在隋唐宛城城址的基础上突破城郭限制，向城外四关扩张，尤其是清南阳“梅花城”的规模几乎相当于原内城规模的4倍。城市用地类型有行政用地、工商业用地、居住用地、对外交通用地及景观用地等几种形式；在形态上，明清南阳城最突出的变化为商业用地沿街设置，在城外则往往与对外交通用地相结合。在城市格局及空间结构上，明清宛城的商业中心均出现多中心的格局。

民国时期，社会经济的发展使得柞蚕厂、皮革厂、酒精厂等工厂用地形态开始出现。同时，对城市用地的分布产生了一定影响，尤其是工商业用地的分布，在抗日战争的经济繁荣阶段，以前分散的长春街、粮行街等商业街积聚成了规模较大的长春街—新华街—东关大街商业片区。在城市规模上，由于工业的发展及部分工厂的出现，使得南阳城在保持原规模的基础上出现向外扩张的萌动。

新中国成立初期，南阳工业用地“由无到有”的发展，使南阳城市各类用地的布局形态发生了变化。而“大跃进”时期“大炼钢铁，大办企业”等政策的实施，使得南阳工业内部结构不合理，轻重工业比例失调；在工业用地的布局形态上处于无序状态，没有形成一定的功能分区，且对城市居住环境造成不利影响。随着改革开放以后城市经济的快速发展，原古城商业服务设施已不能满足城市发展的需要，城市公共服务设施用地向西发展，集中于人民路、新旧城区结合部一带，形成新的城市中心。另外，由城市经济发展引起的城市各类用地的向外扩张，也是促使城市规模扩大的原因之一。

9.3.4 社会经济对南阳城市空间营造的影响力一直保持强势

从南阳城的整个发展历程来看，社会经济作为城市活力的源泉，对城市空间一直具有很强的影响。自秦汉以来，基本在各个历史时期，社会经济对城市规模、空间格局及用地形态都有直接影响，并通过作用于社会文化、人口等因素对城市空间产生间接影响。

9.4 社会人口

9.4.1 社会人口的周期性变化

从整个历史发展过程来看，南阳社会人口的周期性变化与其经济兴衰周期具有较强的关联性。两汉时期宛城人口总数接近200万，且分布高度集中。两汉以后，尤其是三国时期，诸侯纷争，南阳遭到空前洗劫，人口锐减。从五代十国到元代，南阳地区饱受战乱，虽历真宗、仁宗、英宗三朝数十年的太平岁月，南阳人口一度有所增加，但总体不改人口下降之势。明清之际，大量流民内迁促使南阳人日骤增，到清中叶南阳总人口达160余万人。从民国初年，乡村富户逃居城内开始，南阳城关人口一直处于上升阶段，民国10年（公元1921年）增至4万余人，民国24年（公元1935年）为50199人。抗日战争初期，省城开封沦陷，河南大批机关、学校迁宛，人口又有增加（后又陆续西迁）。1948年，蒋介石于南阳设立第十三绥靖区，驻军数万，携妻带眷，南阳城关人口仍然密集。

直到同年 11 月，驻军弃城南逃，掳走大量青壮年居民及学生，城关人口大量减少，仅剩 3.8 万人左右。新中国成立以后，随着经济的恢复，并受 1975 年以前高出生率和改革开放后快速城市化的影响，南阳城市人口一直呈快速增长的趋势，至 2005 年，中心城区人口数约为 80 万。

9.4.2 南阳社会人口受历史沿革、政治政策、地缘交通以及社会经济等多因素的影响

南阳社会人口受到的影响因素较多，包括他组织因素历史沿革、政治政策以及自组织因素地缘交通、社会经济等。历史沿革对南阳社会人口的影响主要表现为：和平时期人口会增加，战乱时期人口一般会减少。民国时期，南阳因其特殊地理位置成为驻军后方及战争避难地，城关人口极为密集。政治政策对南阳社会人口的影响主要体现在宋代“招徕垦殖”政策下移民的大量迁入、新中国成立初期“鼓励生育”政策下的高人口自然增长率等。地缘交通及社会经济对社会人口的影响主要表现为发达的经济以及便捷的交通对周边人口的吸引。

9.4.3 社会人口对南阳城市规模具有重要影响

秦汉至五代，社会人口的减少对南阳城市空间最直接的影响表现为城市规模的逐步缩小。明清人口的增加使得该时期南阳城规模逐步扩大，并突破城郭的限制，在城外发展为东、南、西、北各关。民国时期，由于战事频发、城市建设发展缓慢，人口的变化并没有带来南阳城市规模的扩张，而是城市人口的集中以及经济的繁荣。相比较而言，此时期人口因素对城市空间影响较弱，主要通过社会经济间接的影响城市用地形态及空间格局。自新中国成立以来，南阳城市人口保持快速增长，随之而来的是南阳城市规模的扩大，具体体现在城市建设用地及道路自旧城向四周延伸。另外，城市人口的积聚也在一定程度上促使了建筑物的竖向发展，从而改变了城市的天际线，并导致原和平街、府文庙及制高点王府山所形成的城市中轴线关系的消失。

9.4.4 社会人口对南阳城市空间营造的影响面较窄

从南阳城的整个发展历程来看，社会人口因素对南阳城市空间营造的影响面相对较窄，主要体现在对城市规模的影响上。至于其对城市空间格局及用地形态的影响则相对较弱，主要是通过对社会经济等因素的作用产生间接影响。

9.5 社会文化

9.5.1 汉文化为主体、多文化交融的南阳文化

南阳城前身——申城建立之初，受周制及周人重农思想的影响较深。到秦汉时期，南阳文化兼有楚文化及中原文化特点。从汉末开始，南阳文化的主体是汉文化，以儒家思想为核心。魏晋南北朝时期，由于西北边境的少数民族向内地的频繁迁徙，南阳文化同时也

抹上了“胡文化”的色彩。五代十国和宋辽金元时期，国内各民族、各地区之间的文化艺术再一次得到交流融汇；元代对西藏、蒙古地区的开发，以及对阿拉伯文化的吸收，又给传统文化增添了新鲜血液。清末民国时期,南阳社会文化的发展主要体现在西方洋教的传入、新学与新思想的兴起、办实业之风的兴盛等方面。新中国成立后，南阳文化经历了新中国成立初期文化事业的发展、“文化大革命”时期文化事业的破坏、十一届三中全会后社会文化的再度繁荣几个阶段。在1986年被颁布为国家历史文化名城后，南阳的历史文化开始重新受到重视与保护。

9.5.2 南阳社会文化受历史沿革影响较深，且与社会经济相互作用

从整个历史发展过程来看，南阳的社会文化受历史沿革因素的影响较深，历史朝代的更替以及族群的变迁使得不同文化之间相互融合，最终形成了以汉文化为主体、多文化交融的南阳文化。

社会经济与文化则具有较强的关联性，相互影响、相互作用。社会经济是社会文化的物质基础，是文化兴衰的土壤，两汉时期繁荣的经济造就了南阳不朽的汉代文化。同时，社会文化又反过来推动经济的发展，受周人重农思想的影响，古代南阳重视农业生产，农业经济相对发达；南阳素有的重商风俗，使得古代南阳经济保持比较发达的程度；而清末兴起的办实业之风又促使南阳工业得到一定发展。

9.5.3 社会文化对南阳空间格局及用地形态具有重要影响

南阳城前身——申城建立之初，主要受到周制及周人重农思想的影响，城址及道路较规整，城内仍然重视农业生产。到楚宛城时期，南阳受到楚文化影响，冶铁业有了较大发展，城内工业用地占一定比例;同时防御设施较为完善,不但有城垣与护城河,还有外围防御——楚长城。

汉代宛城受楚文化影响，讲究耕织结合、自给自足；在建筑艺术等方面崇尚自然，奇诡浪漫；同时冶铁业较为发达，至今还留存有规模宏大的汉代冶铁遗址。而中原文化，崇尚周礼、看重历史，因此汉宛城的道路网结构具有《周礼·考工记》中方正与规整的特点。从汉末开始，南阳文化的主体是汉文化，以儒家思想为核心，中轴线作为突出皇权至上理念的重要表现手法在都城中的运用渐趋成熟，隋唐至明清时期宛城格局则充分体现了这种文化思想。

清末西方洋教的传入、新学与新思想的兴起以及办实业之风的兴盛除导致教堂、新式学堂与学校、工厂等新用地形态的出现，还因为儒家思想在社会文化中统治地位的减弱，导致了城市中轴线格局的破坏。

新中国成立初期文化事业的发展以及“文化大革命”时期对文化事业的破坏，对南阳相关公共服务设施用地的面积及分布都产生了一定影响。而1986年以后历史文化保护相关政策与规划的提出，对南阳历史空间的保护与延续起到了重要的指导作用。另外，20世纪80年代以后，反映城市文化精神的纪念性或象征性构筑物的建立使南阳城市空间的点状标志物出现了新的分布状态。

9.5.4 社会文化对南阳城市空间营造的影响力较强

社会文化对南阳城市空间营造具有较强影响力，特别是周制中的营国思想以及儒家思想中的皇权至上理念贯穿了整个历史时期的南阳城市空间营造活动，如规格方整的城市形制、棋盘状路网格局、宫城及官府建筑居中以及南北向的城市中轴线等，都是这些思想文化的体现。近现代，随着儒家思想在社会文化中统治地位的减弱，原城市中轴线格局不复存在；但历史文脉的延续，使得一些传统空间仍然得以保留；而近代西方新思想、新文化的涌入，对南阳城市用地形态造成了一些新的影响，如民国时期教堂、新式学堂与学校、工厂等新用地形态的出现。

9.6 历史沿革

9.6.1 军事地位引起的古代历史沿革和以城市建设为目的的现代历史沿革

从西周申城的建立开始，南阳城的历史沿革就伴随着一次又一次的改朝换代。而南阳在军事战略中所处的重要地位，使得其城址多次成为战争的主要场所，并于秦朝开始多为郡治、府治的所在地。到了现代和平时期，南阳由古时的“军事堡垒”转变为以工商业为主导的开放型城市，军事地位不再是城市历史沿革的主导原因，取而代之的是以城市建设为目的的现代历史沿革，具体表现为区划的调整。

9.6.2 南阳历史沿革对社会经济、社会人口及社会文化因素影响较深

从整个历史发展过程来看，南阳历史沿革对社会经济、社会人口及社会文化因素影响较深。一般说来，和平建设时期往往伴随着社会经济与人口的发展，而战争会导致社会经济的衰退及人口的减少；民国时期则是个例外，南阳因其特殊地理位置成为驻军后方及战争避难地，城关人口极为密集，社会经济一度畸形繁荣。历史沿革对南阳社会文化的影响主要表现为：朝代的更替以及族群的变迁使得不同文化之间相互融合，最终形成了以汉文化为主体、多文化交融的南阳文化。

9.6.3 历史沿革对南阳城市用地形态及空间格局具有重要影响

古代历史沿革对城市空间的影响主要体现在对南阳城的加固、修建、重修方面，并对城市规模及空间格局的变化产生影响。自西周申城建立以来，南阳作为军事要地是各朝代更替时期的主要战争场所，其城垣及城址屡遭破坏，屡废屡修；而在古代相对安定的时期，城垣少有修建，易于倾圮毁坏，统治者也会适当加以修复加固。

由于战事频繁，南阳城出于防御需求，在城市空间格局上也进行了相应安排：明宛城，唐王府城地势较高，面积广阔，居高临下，居中指挥，地势险要，易于防兵。清宛城拥有独具特色的城寨，深挖护城壕池，高筑城墙，城门外筑月城，其中东、西正门的月城城门开口分别朝南、北，置角楼、敌台、窝铺和炮位；六关与内城城垣相对，便于四面攻击入城之敌，相互接应，即使被敌攻破部分城垣，军民尤有撤退、待援之所。民国时期，由于战争需要，南阳城垣一度被拆毁又重建，使得南阳城一度由内外二城的结构转变成单城结构，

然后又恢复到双城结构。

新中国成立后，以城市建设为目的的南阳区划调整对城市空间产生的直接影响是由治所用地引起的城市用地形态的改变。另外，由于和平建设以及城市扩张的需要，原南阳土城垣在新中国成立后逐渐消失殆尽。至于对城市规模的影响,则往往是通过作用于社会经济、社会人口因素而产生间接影响。

9.6.4 历史沿革对南阳城市空间营造的直接影响力呈减弱趋势

从整个历史发展过程来看，古代南阳历史沿革对城市空间营造的影响主要体现在对军事防御的需求上，如对城池的加固、修建、重修以及明清时期特殊的宛城空间格局。随着社会的发展，现代南阳城不再以军事防御为城市的主要功能，历史沿革因素对南阳城市空间营造的直接影响力呈减弱趋势，仅表现为由治所用地引起的城市用地形态的改变。

9.7 政治政策

9.7.1 古今南阳政治政策内容的改变

纵观古今南阳政治政策的变化，可以发现：古代南阳政治政策的内容主要以君主统治与军事战略为目的，不论是封建领主时期的分封诸侯制，还是封建地主形成时期的郡治、府治的变化，以及城池的建设，都是以维护封建领主的统治以及军事防御为目的。现代和平时期，南阳政治政策内容主要以城市建设和提高人民生活水平为目的，经济、社会、文化等政策都围绕着这一目的而展开。

9.7.2 南阳政治政策对社会经济、社会人口及社会文化因素具有直接影响

南阳政治政策对社会经济、社会人口及社会文化因素的影响主要体现为相关领域政策的实施。在经济政策方面，古代南阳重视农业的生产、冶铁业及商业的发展；民国时期，南阳鼓励开办实业；新中国成立后，南阳经济政策包括新中国成立初期的以恢复、发展生产为中心的经济政策，“大跃进”时期大炼钢铁、大办企业的经济政策，以及十一届三中全会以后“对内搞活经济，对外实行开放”的方针。对南阳城市空间影响较大的人口政策主要包括宋代“招徕垦殖”政策以及新中国成立初期的“鼓励生育”政策等。社会文化政策主要体现在近现代对文化事业的重视与发展，具体包括民国时期的退让妥协的宗教政策与鼓励新学的教育政策、“文化大革命”时期的文化专制主义，以及十一届三中全会以后“加强社会主义精神文明建设”的方针政策。

9.7.3 政治政策对南阳城市规模、用地形态及空间格局具有重要影响

从秦汉至南北朝时期，南阳均为郡治所在，因此，该时期宛城规模较大，并具有郡治的一般特点，即拥有大小城两重。而隋唐后，郡治移于穰（今邓州），城址规模缩小，结构与功能也不及前代，然作为该时期国家重要驿道经过之地，隋唐宛城的交通枢纽地位仍然突出。

宋元明清时期南阳政治政策对城市空间营造的影响主要体现为以下几个方面：

（1）明封藩制下南阳唐王府及各郡王府的建立，使得明南阳城形成“城中有城”的格局;同时，城内用地的紧张使得大量贫民居住突破城郭的限制，向城外扩张，在清代形成内、外二城的“梅花城”格局。

（2）南阳城市地位的上升对明清南阳城经济繁荣、人口增加及城市规模扩大具有一定的促进作用；在城市功能及格局上，南阳城行政职能突出、用地增多，商业因繁荣而呈现多中心、专业化的格局。

（3）明清南阳政府采取的流民安抚政策，极大地提高了人口增长的速度，从而推进南阳城规模的扩大。

民国时期，退让妥协的宗教政策、鼓励新学的教育政策以及鼓励开办实业的经济政策，使得教堂、新式学堂与学校、工厂等用地相继出现并快速发展起来；而交通、城防工事、城垣的拆毁与修筑等城市建设方面的政治政策则改变了城市的空间格局。

新中国成立后，南阳城市建设方面的政策对城市规模的扩大、城市路网格局的变化，以及各类公建及基础设施用地的分布都产生直接影响。而教育文化、社会经济等政策的实施，则通过作用于文化、经济等因素，从而达到影响城市各类用地分布形态的目的。

9.7.4 政治政策对南阳城市空间营造的影响力一直保持强势

从整个历史发展过程来看，南阳政治政策对城市空间营造一直保持着较强的影响力，对南阳城市规模、用地形态及空间格局三者的影响基本贯穿整个城市发展历程，它不但通过城市建设政策的实施对城市空间营造产生直接影响，还通过作用于社会经济、人口、文化等因素对城市空间产生间接影响。

9.8 城市规划

自西周申城（今南阳）建立以来，南阳城市空间的营造就受到古代城市规划思想的影响。新中国成立后，南阳又先后大致进行过七次总体规划，分别为 1958 年总体规划、1960 年城市规划、1963 年近期控制规划、1983 年南阳市总体规划、1996 年南阳市中心城区总体规划、2006 年南阳市城市总体规划、2011 年南阳市城市总体规划。在各时期城市规划的指导下，南阳城市空间营造呈现不同的特点。

9.8.1 古代南阳城市空间营造中城市规划思想的体现

（1）西周申城（今南阳）的选址体现了《管子》提出的因地制宜的城市选址和规划思想，“凡立国都，非于大山之下，必于广川之上。高毋近旱，而水用足，下毋近水，而沟防省。因天材，就地利，故城郭不必中规矩，道路不必中准绳”。因此，申城选址南阳盆地中部，东南面的汉江支流——白河成了城郭的天然护城河，其北有独山、蒲山为东北面之屏障，西北被紫山、磨山、羊山等孤山环抱，西有麒麟岗、卧龙岗横贯南北，另有十二里河、三里河、梅溪河、温凉河、邕河、溧河等河流由北向南穿过城区汇入白河。

（2）申城为周朝申伯之国，其大小与高低应有一定的制度，即《左传》中提到的："都城过百雉，国之害也。先王之制，大都不过三国之一，中五之一，小九之一。"

（3）《周礼·考工记》中的营国思想与《吕氏春秋》的"择中说"在整个古代南阳城的空间营造中均有反映，如方正的城址形制、笔直少折的棋盘状路网、城市南北向中轴线、明代唐王府居中的格局等，都体现了以上城市规划思想在整个封建时期的延续。

（4）《管子·大匡》关于"凡仕官者近宫，不仕与耕者近门，工贾近市"的思想在南阳城市空间营造中集中体现为"官民分区""四民分居"的格局。例如，汉代宛城已经有了明确的功能分区，大城东北部为集中的手工业用地，分布有冶铁、制币、制陶等场所，虽然商业用地位置尚不明确，但根据秦汉都城特点，应距离手工业区不远；小城（即内城）位于大城西南角，是贵族官僚的住所；其余则为居住用地，主要为大城西北部的村庄（周围散布着大量农业用地）以及大城西南角内城北门处的贫民居地。

（5）受《管子·乘马》"因天时，就地利。故城郭不必中规矩，道路不必中准绳"思想的影响，清代南阳"梅花城"采用了不规则的郭城城垣规划，特别是东、南二关，顺河岸筑城，依地形曲折，形状十分随意。虽然，这种曲线型的城垣形式更多考虑的是防风与防洪的需要，但其因地制宜的做法正是《管子》"环境—实用"理念的体现。

9.8.2 新中国成立初期南阳城市总体规划主要内容及其影响

1958年，南阳编制了新中国成立以后的第一次城市总体规划。规划期限为1958—1965年，规划期末城市人口规模为30万人，城市用地规模为49.44km^2。规划城市西北部为机械工业区，东部为无害工业区，北寨门外为城市中心区。

1960年市县合并后，对1958年编制的南阳城市总体规划进行了修编。规划期限为1960—1970年，规划期末城市人口规模为50万人，并在城区周围建设蒲山、鸭河、镇平、瓦店、社旗五个10万~20万人口的卫星城镇。

1960—1962年国民经济遇到严重困难，南阳于1963年重新编制了城市总体规划，规划期限至1972年，将规划期末城市人口规模缩减至10万~12万人，城市用地也相对集中紧凑，城市中心设置在人民路和新华路交接处。

1958年和1960年两次规划分别是在高指标、"浮夸风"盛行时期以及"左"倾政治形式下产生的，不但规划主要指标严重脱离实际，经不住时间和实践的考验，而且使得早期城市发展由于缺乏合理规划的指导，在工业、居住等用地布局形态上处于无序且混乱的状态。而1963年近期控制规划比较切合实际，规划人口数与1972年实际城市人口数10.9万人相符合，对指导南阳城市建设和管理，发挥了应有的作用；尤其在城市发展方向上，该规划的延续性较好，至1979年城市按照规划在原古城的基址上向西、向北发展，对现今城市格局产生了较大的影响。

9.8.3 20世纪80年代南阳城市总体规划主要内容及其影响

《1983年南阳市总体规划》规划期限至2000年，规划期末城市人口规模28万人，用地规模24.58km^2。规划将城市定位为"全国比较著名的历史古城，豫西南地区政治、经济、科研、文化、交通中心，以轻纺、机械工业为主的中等城市”。规划提出近期延续原有规划的思路，在白河北岸紧凑发展，远期重点发展白河南岸。

1983 年版城市总体规划建立在实事求是、合理布局的原则上，内容更加完善，对城市用地布局、道路交通、园林绿化、历史保护等都作出了具体安排，并提出城市跨过白河向南发展的构想，对后期南阳的城市发展起到了重要的引导作用，奠定了南阳现状城市建设空间的基本框架。

9.8.4　20 世纪 90 年代南阳城市总体规划主要内容及其影响

《1996 年南阳市中心城区总体规划》将南阳市中心城区的城市性质定为“国家历史文化名城，豫西南地区的政治、文化和经济中心，重要的交通枢纽”。预计 2010 年规划期末的中心城区人口规模将达到 75 万 ~80 万人，2010 年规划期末城市建设用地规模将达到 $75km^2$。中心城区用地布局为“单中心，四组团，两岸发展”。城市西南部为宛城组团，是中心城区的核心，历史文化名城保护的主体，全市公共活动中心，规划商务中心所在地。东北部的独山组团，为行政、科教、文化、体育和高新技术产业的综合区。西北部的麒麟组团，继续保持工业仓储区性质，建立货物流储运集散中心。白河以南的溧河组团，为轻纺和轻度污染工业及货流集散的综合工业区。

近十年来的建设实践证明，1996 版城市总体规划与城市社会经济发展的现实情况相适应，有效地指导了南阳的发展与建设，使城市总体上沿着健康的轨道快速发展。主要体现在：①中心城区规模与规划预期基本相符。南阳中心城区人口由 1996 年的 44.9 万人，发展到 80 万人，城市建设用地也由 1995 年的 $32.95km^2$，发展到 2005 年底的 $75.71km^2$，比 1996 年版城市总体规划预期略快，已经达到 1996 年版城市总体规划远期（2010 年）预期。②高新技术开发区、大学园区等城市新区按照规划陆续建成，开发势头良好，成为推动现阶段城市发展的重要动力。③城市公共设施、基础设施不断完善。先后建成了南阳市体育中心等公共设施，污水处理厂等市政设施，以及张衡路、滨河大道、中州路等城市道路基础设施，宁西铁路、高速公路等也按照规划预期顺利建成，为城市下一步的建设打下了良好的基础。④城市外围生态环境保护较好。城市西北部至今未进行大规模的开发建设，山体、水系、林地等自然资源也没有遭到严重的破坏，为保障南水北调中线引水渠生态安全与城市可持续发展创造了极为有利的条件。

尽管在 1996 版总体规划的指导下，南阳城市总体上沿着健康的轨道快速发展，但是由于受客观条件的制约以及规划指导思想的局限，也出现了一些未按规划实施或实施效果不尽如人意的情况，一定程度上反映了上版规划在某些方面存在的局限性。主要体现在：① 1996 版城市总体规划，将中心城区划分成四个组团。但由于公共设施建设的滞后，除宛城组团外其余组团的公共设施中心均未完全形成，影响了独山、麒麟、溧河组团的建设，也使得宛城组团内的城市功能过于集中，交通拥堵、用地紧张现象严重。②规划城市外环路未能完全形成，尤其是城市南部缺乏公路过境线路，大量过境车辆必须从北部绕行，不仅距离增加，而且一些过境车辆也因此从城中穿行，对城市交通产生了较大的影响。③ 1996 版城市总体规划将城市中心布局在历史城区西侧，由于城市中心带动了周边土地升值，使得历史城区房地产开发压力极大，保护难度大大提高。④ 1996 版城市总体规划将工业用地围绕中心城区周边布置，对城市空间进一步向外拓展产生了极大的制约，而且大量工业用地与居住用地相混杂，对城市景观环境和居民生活质量影响很大。

9.8.5 近期南阳城市总体规划主要内容及其产生背景

1996 年所制定的《中心城区总体规划》实施 10 年来，对指导中心城市的发展与建设发挥了重要作用。但这个总体规划是在国家限制城市发展的特定历史背景下编制完成的，所核定的城市规模仅为 56km^2、56 万人。随着许平南、信南、岭南、宛坪等高速公路及宁西铁路、南水北调中线工程等一大批国家级重点工程围城或穿城而过，为城市快速发展带来了新的机遇，该中心城区总体规划已远远不能适应城市发展的需要，调整和修编新的南阳城市总体规划成为当务之急。

《2006 年南阳市城市总体规划》就是在以上背景下产生的。该规划确定，“南阳市城市性质为国家历史文化名城，是以医药、光机电、农副产品深加工和生物质燃料等工业为主导的，豫、鄂、陕三省交界地区重要的交通枢纽和区域性中心城市”。中心城区范围为东至许南襄高速公路，南到上武高速公路以南，包括宁西铁路南阳南站两侧用地，西至二广高速公路，北到二广高速公路连接线，总面积 441.6km^2。近期规划（至 2010 年），城市人口 110 万人，城市建设用地规模 110km^2；远期规划（至 2020 年），城市人口 160 万人，城市建设用地规模 159km^2。中心城市空间结构为“一河、两岸、三城”，生态格局为“山环水绕，绿色贯穿”。

《2011 年南阳市城市总体规划》在 2006 年版的基础上进行了修编：①在对南阳市城市定位方面，将 2006 年版规划中的“豫、鄂、陕三省交界地区重要的交通枢纽”提升至“中部地区重要的交通枢纽”。②注重产业升级，将南阳定位为“以医药、光机电等高新技术产业和先进适用技术产业为先导，以食品、农副产品深加工和清洁能源等为主的新型工业基地”。③在城市规模上，新版规划预测，2020 年中心城区常住人口控制在 180 万人以内，城市建设用地控制在 165km^2 以内。④ 2011 年版规划充分体现了城市生态文明建设与可持续发展的理念，提出“要按照绿色循环低碳的理念规划建设城市基础设施”，“建设资源节约型和环境友好型城市”，“创造以人为本、人与自然相和谐的人居环境”，“重视历史文化和风貌特色保护，要统筹协调发展与保护的关系”等要求。[①]

9.8.6 以城市空间格局营造为主要目的的古代城市规划思想和全面指导城市空间营造的现代城市规划

从西周申城的建立开始，古代城市规划思想对南阳城市空间营造的影响主要集中在城市的形制、路网的结构、中轴线关系、宫城与郭城的位置关系等方面，均属于城市空间格局的营造，从而造就了“官民分区”“四民分居”的汉宛城，王府居中的明宛城，以及郭城形制灵活且具有防灾功能的清末“梅花城”格局。

---

① 参考《国务院办公厅关于批准南阳市城市总体规划的通知》（国办函〔2017〕14号）。

现代城市规划则建立在现状调研的基础上，确定城市的性质及发展方向，预测城市的发展规模，提出未来城市用地布局及空间结构的发展构想，能较全面地指导城市空间营造，对城市规模、用地形态及空间格局都产生了深远的影响。

9.9 自组织与他组织的互动研究

通过纵向研究整个历史时期各因素对南阳城市空间的影响，可以总结出自组织与他组织因素与城市空间营造间的互动关系为：以自组织因素占主导地位的城市空间营造向他组织因素占主导地位的城市空间营造过渡。

古代，由于技术落后，改造自然的能力相对较弱，人们对自然环境有较强的依赖性。在这种情况下，自组织与他组织关系是协调的。他组织中的历史沿革与政治政策因素，虽具有外界人为的干预，但都是建立在当时的自然、经济、社会等自组织因素的基础上，受自组织因素的限制。在城市空间营造方面，他组织因素对城市空间的影响主要集中在城垣及军事防御系统的修建上，相对而言，对城市空间营造的影响有限；而自组织因素对城市空间影响较大，如聚落的分布与形态、城邑的产生及发展、城市内部用地形态与格局、建筑的类型等均受城市经济、人口、文化与自然环境等因素的影响。

随着人类改造自然能力的逐步增强，他组织因素中的人为干预性更强，对自组织因素的影响程度也在增大；在城市空间营造方面，他组织中政治政策因素对城市空间营造的影响程度逐渐突出。例如，宋元明清时期府治的迁移和封藩制的实施，更多是君主意志的体现，并对城市空间营造影响巨大；安抚流民政策的实施不但使城市人口增加，还因为过量地开山种地，造成水土流失，河床淤积，影响通航，对自然环境及地缘交通因素影响较大。

随着技术经济的进一步发展，近现代，他组织因素在各因素中占主导地位，历史沿革及政治政策对社会经济、社会文化、社会人口等自组织因素的影响进一步加强，甚至超过了自然环境与地缘交通对以上因素的影响力。例如，民国时期军队驻扎、人口迁移等军事政策直接影响了南阳城人口的繁荣度；而人口的繁荣度与开办实业、建立工厂等经济政策的实施直接影响了城市经济的发展，这与封建农业社会中经济发展更多依靠自然环境的情况有很大不同。而在城市空间营造方面，他组织中的政治政策因素具有绝对影响力，对南阳城市规模、用地形态及空间格局都具有重要影响。他组织因素城市规划对自组织因素自然环境与地缘交通更是产生直接影响，不但是人们改造自然环境的指导，还决定了城市交通以及其对外关系的发展方向。

第 10 章　南阳城市空间未来发展建议

10.1　城市发展条件分析

10.1.1　自然资源与区位条件

1. 优越的自然环境

南阳位于我国第一阶地向第二阶地过渡地带，同时又处在我国南北气候分界线附近，地貌类型丰富，生态环境优越。境内山区和丘陵地带草场面积大，宜林地区面积广，具有发展林业和畜牧业的良好条件；平原地区土地肥沃，水热资源匹配较好，适宜农林牧副业发展。南阳市域西部为伏牛山，东南部为桐柏山，其中分布着宝天曼、老界岭、太白顶等多处国家级自然保护区，生态环境良好，风景旅游资源丰富。南阳优越的自然环境给工业、农业、旅游业等提供了良好的发展条件，也是城市快速发展的重要保障。

2. 良好的交通区位

南阳地处中西部交界地带，焦枝铁路、宁西铁路交会处，多条国家干线公路贯穿全境，拥有河南三座民用机场之一的南阳机场，具有承东启西，沟通南北，联系豫、鄂、川、陕的重要交通区位条件。交通条件是传统产业区位选择的重要因子，随着区域经济交流与合作的日益密切，其作用有进一步强化的趋势。南阳优越的交通区位，为产业集聚、资源开发等提供了得天独厚的条件，是南阳市经济快速发展的重要支撑。

3. 丰富的矿产资源

矿产资源是影响城市社会经济发展与空间布局的重要因素。南阳是我国矿产资源分布较为密集的地区之一，已探明各类矿产资源 84 种。南阳天然碱探明储量居亚洲第一，石油储量居河南省第二位，主要分布在市域东南部。南阳铜矿储量居河南省第一，是河南省最重要的铜矿生产基地，金、银也是具有优势的金属矿种。南阳不仅境内矿产资源丰富，而且又接近平顶山等煤炭主产区，使南阳具备了发展多种现代工业的资源基础和有利条件。

4. 极具特色的旅游资源

南阳历史源远流长，是中华文明重要的发祥地之一，现存大量极为珍贵的历史文化遗产，以汉墓、汉画为代表的汉代文化遗存，以南阳武侯祠、医圣祠、南阳府衙等为代表的古建筑均具有重要的历史、文化、艺术价值。此外，南阳还拥有独山风景区、白河游览区等自然景观资源。这些得天独厚的人文与自然旅游资源，为南阳市发展特色旅游及相关产业奠定了坚实的基础。

5. 相对丰富的水资源

南阳地处淮河源头和汉江上游，西南部的丹江口水库是南水北调中线工程的水源地。南阳水资源相对丰富，根据相关统计，南阳市水域面积 270 万亩，可利用水资源总量 85.2

亿 m³，占河南省可利用水资源总量的近 1/4，水资源蕴藏量、亩均水量和人均水量等指标均居河南省第一位，属于北方富水地区。在相对缺水的北方，丰富的水资源使南阳与周边城市相比具有更大的产业选择空间，也为城市提供了更具吸引力的滨水环境。

10.1.2 经济基础和发展潜力

1. 经济总量大，发展速度较快

南阳市的综合经济实力在河南省内相对较强。2005 年南阳国内生产总值达到 1053.43 亿元，比 2004 年增长 16.59%，工业产值达到 468.18 亿元，均位于继郑州和洛阳之后的河南省第三位。1990 年以来，南阳市国民经济发展速度相对较快，高于全国平均发展速度。

2. 经济发展水平有待提高

相对于南阳较大的经济总量，南阳经济发展水平与城镇化水平相对不高，略低于河南省平均水平，明显低于全国平均水平。2005 年，南阳城镇化水平低于全国平均水平 11.9 个百分点，低于河南省 1.8 个百分点；人均 GDP 分别是全国和河南省的 70.3% 和 86.6%。在周边范围内，南阳经济发展水平与三门峡、洛阳、信阳、襄樊、平顶山大体相当，明显低于武汉、西安、郑州三座省会城市，高于十堰与漯河等周边城市（图 10–1）。

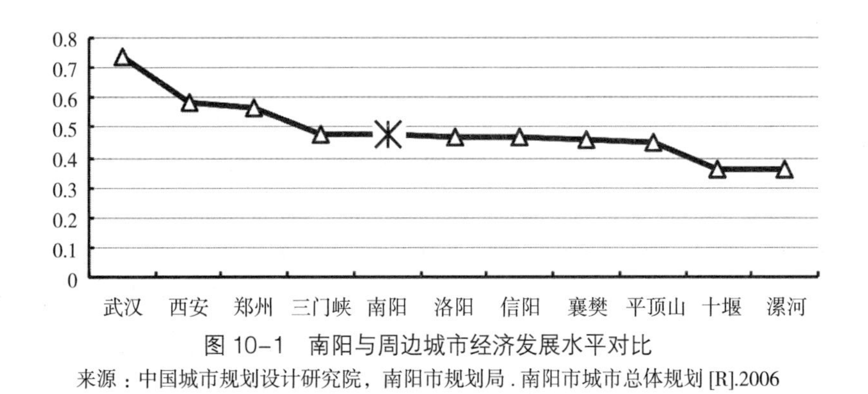

图 10–1 南阳与周边城市经济发展水平对比

来源：中国城市规划设计研究院，南阳市规划局 . 南阳市城市总体规划 [R].2006

3. 产业结构层次低，升级缓慢

从三大产业结构看，我国早在 1985 年就实现了由“二、一、三”到“二、三、一”的结构转型，而南阳直到 1993 年才实现这一转换。2005 年，南阳三大产业比例关系为 1 ∶ 1.91 ∶ 0.91，全国平均三大产业比例关系为 1 ∶ 3.79 ∶ 3.23，河南省平均三大产业比例关系为 1 ∶ 2.91 ∶ 1.68，南阳第二产业和第三产业比重明显低于全国和河南省平均水平（表 10–1）。此外，从工业产业结构来看，南阳市主导产业一直以资源型产业为主，机电产业比重很小，并且处于萎缩状态。1999 年南阳机电产业占全市规模以上工业产值的 9.8%，2003 年下降到 5.4%，而同期全国机电产业比重高达 36%。可见，南阳工业化水平还较低，以农产品、初级产品生产为主，急需通过产业转型和规模化、集聚化提高城市整体经济水平。

2005年全国、河南省和南阳市部分经济社会发展指标对比表 表10-1

	城镇化率（%）	人均GDP（元）	产业结构（第一产业：第二产业：第三产业）	就业结构（第一产业：第二产业：第三产业）
全国	41.8	13985	1：3.79：3.23	1：0.53：0.70
河南	30.7	11346	1：2.91：1.68	1：0.40：0.41
南阳	28.9	9826	1：1.91：0.91	1：0.35：0.40

10.1.3 产业发展

1. 产业结构呈现低层次特征

区位商是表明地区某行业生产专业化水平的指标，区位商大于1表示该行业为该地区的生产专业化部门，在市场竞争中具有一定的规模优势，一般为产品输出地区；区位商小于1则为本地区的非专业化部门，该产业产品在背景区域中不具有规模竞争优势，一般为产品输入地区。

根据区位商测算（表10-2），南阳相对全国背景的专业化部门主要包括石油和天然气开采、有色金属矿采选、非金属矿采选、食品加工、饮料制造、烟草加工、纺织、造纸、医药、非金属矿制品等10个行业。从产业结构来看，南阳专业化部门以采掘类与一般加工业为主，呈现出低层次的特征，城市整体经济发展水平难以得到有效提高。与周边城市相比，西安、武汉、郑州、洛阳、襄樊五个城市装备制造业相对发达，产业结构层次处于相对高位；十堰、漯河、信阳、三门峡、平顶山五个城市的产业结构与南阳市基本处于相同档次。南阳需要在未来产业发展中尽快改造提升传统产业，着力发展高新技术产业和先进适用技术产业，提高高端产品、最终消费品和高附加值产品的比重。

南阳及周边城市规模优势行业对比 表10-2

城市		具有规模优势的行业
第一层级	武汉	饮料制造（1.5）、烟草加工（1.8）、服装及其他纤维制品（1.3）、家具制造（1.1）、印刷业（1.7）、石油加工及炼焦（1.4）、医药制造（2.6）、黑色金属冶炼及压延加工（2.9）、交通运输设备（2.1）、电子及通信设备（1）
	郑州	煤炭采选（3.9）、非金属矿采选（1.6）、食品制造（1.6）、烟草加工（2.1）、造纸（2.2）、印刷业（2.3）、非金属矿物制品（3.8）、有色金属冶炼及压延加工（4.5）、专用设备（2.7）、交通运输设备（1.1）
	西安	食品制造（1.5）、饮料制造（1.5）、印刷业（4.2）、医药制造（4.9）、普通机械（1.3）、专用设备（2.2）、交通运输设备（2.8）、电气机械及器材制造（1.5）、电子及通信设备（1.3）、仪器仪表（3）
第二层级	洛阳	有色金属矿采选（4.1）、家具制造（2.2）、石油加工及炼焦（6.2）、非金属矿物制品（1.5）、有色金属冶炼及压延加工（2）、普通机械（1.5）、专用设备（4.5）
	十堰	橡胶制品（2.1）、交通运输设备（11.2）
	襄樊	非金属矿采选（2.1）、食品加工（1.8）、烟草加工（2.3）、纺织（1.8）、化学纤维（1.8）、普通机械（3.0）、交通运输设备（4.7）
	漯河	食品加工（9.2）、食品制造（7.4）、饮料制造（2.3）、烟草加工（1.8）、造纸（3.2）、塑料制品（1.5）、非金属矿物质制品（1）、专用设备（1.2）

续表

城市		具有规模优势的行业
第三层级	南阳	石油和天然气开采（4.02）、有色金属矿采选（2.9）、非金属矿采选（5.8）、食品加工（1.9）、饮料制造（1.3）、烟草加工（1.4）、纺织（1.8）、造纸（1.2）、医药制造（1.5）、非金属矿制品（2.1）
	信阳	非金属矿采选（8.3）、食品加工（5.9）、饮料制造（2.3）、木材加工（1.3）、医药制造（1.7）、非金属矿物制品（1.4）、黑色金属冶炼及压延加工（1.4）
	三门峡	煤炭采选（5.2）、有色金属矿采选（82.8）、非金属矿采选（1.1）、饮料制造（1.4）、化学原料（1.4）、化学纤维（2.4）、非金属矿物制品（1.3）、有色金属冶炼及压延加工（6.6）
	平顶山	煤炭采选（16.9）、食品加工（1.2）、化学纤维（13）、非金属矿物制品（1.4）、黑色金属冶炼及压延加工（1.9）

注：括号中数字代表产业区位熵指数。

2. 产业同构化明显

南阳市 10 个具有规模优势的行业中，除石油和天然气开采业外，其余行业与周边城市同行业相比优势并不突出。这表明，虽然南阳当前的主导产业基于全国背景具有一定的规模优势，但与周边城市相比，南阳还没有处于绝对优势地位的产业，主导产业结构与周边地区同构化特征明显，极易受到周边城市的排挤与制约。

10.1.4 社会发展

1. 劳动力资源丰富，农村劳动力过剩

2005 年，南阳市域总人口 1074.58 万人，其中城镇人口 298.98 万，是河南省乃至全国的人口大市。第五次人口普查结果显示，南阳人口中 10~14 岁、25~39 岁年龄段的人口占主体，人口年龄结构表现为年青型。可以预见规划期内人口仍将处于可持续增长的状态，可为经济发展提供充足的劳动力资源。近年来，南阳人口素质也得到了较大提高，1990—2004 年期间，南阳每十万人中拥有大专及以上教育程度人口由 520 人增加到 2076 人，高中及中专教育人口增加到 2900 人。充足的就业适龄人口和不断提高的人口素质为南阳经济社会发展提供了必要的保障。

根据 2005 年数据，南阳农业人口占总人口的 83.9%，随着农村生产力水平的不断发展，农村劳动力资源已经过剩。据不完全统计，南阳仅每年外出打工的农民就将近 100 万人，而且随着城镇产业的集聚，农村劳动力向城镇转移的速度将不断加快。

2. 基础设施薄弱

南阳铁路、公路网络发达，区域性基础设施较为完备，但城市内部的基础设施建设相对薄弱。中心城区道路网不完善、交通设施较为缺乏、公交系统发展水平不高，中心城区以外的其他城镇基础设施建设则更为滞后。与周边城市相比，南阳城市基础设施水平与十堰、漯河、信阳同处于较低的档次，略低于三门峡、洛阳、平顶山、襄樊，明显低于武汉、郑州、西安三座省会城市。南阳薄弱的城市基础设施对人才、项目的选择流动将产生一定的不良影响，成为制约城市未来经济社会发展的瓶颈（图 10-2）。

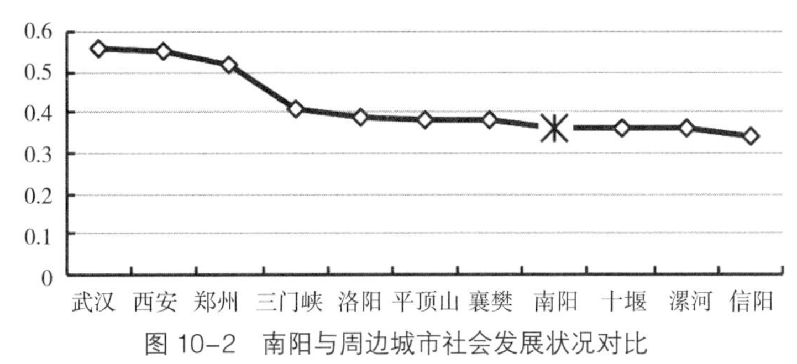

图 10-2　南阳与周边城市社会发展状况对比

来源：中国城市规划设计研究院，南阳市规划局．南阳市城市总体规划 [R].2006

10.2　城市发展的机遇与挑战

10.2.1　机遇

1. 国家宏观区域政策导向与中部崛起

在“东部发展、西部开发、东北振兴”已取得明显成效的背景下，“中部崛起”日渐迫切，国家已将如何在宏观区域政策层面加大对中部地区的支持提上议程。事实上，我国总体经济持续快速地发展也给原材料、农产品、初级工业产品创造了巨大的市场需求，为中部省区的经济发展营造了良好的外部环境。国家对中部省区的产业扶持与政策倾斜日益加大，将会对南阳经济社会发展提供难得的历史机遇。

2. 东西联动与沿海发达地区的产业转移

改革开放以来，东部沿海地区成为全国最有活力的经济高速增长区，在资金、技术和人才方面积累了相当雄厚的优势，并通过示范、扩散效应和经济技术合作等多种途径，在一定程度上带动了中、西部地区的发展。“西部大开发”战略的实施，进一步加强东、西部之间要素的双向流动。南阳自身区位、交通条件良好，是宁西铁路、沪陕高速、312 国道等东西向国家干线上的重要节点，连接川陕与长江三角洲地区的重要枢纽。南阳应充分发挥这一承东启西的有利区位条件，成为东、西部地区要素交流的节点，以及东部资金、人才、技术、产业转移的承接者。

3. 跨国企业在华投资区位的再选择

南阳地处宁西铁路和焦枝铁路交会处，区域基础设施条件良好、自然资源丰富、土地成本低廉、劳动力资源充足，具备了吸引跨国企业投资的有利条件。另外，“中部崛起”目前已经成为社会各界的共识，这也是吸引跨国公司投资南阳的重要因素。

10.2.2　挑战

1. 南水北调工程可能带来的影响

南水北调中线工程的实施，对南阳产业发展将产生一定的影响。

（1）南水北调工程对水质要求很高，而南阳的主导产业多为生态占用量大、环境污染严重的传统产业，在污染排放、水环境影响等方面都难以满足南水北调工程的要求。这就要求南阳相应产业必须进行技术改造或转型，从而提高企业运行成本，降低产品竞争力，甚至会限制部分产业的发展。

（2）南水北调工程实施后，流经区域将实施统一的调水管理体制和水价机制，会提高南阳市耗水产业进入的门槛，对产业发展产生一定影响。

2. 周边城市发展带来的挑战

南阳市位于西安、郑州、武汉三大都市圈之间，周边的资源、资金、市场等方面的竞争已经相当激烈。近年来，河南省提出了全力打造中原城市群的构想，湖北省也将襄樊市列为重点发展的三大都市圈之一，南阳在要素资源获取等方面还必须面对中原城市群和襄樊的强势竞争。由于南阳与周边其他城市经济发展基本处于同一水平，不具备“先发”优势，产业结构层次偏低，主导产业结构与周边地区同构化特征明显，极易受到周边城市的排挤与制约。

10.3　南阳城市空间发展策略

10.3.1　城市中心——三心支撑

作为郑州—西安—武汉之间的区域中心城市。南阳城市中心区无论从外在规模还是内在功能都还无法担当起与此相称的职能。20 世纪 50 年代以来位于人民路中段的市级商业服务中心自 20 世纪 90 年代起日趋衰落，各种商业服务设施散布于人民路、新华路、中州路、工业路等城市主要道路两侧，无法形成规模和提高档次，同时还影响城市交通；政府办公机关与商业设施混杂零散分布，不利于提高效率；作为区域中心城市和历史文化名城，南阳的文化设施不足。

重新构建服务于区域的城市中心，不仅是强化南阳区域中心、提升城市竞争力的需要，同时也是南阳发展工业经济、提高人民生活质量的内在需求。南阳“提升内涵，集聚中心”战略在城市中心区的空间投影可以聚焦为三大中心——商业休闲中心、行政文化中心和商务培训中心。三大中心围绕城市主要景观——白河，以提高土地使用效益为原则，分别立足于不同的空间点，共同支撑区域服务中心（图 10–3）。

1. 复兴南阳老城，打造商业休闲中心

保护老城历史遗存和整体格局，复兴城市生活，以人民路商业街（建设路以南）的改造、府衙周边地区的综合开发以及护城河景观的整治为切入点，用级差地租逐步置换土地功能，将批发贸易从城市中心区商业零售中剥离，对街区商业形态进行分工定位和整体包装，提升设施的规模和品质，满足不同层次的需求，同时相应导入餐饮、文化、娱乐、旅游等多种休闲活动，发掘南阳手工业和商业文化的历史渊源，打造独具特色的商业休闲中心，再现南阳风采魅力。

2. 政府东移白河湾，建设行政文化中心

以市级政府办公机关的集体东移建设公共管理中心，带动新区发展，提高政府工作效率，展示南阳新形象。选址建议在解放广场和滨河体育场之间，以面临白河为原则。

中医药是南阳的重要特色，同时也是南阳产业发展的重点，对医圣祠和医圣祠街进行综合整治开发，以每年举办张仲景医药节为契机，进一步扩大南阳知名度，使之成为“中

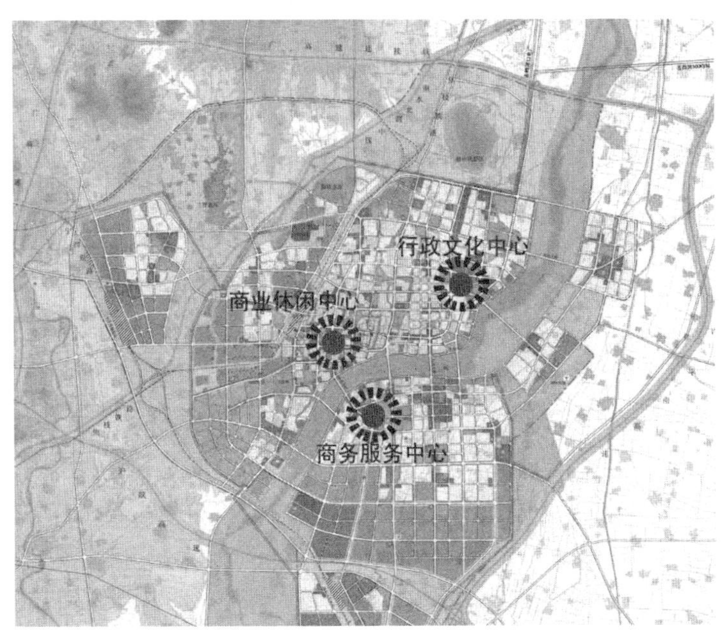

图 10-3 南阳三大中心结构图

医药文化圣地”，同时积极开展中医药学术交流、产品展示交易以及中医药保健为特色的观光休闲活动，提供各种商贸会展以及相应服务设施。

结合滨河体育场，形成南阳文化艺术和体育休闲中心。挖掘南阳历史和民间艺术形式，将它们发扬光大。同时，作为一个区域舞台，引进南北东西各种文化艺术形式，体现南阳历史悠久、人文荟萃的特色，树立积极向上的新形象。

3. 重审西白河湾，定位商务服务中心

西白河湾与目前的城市中心一河之隔，已有卧龙大桥和淯阳桥联系，交通便利，同时它又与东白河湾具有相同的景观潜质，然而目前却呈现土地使用效益低下的状态，急需重新审视这块黄金地段的开发定位，迅速遏制目前零散开发、抢占滨河景观的趋势，根据规划严格控制白河大道沿线开发强度和景观要求。重点建设白河大道和长江路（黄河路至松山路），通过政策倾斜鼓励各方力量在此创办公司，提供金融保险、信息咨询、商贸流通等各种商务服务，使此区域成为南阳的创业中心。

虽然南阳建设通常意义上的大学园的条件并不完善，但可以以南阳理工学院为起点，集中南阳的中等和高等院校，以及各种形式公办和私立的职业学校，开发区域内大量的以农村剩余劳动力为主体的人力资源，建设针对地方实际的教育产业园区，在为南阳产业发展提供源源不断的具有专业知识的高素质劳动力和各种生产技术服务的同时，使南阳逐步成为全国性的技术工人培训基地之一与区域性人力资源市场。

该中心应以产业服务为主要功能，结合教育产业园区社会化后勤服务设施的配套，同时作为城市商业服务副中心，满足白河南岸地区居民生活的基本需求。

10.3.2 形象体系——以历史遗产、自然景观为依托的城市形象网

树立良好的城市空间形象，不是简单地建设“宽马路、大广场”，展示城市形象的空间

是多方面、多层次的，城市形象体系不仅要可见，更要可用，城市形象不仅仅是展示给外来者的，更主要的是为市民服务的，不能舍本逐末。

经过综合整治开发的宽阔白河水面已经提供了一个展示南阳的巨大舞台，但目前这个舞台的使用效率还不高，而且南阳市民迫切需要的是一系列就在身边的公共生活空间，真正实现山水家园的理想。因此，南阳的城市形象体系还须从南阳市民的切身需求以及自然生态等多方考虑，进行系统建设。

1. 以历史遗产为依托的城市文化网络

由公共建筑、景观标志、历史文化遗迹等构成，在白河两岸结合行政文化中心、商业休闲中心、商务服务中心建立三个不同的主导城市景观区域。同时，结合现有资源条件建立其他的景观节点，例如，在北岸城区结合汉冶铁遗址形成历史文化性质的景观节点，在南岸溧河与嵩山路交叉附近形成休闲水景景观。城区内拥有大量的历史文化遗迹，包括王府山、府文庙、拱辰台、县文庙、府衙、察院、汉画馆、天妃庙、三皇庙、南关民居、寨墙、宛城驿、琉璃桥、甘露寺、医圣祠、鲁班庙、汉冶铁遗址、红庙、武侯祠，百里溪故居、靳岗天主教堂、申国贵族墓、十里庙、护城河等。对以上资源进行有利于城市形象的整治，将“碎片”状的历史文化遗迹通过景观规划整合形成网络，以现代的、历史的、自然的等多样丰富密集的节点组成文化网络，并随着网络的生长不断丰富城市文化内涵。

2. 由自然景观为依托的城市生态网络

南阳城市生态网络由水体、湿地、绿地等构成，包括人工和自然两大要素，根据其在城市系统中的位置又可分为城市外围要素和城市内部要素。

城市建设会对自然生态空间带来不同程度的影响，必须对城市外围山水环境进行保护，并将其引入到城市结构之中，从而建立一种既接近自然，又能与之和谐的城市空间形态。因此，城市各组团间绿色生态空间需要从城市的整体山水格局入手进行整体性的恢复或保护。在城市外围，北部的独山、靳庄水库、兰营水库以及西部的南水北调引水渠沿线属生态敏感区，必须划定明确保护区范围，严格控制周边地区的开发建设。城市发展空间外围的农业空间应纳入到城市管理范围，与土地管理部门协调，通过制定规划控制导则，管理农业空间中的各项建设活动，有效地保证必要的农业发展空间。

在城市内部，白河贯穿整个市区，是城市生态环境的主轴，所以生态建设必须作为两岸综合开发的重要组成部分，白河体育中心上游和卧龙大桥下游段两岸“开发”应以低密度开发为主，沿河种植水源涵养林，特别要保护河滩及沙洲等自然湿地，将城市外围绿色空间引入城市中心区。在沿白河的城市核心和各中心之间插入绿地进行分割，控制城市在绿地之间地段的集约发展，绝不能侵蚀绿地。

城市核心区人口密度较大，市民更需要日常活动的绿色开放空间和生态绿地。规划中形成四个公共开放绿地——淯阳桥头人民路绿地、解放广场、体育中心广场以及南岸中心广场（解放广场对岸），另外还有四个生态保护节点分别位于三里河入河口、莲花岛生态区、体育中心对岸滩涂生态保护区、邕河入河口。

对十二里河、三里河、梅溪河、温凉河、邕河、溧河及南阳老城护城河的水环境进行综合治理，对沿线排污口实施截污入网工程，进行岸线整治，结合城市中心区及各组团功能和用地的调整，放宽并强化沿岸绿化，修建步行道，增加市民休闲设施，建设与岸线垂直的支路，保证可达性，形成南阳独具特色的网络化生活水环境。远期实现在白河与内河水系之间游船全面通航，将内河两岸的绿色生态体系与白河沿岸的生态体系结合，共同纳入更大的城市生态体系之中。

南阳古城的城墙已经不复存在，保留相对完整的护城河水系，作为体现南阳古城格局和历史风貌特色的主要载体之一，应首先重点建设。在城市开发建设中，特别是对老城区的更新改造过程中，对现有道路两侧以及庭院中较大树木应予以保留和利用，避免其他城市在建设过程中"先砍树，再种树"的荒唐做法。城市内部需重点强化绿化建设的地区有：老城区、行政文化中心、教育产业园以及城市主要道路两侧。

3. 持续生长的城市复合形象网络

网络的形成不可能是一蹴而就的，而是在日积月累中逐步形成的，但是再复杂的藤蔓也是由几粒种子逐步生长形成的，南阳城市形象体系的建设必须抓住关键节点，在迅速形成两点的同时，带动一片。

南阳城市形象复合网络的生长过程可以概括为：由中心区向城市外围，由骨干节点向整个城市，由白河向两岸腹地。

白河是南阳的景观主轴线，在城区内不同的河段，结合城市建设及自然条件形成了多个节点，白河将一个个节点有机的串联成为多变的空间序列。根据白河沿岸各段的功能分布，主要景观节点有：三里河入河口、淯阳大桥解放广场、行政文化中心区域、邕河入河口。建议以解放广场为原点，先在白河两岸建设三个中心节点。

淯阳大桥节点包括淯阳大桥、河北人民路以西的绿地以及莲花岛、月亮岛等共四座岛屿，淯阳大桥经改造为桥面宽度有所变化的步行桥，与两侧的莲花岛、月亮岛和南岸以小桥相连，在岛与南岸之间形成尺度宜人的内湖水面，安排小型游船水上游线。在月亮岛建设具有标志性的公共娱乐建筑，其余的岛屿重点绿化，作为水中的生态岛屿。淯阳大桥北侧通过绿地与人民路的商业街改造衔接，可以迅速地将北部的人流吸引到河南岸，形成极具吸引力的市民休闲线路。整体景观意向是非对称、生动活泼的，充满喧闹的商业气氛和宁静的生活情趣。

解放广场节点包括已建成的解放广场以及河对岸的南岸中心广场，形成对景。

行政文化中心节点包括位于白河湾的体育中心、河东南岸的滩涂自然生态水景区和连接两者的步行桥，该节点将成为拉动新城区发展的公共聚会、休闲中心。整体景观意象应该充满现代感，体育建筑和人行桥的风格应该是高级的。

10.3.3 都市活力——架构三轴围合的都三角

由人民路商业休闲中心，东白河湾行政文化中心、西白河湾商务服务中心三点构成的三角地区是南阳都市的核心，三点间的互动将产生南阳都市生活的无穷活力（图 10–4）。

（1）东轴延续：从目前中心区分离部分功能，植入东部新区，通过商业休闲中心和行政文化中心的建设，共同带动南阳老城的更新改造，在二者之间建立南阳历史文脉的延续轴。

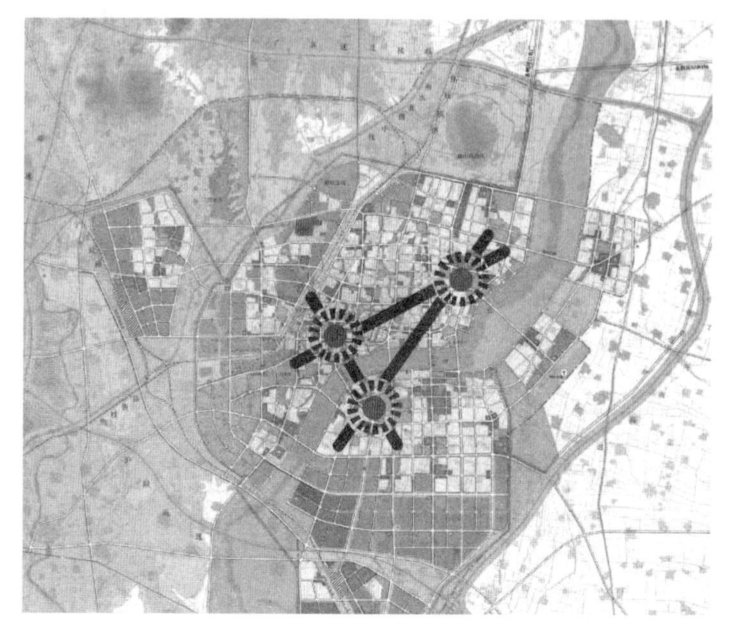

图 10-4　南阳都三角结构图

（2）南轴拓展：南阳目前的城市功能和用地主要集中在白河北岸，依托宁西铁路和许南襄高速公路的南部工业区的建设是城市功能和空间上的重要突破。在目前城市中心的对岸建设主要承担生产服务功能的商务服务中心，形成南阳城市功能空间的拓展轴。

（3）水轴相应：东白河湾的行政文化中心和西白河湾的商务服务中心好比镶嵌在南阳母亲河上的两颗明珠相映生辉，在涓涓流淌的白河水映衬下，从不同侧面体现了 21 世纪新南阳城市光辉。

10.3.4　发展方向——构筑白河两岸太极式空间格局

未来南阳中心城市的空间发展主要向白河以南地区和白河以北的东部地区延伸，与原旧城区正好形成以白河为界的太极式空间格局。

（1）东部地区：白河与现状建成区之间尚有较多可供城市建设的用地，向东跨过白河之后受 312 国道、南阳机场和许南襄高速公路的影响。东部地区由于处于南阳主导风向和白河上游，对城市开发有一定限制。

（2）南部地区：现状建成区已经跨过白河，现状建成区至宁西铁路（南阳东站）和 312 高速公路之间有广阔的发展空间，但村子较多且分布较散。

（3）西部地区：现状建成区已经跨过焦枝铁路，西南部白河与焦枝铁路之间尚有部分可供城市建设用地（受宁西铁路和 312 高速公路限制），西北部有兰营和靳庄两座水库，正西部用地被南水北调渠、宁西铁路（南阳西编组站）和太澳高速公路呈反“N”字形分割，较为破碎，且该地区地形有一定起伏，而南水北调渠还涉及水源保护，故西部地区不宜作为城市主要发展空间。

（4）北部地区：东侧为白河，西侧为焦枝铁路、南水北调渠以及靳庄和兰营两座水库，中间为独山，可供城市建设的用地较少，同时该地区还是南阳地下水源的上游，该地区属生态敏感区。

10.3.5 城市交通——以桥梁为纽带的两岸交通网

城市空间跨河发展以后，河流除了作为整个城市景观和生态系统中枢外、还将承担巨大的交通压力，城市各种交通流必然会在河岸两侧和跨河节点上汇集，白河两岸的交通高效组织将起到缝合两岸功能的作用。

1. 纵向便捷

（1）车型桥梁：白河城区段的车行桥梁仅有豫01省道和312国道入城段的南阳大桥、独山大道上的白河大桥和文化路上的卧龙大桥。为加强跨河联系，按照一定的间距要求，根据片区开发需要，新建光武路桥、滨河体育场东侧道路桥、北京路南延伸段桥三座跨白河大桥。

（2）人行桥梁：由于白河城区段没有通航要求，桥梁设计可更符合人行活动，适宜曲折，局部放大形成水面上的公共活动场所，提供舒适的步行经历，并成为连接两岸人行活动的场所，根据跨越水面宽度不同选择广场型桥梁、建筑型桥梁。

（3）游船码头：以渡船疏解一部分的过河人流，并作为旅游项目为白河水面增添活力，水面要有水流、行舟、码头，交相辉映才能生动。

2. 横向通畅

（1）BRT：尽管目前承担白河两岸横向交通的滨河路和白河大道的大部分路段交通量较小，但随着白河成为城市中轴，这里的交通量必然大大增加。可以采用快速公共交通方式（BRT）来解决可能出现的交通问题，在滨河路和白河大道设公交专用道并辅以信号优先的措施。

（2）输配环：在白河沿岸地块外围应该形成一个闭合环状交通系统——输配环，从外部解决中心轴线的配送和运输功能，优化白河中轴的视觉景观。在平行于滨河路、白河大道以外约300~500m的位置设置输配环，这样既能避免交通量过渡集中于滨河路，也能更好地将白河效应引至河岸腹地，带动更大城市区域的整体发展。临近白河岸的城市道路的走向应该与白河的走向有所呼应，这在南岸的新城区有所体现，而北岸老城区体现较弱，可以进行局部调整。

3. 城市路网梳理：三纵三横一环

南阳城市的路网不宜采用多圈环路的形式。对于正处于成长期的城市，这种路网建设形式灵活性较差，且极易导致四周均匀蔓延、中心复合激增的情况，这不符合南阳“拉大网络，吸纳产业”的战略。

南阳的城市路网除了考虑城市空间定向突破的要求外，还应考虑白河的影响，白河沿岸道路走向应与白河走向呼应。城市各个组团与城市中心区之间以方便为原则采取分块联系的方式；在保证产业组团之间的交通不穿越城市中心的前提下，各组团之间根据实际功能的需要进行联系。

1）三纵

（1）人民路和伏牛路：白河北岸和南岸中心与外围联系的主干道路。

（2）仲景路和嵩山路：城市景观大道。

（3）独山大道：城市南北向交通性干道。

2）三横

（1）光武路：城市东西向交通性干道。

（2）中州路：白河北岸中心区与外围联系的主干道路。

（3）长江路：白河南岸中心区与外围联系的主干道路。

3）产业物流环

改变目前城市外环路的概念，在各产业组团之间形成一条高效的物流环，带动两侧产业发展。

4. 远期轨道交通的考虑

根据世界各大城市的经验分析，当城市市区人口超过 150 万 ~200 万，机动车拥有量超过 30 万 ~40 万辆时，只有通过非常规交通方式（目前主要是有轨交通）解决交通问题，所以从长远考虑南阳也需考虑预留有轨交通的发展空间，建议采取南北线（北部高新区—南阳老城—南阳东站）+ 东西线（沿白河北岸卧龙岗—南阳老城—体育中心—东北部新区）的十字形格局。

10.3.6 空间布局——白河为脊，双向推进

1. 空间历史演进

从南阳城市空间演变的过程看，20 世纪 50—70 年代，大规模的国家投资建设使这一时期成为城市空间拓展、结构变化的最主要时期，城市以白河北岸的历史老城为原点向西、北方向发展。20 世纪 80—90 年代南阳城市建设虽也有较大发展，但城市向外扩张的能力和动力显然不强，主要表现为紧贴城区中心向四周逐步均匀蔓延，向南跨越了白河，向东由于老城阻隔，发展相对较少。

2. 现行空间规划

南阳现行总体规划中“内环 + 外环 + 十字交通轴”的结构基本采取的是圈层模式，但除城市中心外还规划了东部、西部和南部三个城市次中心。目前正在形成中的南阳中心城市外围高速公路环似乎进一步强化了这一圈层结构，形成城市发展最外圈层。然而南阳的实际发展情况是：到 2010 年“内环 + 外环 + 十字交通轴”的结构并未形成，规划的东部新区（独山组团）发展缓慢，城市中心相对松散，城市土地基本呈现分散蔓延的状态、次级中心并未出现。

3. 南阳城市中心城市空间整体布局策略——白河为脊，双向推进

产业经济是城市发展的动力源泉。南阳目前的产业主要集中在白河以北，由于多种因素的限制而缺少发展空间。白河以南用地充足，区域性交通及基础设施的建设发展条件优越，必将成为南阳吸纳产业的主要空间载体。这会从根本上改变了南阳目前单翼发展的状态，形成南阳城市发展的双翼格局。白河作为南阳凝聚力量的脊梁主要体现为以下几个方面：

1）城市空间发展的主轴

城市空间的轴向生长，有利于集中力量形成城市空间发展的定向突破，避免传统单核心城市，在城市规模不断扩大过程中出现的城市中心被层层包裹，出现人口密度过高、开发强度过大、交通效率低下、环境品质恶化等一系列问题。城市可以根据实际情况，对中轴进行分段建设，相应分片开发两侧空间，这将使得城市在每一个发展阶段都保持城市功能相对完整性，而整个城市空间又不失整体性。这种布局方式充分体现了规划的弹性。

2）城市功能组织的中枢

城市的公共服务功能和公共活动空间主要沿白河两岸系统展开，在城市核心区提高商业服务、行政文化和商业休闲三大中心的凝聚力。在沿白河的中枢带两侧通过功能整合，形成一个个相对独立的生活组团，生活组团的外侧是产业组团，各组团之间恢复或保留生态控制带，便于有效承载人口和外来投资，提高城市中心功能并发挥效率，避免无序蔓延，保持良好的生态环境。

3）城市风貌展示的界面

在城市的总体风貌控制中，白河北翼地区的开发建设以保护延续南阳历史文化名城特色为原则，白河南翼地区的开发建设以展示现代化新南阳形象为原则，通过白河将二者有机联系，相映生辉，而白河本身也是南阳的最主要的景观带。

4）城市自然生态的通廊

白河宽阔的水面是南阳城市中心区最大的自然湿地系统，对于调节城市内部生态循环和局部气候具有重要的作用；另一方面，白河的走向与南阳的主导风向一致，北部独山风景区既是白河水流的上游也是全年主要的来风方向，这条通廊有利于城市大气流通，避免污染物的聚集。

图表索引

参考文献

[1] 赵冰 . 数字时代的建筑学 [M].《建筑趋势》知识产权出版社，2004.

[2] 赵冰 . 4!——生活世界史论 [M]. 长沙：湖南教育出版社，1989.

[3] C. 亚历山大 . 建筑的永恒之道 [M]. 赵冰译 . 北京：中国建筑工业出版社，1989.

[4] 郤艳丽 . 东北地区城市空间形态研究 [M]. 北京：中国建筑工业出版社，2006.

[5] 周春山 . 城市空间结构与形态 [M]. 北京：科学出版社，2007.

[6] 凯文・林奇 . 城市形态 [M]. 北京：华夏出版社，2001.

[7] 武进 . 中国城市形态：结构、特征及其演变 [M]. 南京：江苏科学技术出版社，1990.

[8] 张勇强 . 城市空间发展自组织与城市规划 [M]. 南京：东南大学出版社，2006.

[9] 段进 . 城市空间发展论 [M]. 南京：江苏科学技术出版社，1999.

[10] 梁江，孙晖 . 模式与动因——中国城市中心区的形态演变 [M]. 北京：中国建筑工业出版社，2007.

[11] 尚家祥 . 南阳旅游规划 [M]. 郑州：郑州大学出版社，2005.

[12] 南阳县地名委员会办公室编 . 河南省南阳县地名志 [M]. 福州：福建省地图出版社，1990.

[13] 邓祖涛 . 长江流域城市空间结构演变规律及机理研究 [M]. 武汉：湖北人民出版社，2007.

[14] 鲁西奇 . 区域历史地理研究：对象与方法——汉水流域的个案考察 [M]. 南宁：广西人民出版社，2000.

[15] 梁方仲 . 中国历代户口、田地、田赋统计 [M]. 上海：上海人民出版社，1980.

[16] 马正林 . 中国城市历史地理 [M]. 济南：山东教育出版社，1998.

[17] 李军 . 近代武汉城市空间形态的演变：1861—1949 年 [M]. 武汉：长江出版社，2005.

[18] 张光直 . 中国青铜时代 [M]. 北京：生活・读书・新知三联书店，1983.

[19] 宋公文，张君 . 楚国风俗志 [M]. 武汉：湖北教育出版社，1996.

[20] 孙机 . 汉代物质文化资料图说 [M]. 北京：文物出版社，1978.

[21] Rapoport. A.History and Precedent in Urban Design[M]. NewYork：PlenumPress，1990.

[22] Gehl J，Koch J. Life between buildings：Using public space[M]. Arkiektens Forlag，2001.

[23] Martin L，March L，et al. Urban space and structures[M]. London：Cambridge Univesity Press，1972.

[24] Steadman P. Architectural maps：An int roduction to the geometry of building plans[M]. London：Pion Ltd.，1983.

[25] Mitchell W J . The logic of Architecture：Design，computation and cognition[M].Cambridge：The MIT Press，1990.

[26] Prigogine I.，Stengers I. Order out of chaos[M]. Bantam Books，Inc. 1984.

[27] Nicolis G，Prigogine I. Self-organization in non-equilibrium systems[M]. John Wiley & Sons，1977.

[28] Haken H. Information and self-organization[M]. Spriger，1987.

[29] Wolfram S. Cellular Automata and Complexity[M]. Addison-Wesley Company，1994.

[30] Hiller B，Hanson J. The Social logic of space[M]. London：Cambridge University Press，1984.

[31] Hiller B. Space is the machine：a configurational theory of architecture[M]. London：Cambridge University Press，1996.

[32] Jacobs J. The Death and Life of Great American Cities[M]. Random House，1961.

[33] Waldrop M. Complexity[M]. SDX Joint Publishing Co.，1996.

[34] Soddu C. Recognizability of the idea：the evolutionary process of Argenia[M]//Bentley P，Corne D. Creative Evolutionary Systems[M]. San Francisco：Morgan Kaufmann Publisher，2001.

[35] Alonso W. Location and land Use：Toward a General Theory of Land Rent[M]. Harvard University Press，1964.

[36] Sassen S. Cities in a World Economy[M]. London：Pine Forge Press，1994.

[37] Sassen S. The Global City：New York，London，Tokyo[M]. London：Sterling limited，1990.

[38] Batten D F. Network Cities versus Central Place Cities：Building a Cosmocreative Constellation[M]//Anderson A E，Batten D F，Kobayashi，K，et al. The Cosmocreative Society. Heidelberg：Springer，1993：137-150.

[39] Bourne L S. Internal Structure of the City：Readings on Space and Environment[M]. NewYork：Oxford University Press，1971.

[40] Brotchie J. The Future of Urban Form[M]. London：Routledge，1989.

[41] Lynch，K. Good City Form[M]. Cambridge：Harvard University Press，1980.

[42] 赵冰.《营造法式》解说 [J]. 城市建筑，2005（1）：80-84.

[43] 赵冰. 如风如水的体验 [J]. 新建筑，2004（1）：46-47.

[44] 赵冰. 神性的觉醒——家园重建的精神向度 [J]. 新建筑，2008（4）：31.

[45] 赵冰. 空间句法——城市新见 [J]. 新建筑，1985（1）：62-72.

[46] 谷凯. 城市形态的理论与方法——探索全面与理性的研究框架 [J]. 城市规划，2001（12）：36-42.

[47] 郑莘，林琳. 1990 年以来国内城市形态研究述评 [J]. 城市规划，2002（7）：59-64，92.

[48] 司冬梅. 中原历史文化名城建设探究——南阳名城建设存在的问题与思考 [J]. 科技信息，2007（2）：200，268.

[49] 张学勇，吴松涛. 南阳市旧城区的规划保护与更新对策 [J]. 低温建筑技术，2008（1）：63，73，83.

[50] 刘青昊. 城市形态的生态机制 [J]. 城市规划，1995（2）：20-22.

[51] 阎亚宁. 中国地方城市形态研究的新思维 [J]. 重庆建筑大学学报（社科版），2001（6）：60-65.

[52] 苏毓德. 台北市道路系统发展对城市外部形状演变的影响 [J]. 东南大学学报（自然科学版），1997（3）：46-51.

[53] 杜春兰. 地区特色与城市形态研究 [J]. 重庆建筑大学学报，1998（6）：26-29.

[54] 邢忠，陈诚. 河流水系与城市空间结构 [J]. 城市发展研究，2007（1）：27-32.

[55] 赵丽英，贾冀梅. 南阳银杏古树资源及其保护措施 [J]. 安徽农业科学，2008（20）：8587-8589.

[56] 刘国旭. 南阳的地名体系及地名文化资源研究 [J]. 产业与科技论坛，2008（8）：69，79.

[57] 钞艺娟. 豫西南民歌地方色彩形成的客观背景 [J]. 东方艺术，2005（8）：28-29.

[58] 马继武．中国古城选址及布局思想和实践对当今城市规划的启示 [J]. 上海城市规划，2007（5）：18-22.

[59] 韩杰．邓姓渊源 [J]. 中州今古，2003（1）：34-36.

[60] 谢石华．吕姓探源 [J]. 寻根，2008（1）：126-129.

[61] 王全营．谢氏故里谢邑考 [J]. 寻根，2007（5）：116-121.

[62] 陈迪．关于“南申”立国时的几个问题 [J]. 中州今古，2004（5）：70-71.

[63] 张人元．寻访古谢邑 [J]. 寻根，2004（4）：128-133.

[64] 江怀，杨茜．楚文化探源 [J]. 档案时空，2004（3）：37-39.

[65] 黄光宇，叶林．南阳古城的山水环境特色及营建思想 [J]. 规划师，2005（8）：88-90.

[66] 李桂阁．从出土文物看两汉南阳地区的农业 [J]. 农业考古，2001（3）：46-49，107.

[67] 武仙竹．汉水流域旧石器时期的远古居民与生态环境 [J]. 文物世界，1997（3）：22-25.

[68] 鲁西奇．新石器时代汉水流域聚落地理的初步考察 [J]. 中国历史地理论丛，1999（1）：135-160.

[69] 鲁西奇．青铜时代汉水流域居住地理的初步考察 [J]. 中国历史地理论丛，2000（4）：13-33.

[70] 樊力．豫西南地区新石器文化的发展序列及其与邻近地区的关系 [J]. 考古学报，2000（2）：147-181.

[71] 冯小波．试论汉水流域旧石器时代文化 [C]// 邓涛，王原主编：第八届中国古脊椎动物学学术年会论文集．北京：海洋出版社，2001：263-270.

[72] 徐燕．豫西地区夏文化的南传路线初探 [J]. 江汉考古，2005（3）：54-62.

[73] 王文楚．历史时期南阳盆地与中原地区间的交通发展 [J]. 史学月刊，1964（10）：24-30，39.

[74] 鲁西奇．历史时期汉江流域农业经济区的形成与演变 [J]. 中国农史，1999（1）：35-45.

[75] 郭立新．论长江中游地区新石器时代晚期的生计经济与人口压力 [J]. 华夏考古，2006（3）：33-39，53.

[76] 王建中．南阳宛城建置考 [M]// 楚文化研究会编．楚文化研究论集（四）．郑州：河南人民出版社，1994：348-360.

[77] 董全生，李长周．南阳市物资城一号墓及其相关问题 [J]. 中原文物，2004（2）：46-48.

[78] 龚胜生．历史上南阳盆地的水路交通 [J]. 南都学坛（哲学社会科学版），1994（1）：104-108.

[79] 李自智．略论中国古代都城的城郭制 [J]. 考古与文物，1998（2）：60-66.

[80] 王仲殊．中国古代都城概说 [J]. 考古，1982（5）：505-515.

[81] 郑卫，丁康乐，李京生．关于中国古代城市中轴线设计的历史考察 [J]. 建筑师，2008（4）：91-96.

[82] 江凌，徐少华．明清时期南阳盆地城镇体系形成的人文地理基础 [J]. 南都学坛（人文社会科学学报），2003（6）：28-32.

[83] 马兴波，蔡家伟．南阳衙署建筑的保护与改造 [J]. 山西建筑，2005（20）：41-42.

[84] 万敏，武军．南阳王府山的艺术特点 [J]. 中国园林，2004（6）：33-35.

[85] 任义玲．明代南阳的唐藩及相关问题 [J]. 文博，2007（5）：51-53.

[86] 超然．高远淡泊玄妙观 [J]. 躬耕，2006（1）：48.

[87] 张晓军．从卧龙岗修葺碑看武侯祠的变迁 [J]. 中原文物，2005（5）：61-64.

[88] 魏东明．南阳医圣祠 [J]. 档案管理，2001（3）：24-25.

[89] 周搏．满族民居：沐浴冰雪中的别样四合院作者 [J]. 国土资源，2007（5）：54-57.

[90] 邓祖涛，陆玉麒，尹贻梅．汉水流域核心——边缘结构的演变 [J]. 地域研究与开发，2006（3）：29–33.

[91] 李老虎，白永平．河南省南阳市城市旅游意象要素的分析 [J]. 许昌学院学报，2008（2）：129–132.

[92] 汪宁生．中国考古发现中的大房子 [J]. 考古学报，1983（3）：271–294，403，404

[93] Hillier B，Hanson J，Peponis J，et al. Space syntax：A new urban perspective[J]. Architects Journal，1983（11）：47–63.

[94] 王建国．常熟城市形态历史特征及其演变研究 [J]. 东南大学学报，1994（11）：1–5.

[95] 周霞，刘管平．风水思想影响下的明清广州城市形态 [J]. 华中建筑，1999（4）：57–58.

[96] 李翔宁．跨水域城市空间形态初探 [J]. 时代建筑，1999（3）：30 –35.

[97] 李加林．河口港城市形态演变的理论及其实证研究——以宁波市为例 [J]. 城市研究，1997（6）：42–45.

[98] 陈玮．城市形态与山地地形 [J]. 南方建筑，2001（2）：12–14.

[99] 杨东援，韩皓．道路交通规划建设与城市形态演变关系分析——以东京道路为例 [J]. 城市规划汇刊，2001（4）：47–50.

[100] 赵云伟．当代全球城市的城市空间重构 [J]. 国外城市规划，2001（5）：2–5.

[101] 杨矫，赵伟．信息时代城市空间的变迁 [J]. 南方建筑，2000（1）：78–80.

[102] 钱小玲，王富臣．技术进步与城市空间创新 [J]. 合肥工业大学学报（自然科学版），2001（6）：378–382.

[103] 陶松龄，陈蔚镇．上海城市形态的演化与文化魄力的探究 [J]. 城市规划，2001（1）：74–76.

[104] 张春阳，孙一民，冯宝霖．多种文化影响下的西江沿岸古城镇形态 [J]. 建筑学报，1995（2）：35–38.

[105] 何流，崔功豪．南京城市空间扩展的特征与机制 [J]. 城市规划汇刊，2000（6）：56–61.

[106] 李亚明．上海城市形态持续发展的规划实施机制 [J]. 城市发展研究，1999（3）：15 –18.

[107] 张宇星．空间蔓延和连绵的特性与控制 [J]. 新建筑，1995（4）：29 –32.

[108] 陈前虎．浙江小城镇工业用地形态结构演化研究 [J]. 城市规划汇刊，2000（6）：47–50.

[109] 邹怡，马清亮．江南小城镇形态特征及其演化机制 [M]// 国家自然科学基金会材料工学部．小城镇的建筑空间与环境．天津：天津科学技术出版社，1993（3）：70–87.

[110] 韩晶．城市地段空间生长机制研究——南京鼓楼地段的形态分析 [J]. 新建筑，1998（1）：14–17.

[111] 林炳耀．城市空间形态的计量方法及其评价 [J]. 城市规划汇刊，1998（3）：42–46.

[112] 段汉明，李传斌，李永妮．城市体积形态的测定方法 [J]. 陕西工学院学报，2000（1）：5–9.

[113] 赵刚，吕军辉，张毫．南阳知府衙门建筑考略 [J]. 中原文物，2003（4）：74–78.

[114] 杨山，吴勇．无锡市形态扩展的空间差异研究 [J]. 人文地理，2001（3）：84–88.

[115] 李华伟．南阳地区宗教生态报告 [R]// 金泽，邱永辉．宗教蓝皮书：中国宗教报告（2013）．北京：社会科学文献出版社，2013：295–326.

[116] Hiller B. A theory of the city as object：or how special laws mediate the social construction of urban space[C]. Proceedings of 3rd Symposium on Space Syntax，Atlanta，2001.

[117] Hiller B. Cities as movement economies[J].Urban Design International，1996（1）.

[118] Hiller B. The hidden geometry of deformed grids : or why space syntax works, when it looked as though it shouldn't[J]. Environment and Planning : B-Planning & Design, 1999 (2).

[119] Batty M. Cellular automata and urban form[J]. A Primer Journal of the American Planning Association, 1997 (2).

[120] Couclelis H. Cellular worlds : a framework for modeling micro/macro dynamics[J]. Environment and Planning, 1985 (17).

[121] Hansen HH, Pauly M. Axiomatising nash-consistent coalition logic[J] .JELIA. 2002, 2424 : 394-406.

[122] Kaneko M. Common knowledge logic and game logic[J] .The Journal of Symbolic Logic, 1999, 64 : 685-700.

[123] Van Benthem J. Games in dynamic epistemic logic[J] .Bulletin of Economic Research, 2001, 53 (4): 219-248.

[124] Harrenstein P, Meyer JJ, Hoek W VD, et al. A modal characterization of nash equilibrium[J]. Fundamenta Informaticae, 2003, 57 (2-4): 281-321.

[125] Batten D.Network cities:Creative urban agglomerationsfor the 21st century[J]. Urban Studies,1995,32(2).

[126] Gottmann J. Megalopolis, or urbanizationof the Northeastern Seaboard[J]. Economical Geography, 1957 33 (2): 181-220.

[127] Yoshida H, Omae M. An approach for analysis of urban morphology : Methods to derive morphological properties of city blocks by using an urban landscape model and their interpretations[J]. Computers, Environment and Urban Systems, 2005 (2): 223-247.

[128] Zhang M. Exploring the relationship between urban form and nonwork travel through time use analysis[J]. Landscape and Urban Planning, 2005, 73 (2): 244-261.

[129] Mesev V. Identification and characterisation of urban building patterns using IKONOS imagery and point-based postal data[J]. Computers, Environment and Urban Systems, 2005 (5): 541-557.

[130] Rashed T, Weeks J R, Stow D, et al. Measuring temporal compositions of urban morphology through spectral mixture analysis : Toward a soft approach to change analysis in crowded cities[J]. International Journal of Remote Sensing, 2005 (4): 699-718.

[131] Dogrusoz E, Aksoy S. Modeling urban structures using graph-based spatial patterns[C]. 2007 IEEE International Geoscience and Remote Sensing Symposium, 2007 : 4826-4829.

[132] Jat M K, Garg P K, Khare D. Modelling of urban growth using spatial analysis techniques : A case study of Ajmer city (India) [J]. International Journal of Remote Sensing, 2008 (2): 543-567.

[133] Ciamarra M P, Coniglio A. Random walk, cluster growth, and the morphology of urban conglomerations[J]. Physica A : Statistical Mechanics and its Applications, 2006 (2): 551-557.

[134] Yu M L, Tian YZ. Study on three-dimensional space of urban development strategy[C]. 2008 International Conference on Management Science and Engineering 15th Annual Conference Proceedings, ICMSE, 2008 : 1791-1796.

[135] Zhang CH, Li G, Wang Nai-Ang, et al. Study on urban spatial morphology with RS and fractal - The case of Wuwei in arid region of Northwest China from 1967 to 2004[C]. 2007 IEEE International

Geoscience and Remote Sensing Symposium，2008：651-654.

[136] Telesca L，Coluzzi R，Lasaponara R. Temporal variation of urban pattern morphology in Southern Italy explored by using landsat data[C]. Lecture Notes in Computer Science，v 5072 LNCS，n PART 1，Computational Science and Its Applications International Conference，Proceedings，2008：405-414.

[137] 方一帆 . 武昌城市空间营造研究 [D]. 武汉：武汉大学，2009.

[138] 胡嘉渝 . 重庆城市空间营造研究 [D]. 武汉：武汉大学，2008.

[139] 王建华 . 黄河中下游地区史前人口研究 [D]. 济南：山东大学，2005.

[140] 宋靖华 . 荆门城市空间营造研究 [D]. 武汉：武汉大学，2009.

[141] 老汤 . 南阳名称的由来 [EB/OL]. [2006-11-7]. http：//www.nynews.gov.cn/Article/xkzt/csjs/ 200611/142259.html.

[142] 丹水通航 http：//zh.wikipedia.org/zh-cn/%E4%B8%B9%E6%B1%9F

[143] 南阳论坛——南阳电影院的兴衰 [EB/OL].http：//www.377bbs.com/thread-128292-1-1.html

[144] 新摄影论坛：南阳老街——解放路 [EB/OL]. http：//forums.nphoto.net/thread/2009-02/18/ff8080811f51df0d011f870abfa243cf1.shtml.

[145] 南阳市城市建设局 . 河南省南阳市总体规划 [R].1983.

[146] 南阳市人民政府 . 南阳市中心城区总体规划 [R].1996.

[147] 中国城市规划设计研究院，南阳市规划局 . 南阳市城市总体规划 [R].2006.

[148] 同济大学城市发展战略与管理研究院，南阳市规划局 . 南阳城市发展战略 [R].2004.

[149] 天津市城乡规划设计院 . 南阳市旧城区保护与控制性详细规划 [R].1992.

[150] 河南省社会科学院，河南省韶光旅游规划设计研究中心，南阳市旅游局 . 南阳市城区旅游发展总体规划（2007—2020 年）[R].2007.

[151] 南阳新区管理委员会 . 南阳新区发展总体规划（2011—2030 年）[R].2013.

[152] 南阳市人民政府 . 南阳市城市总体规划（2011—2020 年）[R].2011.

[153]（清）张光祖修 .（清）徐永芝等纂 . 南阳县志 [M].1963（清康熙三十二年）.

[154]（清）朱璘 纂修 . 南阳府志 [M].1964（清康熙三十三年）.

[155] 南阳县地方志编纂委员会 . 南阳县志 [M]. 郑州：河南人民出版社，1990.

[156] 南阳市城乡建设委员会 . 南阳市城市建设志 [Z].1987.

[157] 南阳市地方史志编纂委员会 . 南阳市志 [M]. 郑州：河南人民出版社，1989.

[158] 南阳民族宗教志编辑室 . 南阳民族宗教志 [Z].1989.

[159] 河南省地理研究所编制 . 南阳地图集 [M]. 西安：西安地图出版社，1989.

[160] 杨保国 . 杨保国钢笔画：南阳名胜古迹街景（一）[Z]. 1999.

后 记

南阳市坐落于河南省西南部的南阳盆地中部，属于汉江支流白河流域，与湖北省、陕西省毗邻。在宏观区位上，南阳市位于武汉、郑州和西安构成的三角形区域的几何中心，沟通南北，地理区位优越，具有特殊的自然环境和历史文化背景。从原始聚落到现代都市，从史前文明的遗址到古代城市文明的辉煌，从近代战乱后的废墟到当代快速城市化的崛起，南阳城市漫长发展历史在城市的空间上留下了一系列耐人寻味的叠痕，使其成为研究城市空间营造的良好的个案范本。然而，到目前为止，有关南阳空间形态研究的案例却很少。

本书是根据我在武汉大学攻读博士学位的论文《南阳城市空间营造研究》(2010年)修改而成。修撰期间，补充了近几年南阳发展的相关数据和规划成果。本书一方面通过对大量南阳历史资料的收集与分析，研究时段从史前到当代，时间跨越几千年，梳理出完整的南阳城市空间演化进程。另一方面，将城市空间发展看作是自组织与他组织互动的结果，通过研究各时期自组织与他组织影响因素的特点、城市空间营造特征与营造要素、城市空间营造影响要素，以及自组织与他组织的互动关系，从而总结出整个历史发展过程中南阳城市空间营造的机制。

本书从选题、理材、写作到出版，始终得到赵冰教授的悉心指导和帮助。值本书出版之际，为恩师多年来培养所付出的心血，谨向恩师表达深深的谢意与感激。同时，本书初稿作为博士学位论文，特向张良皋、高介华、李军、尚涛、王江萍等参加论文评议及答辩的专家们致谢。虽然，张良皋老先生已于2015年1月14日永远离开了我们，但老先生严谨治学的学者风范以及亦师亦友的人格魅力仍让我记忆深刻，永生难忘。

在此，还要感谢博士论文写作期间给予我支持的武汉大学城市设计学院的同事和同学们，感谢宋靖华、胡嘉渝、方一帆、徐轩轩、于志光、江敬东、许艳玲、刘学军、刘林、黄凌江、胡斯润，无论在工作还是学习上，他们都给予我莫大的鼓励和帮助。他们的观点和学术上的讨论使我的写作得以不断地深化。

最后，感谢我的家人在论文撰写及出版期间给予我的支持和关心照料，感谢他们为我论文写作和书稿整理成书创造了良好的条件。

李瑞

2017年7月